铣工初级技能

主　编

何建民

副主编

张荣芝

编著者

寇立平　何　婧　陈金金

金盾出版社

内 容 提 要

本书依据《铣工国家职业技能标准(2009年修订)》中有关初级铣工专业技能的要求编写,内容有:铣工基础知识,工艺系统和工艺准备常识,铣工计算资料和技术测量,平面和矩形、斜面和台阶、沟槽类各工件的铣削技术,万能分度头及其应用,机械加工基础知识,钳工基础知识。

本书可作为铣工专业初级技工的培训教材,也可作为初级铣工的自学用书。

图书在版编目(CIP)数据

铣工初级技能/何建民主编．—北京:金盾出版社,2014.1
ISBN 978-7-5082-8869-7

Ⅰ.①铣… Ⅱ.①何… Ⅲ.①铣削—技术培训—教材 Ⅳ.①TG54

中国版本图书馆 CIP 数据核字(2013)第 239410 号

金盾出版社出版、总发行
北京太平路 5 号(地铁万寿路站往南)
邮政编码:100036 电话:68214039 83219215
传真:68276683 网址:www.jdcbs.cn
封面印刷:北京凌奇印刷有限公司
正文印刷:北京军迪印刷有限责任公司
装订:兴浩装订厂
各地新华书店经销
开本:705×1000 1/16 印张:20.75 字数:478 千字
2014 年 1 月第 1 版第 1 次印刷
印数:1~4 500 册 定价:52.00 元
(凡购买金盾出版社的图书,如有缺页、
倒页、脱页者,本社发行部负责调换)

前　言

　　铣削加工在机械制造中应用非常广泛,铣工则是机械加工中技术性和工艺性都很强的一个重要工种。合理、高效地操作铣床,切削出合乎质量要求的产品,是铣工的责任。为了满足读者在学习和实践中的需要,我们编写了《铣工初级技能》。

　　本书依据《铣工国家职业技能标准(2009 年修订)》中对初级铣工的工作内容、技能要求、相关知识和基本要求,在吸取大量现场加工和工作经验的基础上编写。它以初级铣工职业功能为核心,以典型工件铣削技术为主线,将铣床、铣刀、装夹找正、质量弊病及其对策等进行了有机结合,本着实用和实效的原则,力求重点突出、内容充实,并注意了适当拓宽读者的知识面。全书深入浅出,通俗易懂,图文并茂,理论密切联系实际,适用于铣工入门培训或自学。

　　由于作者水平有限,书中难免有不妥之处,恳请广大读者提出宝贵意见。

作　者

目　录

第一章 铣工基础知识

铣工是在铣床上使用铣刀等切削刀具,对工件进行切削加工的操作人员。铣削加工如图 1-1 所示。在《铣工国家职业技能标准(2009 年修订)》中,对铣工的基本要求首先是要具备良好的职业道德,树立高度的社会责任感,遵纪守法、爱岗敬业,严格执行工作程序和安

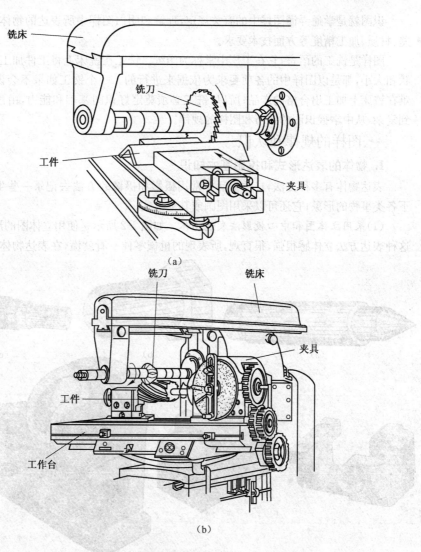

(a)

(b)

图 1-1 铣床上加工工件

(a)加工情况 I   (b) 加工情况 II

全操作规程,进行文明生产;在业务方面,必须努力钻研技术,熟悉铣床、铣刀及其加工规律,掌握好各种工件的专业铣削技能,还需要懂得有关的基础理论知识、机械加工基础知识、电工知识以及钳工基础知识等。其中,基础理论知识包括识图知识、公差与配合、常用材料和热处理知识等方面内容,机械加工基础知识和钳工基础知识本书将在附录中进行介绍。

第一节 铣工速成识图

识图就是学通弄懂图样中的有关规定,理解和明白图样中所表达的物体形状、尺寸、公差、材质、加工精度等方面技术要求。

图样是铣工的语言,它在工厂中常称为图纸。铣工在铣床上将工件加工成什么样的形状和大小,都是以图样中的各项要求为依据来进行的。一个铣工如果不会识读图样,就很难在铣床上加工出合格的产品;所以,铣工必须奠定好识图基础和能力,由浅入深,由简单到复杂,从中掌握识图的技巧和图样的规律。

一、图样的规律和认识

1. 物体的表达形式和投影基本知识

表达物体有多种方法,日常生活中常用摄影和摄像的方法去记录一些生动的场面,留下各类事物的形象;它还可以采用图画或其他形式。

(1)采用立体图和中心投影法表达物体 如图 1-2 所示是使用立体图的形式表达物体。这种表达方法立体感很强,很直观,所表现的机械零件一看就懂,在表达物体的实际形象上

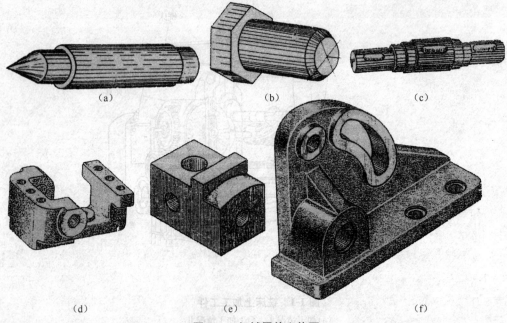

(a)　　　　　　　　　　　(b)　　　　　　　　　　　(c)

(d)　　　　　　　(e)　　　　　　　　　　(f)

图 1-2　机械零件立体图

(a)车床顶尖　(b)螺钉毛坯　(c)阶梯轴　(d)泵座　(e)连接体　(f)托架

有突出的优越性。但铣工在工作时,不可能以它作为切削加工的依据,这是因为立体图不易度量物体的大小,尤其不容易表达出物体内部的结构情况。

　　另一种表达物体的画法是中心投影法,图 1-3(a)中,以手造型作为物体,在光源照射下,投影面上(墙面或地面上)出现相应的投影图(影子);如图 1-3(b)所示是中心投影法表达立方形物体的情况,它利用投影中心(光源)射向物体,其投影射线均交于一点。利用这种方法得到的投影图虽然直观性很强,在投影面上得到的图形与实物形象相一致,但它和立体图一样,同样不能反映物体的真实大小,也反映不出物体的整体和内部的实际形状。所以,机械图样也不采用中心投影法去表达物体。

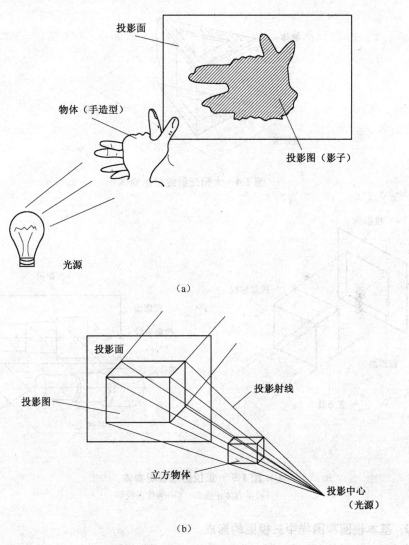

(a)

(b)

图 1-3　中心投影法表达物体
(a)中心投影情况Ⅰ　(b)中心投影情况Ⅱ

(2)正投影基本知识　正投影是以互相平行的投影射线,且与投影面垂直的方法对物体进行投影。如图 1-4、图 1-5 所示,在一张图样上,通过分别采用一至几个方向的正投影图,可以准确地表达出物体的完整形状和大小。铣削加工中使用的图样,就是利用这种方法绘制出来的。

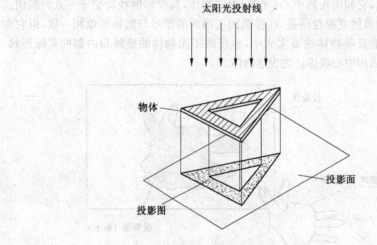

图 1-4　太阳光射线投影物体

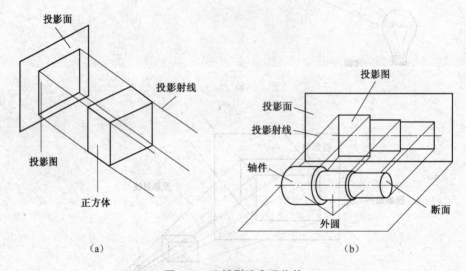

（a）　　　　　　　　　　　　　　　（b）

图 1-5　正投影法表现物体

(a)正方体正投影　(b)轴件正投影

2. 基本视图和图样中三视图的形成

如图 1-6 所示是利用正投影方法作图,从人→工件(物体)→投影面,按垂直投影面的方向进行投影,这样得到的图形称为视图。

任何一个工件都可以从前、后、左、右、上、下六个方向进行观察,分别向六个投影面正

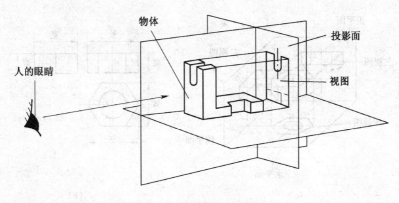

图 1-6 正投影方法作图

投影，就得到六个方向的基本视图。由前向后观察和正投影，得到的视图称主视图，如图 1-7(a)所示；由左向右观察和正投影，得到的视图称左视图；由上向下观察和正投影，得到的视图称俯视图。此外，由后向前观察和正投影——后视图，由右向左观察和正投影——右视图，由下向上观察和正投影——仰视图。一般工件用主视图、左视图和俯视图这三个视图就能表达清楚，比较简单的物体，甚至用 1～2 个视图就可以说明问题。

常用的主视图、左视图和俯视图合在一起称为三视图。图样中规定，主视图不动，左视图在主视图的正右方，俯视图在主视图的正下方，如图 1-7(b)所示。

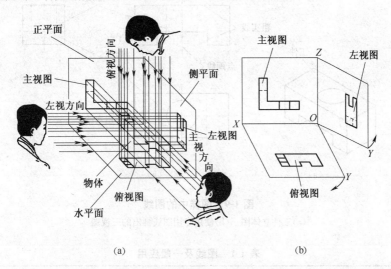

(a) (b)

图 1-7 图样中三视图的形式

(a)三视图投影方法 (b)三视图位置

如图 1-8 所示是六角螺母半成品件在三个互相垂直的投影面上得到的三个视图，从投影图中可看出三视图之间的"三等"尺寸关系：主视图和俯视图长相等，主视图和左视图高相等，左视图和俯视图宽相等。

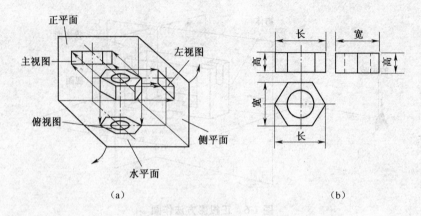

图 1-8 三视图及其尺寸关系

(a)六角螺母三视图 (b)三视图尺寸关系

3. 图样中的图线

图样中的视图是用图线画成的,图线的线型和尺寸都要符合国家所规定的标准,如图 1-9 所示,可见部分的轮廓线用粗实线画出,不可见部分用虚线画出,轴线和对称中心线用细点线画出等,详见表 1-1。

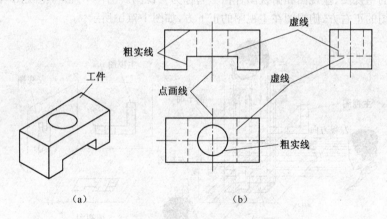

图 1-9 图样中的图线

(a)工件立体图 (b)使用专用图线画出的三视图

表 1-1 图线及一般应用 (mm)

图线名称	图线型式、图线宽度	一般应用
粗实线	宽度:d=0.25~2	可见轮廓线 可见棱边线

续表 1-1

图线名称	图线型式、图线宽度	一 般 应 用
细实线	宽度：d/2	尺寸线 尺寸界线 剖面线 重合断面的轮廓线 辅助线 短中心线 螺纹牙底线
波浪线	宽度：d/2	断裂处边界线 视图与剖视图的分界线
双折线	宽度：d/2	(同波浪线)
细虚线	2~6 1 宽度：d/2	不可见轮廓线 不可见棱边线
细点画线	15~20 3 宽度：d/2	轴线 对称中心线 齿轮分度圆(线)
粗点画线	宽度：d	限定范围表示线
细双点画线	15~20 5 宽度：d/2	可动零件的极限位置的轮廓线 相邻辅助零件的轮廓线

4. 图样中的尺寸、符号和角度

(1)图样中的尺寸标注　图样中标注出的尺寸都是指被加工工件的真实大小。图样中的工件可以被缩小或放大某倍数，但标注出的尺寸与图形大小及图形的准确度无关。就是说，不管图样中画出的工件图形有多大或多小，实际铣削时，一律按照标注出的尺寸数值进行加工和测量。

每一个尺寸的标注由尺寸线、尺寸界线、箭头和尺寸数字组成，如图 1-10 所示。尺寸界线表示尺寸起始和终止的界限，尺寸线和箭头标明度量尺寸的范围。

图样中的长度、宽度和高度是指线性尺寸，一般以 mm(毫米)为单位，但图样中在尺寸数字的后面不写出 mm，如图 1-11 所示，100 表示 100mm，0.04 表示 0.04mm(或 40μm)。

如果采用其他单位，如 cm(厘米)、m(米)等，均会在图样中注明。

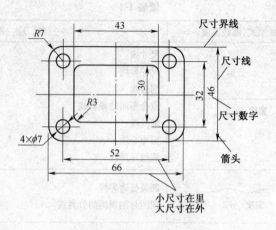

图 1-10 图样中的尺寸标注

（2）图样中的符号标注 图样中，当尺寸数字的前面标出直径符号"ϕ"，如 $\phi40$，则表示这个工件该处是圆形或圆柱形，其直径为 40mm。

当尺寸数字的前面标出半径符号"R"，如 $R40$，如图 1-11 所示，则表示这个工件该处是圆弧形，其圆弧半径为 40mm，图样中常见符号和代表意义见表 1-2。

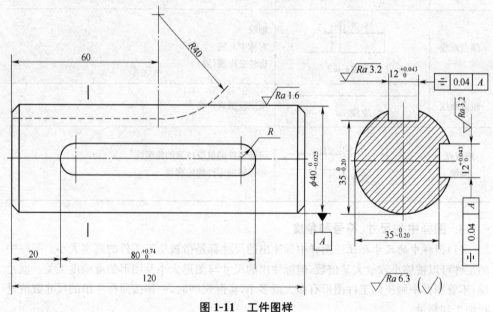

图 1-11 工件图样

（3）图样中的角度、锥度和斜度标注 图样中角度标注如图 1-12 所示。若标出角度值，就按角度数值进行加工和测量。

图样上标注出锥度符号"◁"，如图 1-13 所示，◁1:50 表示这个工件的锥度为 1:50，即在锥形处，每 50mm 长度，大端直径和小端直径相差 1mm。当图样上标注出斜度符号"∠"，如图 1-14 所示，∠1:10 表示工件斜面的斜度为 1:10，即在斜面处，每 10mm 长度,大端尺寸和小端尺寸相差 1mm。

表 1-2　图样中常见符号和代表意义

符号	代表意义	符号	代表意义	符号	代表意义	符号	代表意义
ϕ	直径	$S\phi$	球直径	□	正方形	○	沉孔或锪平
R	半径	SR	球半径	C	45°倒角	V	埋头孔
S	球面	t	厚度	↓	深度	EQS	均布

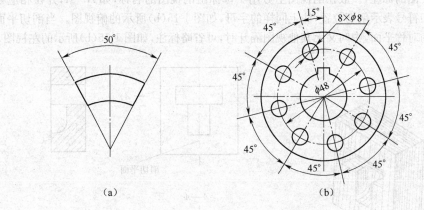

图 1-12　图样中的角度标注
(a)单角度标注　(b)多角度标注

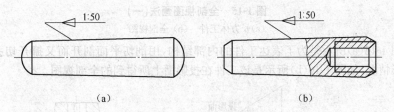

图 1-13　锥形工件和锥度标注
(a)示例Ⅰ　(b)示例Ⅱ

5. 剖视图和断面图

(1)图样中的剖视图　由于工件的形状和内部结构的多种多样,当使用虚线表达它们的内部结构和看不见部分的情况时,各种线条就会重叠和交叉;尤其是结构复杂的工件,图样就会错综杂乱,造成图样不清晰,给读图带来困难。为了解决这个问题,常采用剖视图的方法。

剖视图就是在工件要表达的结构部位处,用

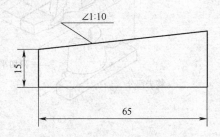

图 1-14　斜度形工件和斜度标注

剖切面假想将其剖开,当移去被切去的部分后,其余的部分在投影面上的投影,即是剖视图。

剖视图上,在物体被切到的断面处要画出剖面线,金属材料的剖面线用细实线表示,剖面线一般与水平线交成 45°。

剖视图有全剖视图、半剖视图、局部剖视图等多种形式。

①全剖视图。用剖切平面将工件完全切开,所得的剖视图称全剖视图。如图 1-15(a)所示的工件外形为长方体,中间有一 T 形槽。用一剖切平面将其完全切开,画出的是全剖视图,如图 1-15(b)所示。

全剖视图的标注,一般在剖视图上方用字母标出剖视图的名称,如 A—A,并在相应视图上用剖切符号表示剖切位置,注上同样的字母,如图 1-15(b)所示的俯视图。当剖切平面通过工件的对称平面,中间又无其他视图隔开时,可省略标注,如图 1-15(b)所示的左视图。

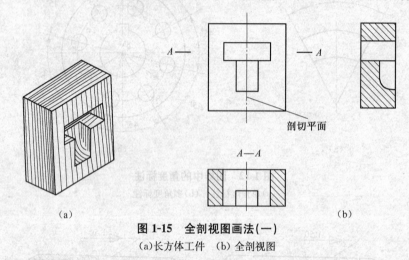

（a）

图 1-15　全剖视图画法(一)

（a）长方体工件　（b）全剖视图

如图 1-16(a)所示是为了表达工件的内部结构,用剖切平面剖开而又挪开切去部分后的正投影情况,如图 1-16(b)所示是该工件在投影面上所得到的全剖视图。

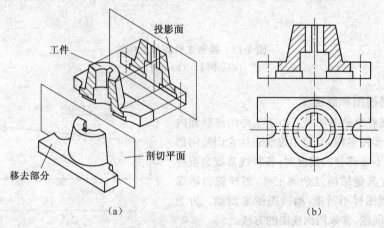

（a）

图 1-16　全剖视图画法(二)

（a）剖切工件情况　（b）全剖视图

②半剖视图。以工件对称中心线为界，一半画成剖视，另一半画成视图，称为半剖视图。

如图 1-17 所示工件从右上角被剖切开，它以对称中心线为分界线，俯视图一半画成视图，另一半画成剖视。半剖视图既充分地表达了工件的内部形状，又保留了工件的外部形状。当工件左右或上下完全对称时，可以采用此种表达方法。

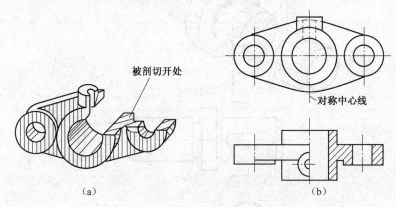

图 1-17　左右对称物体和半剖视图
（a）右上角被剖切开　（b）图样中画法

③局部剖视图。在工件某处局部剖开所得到的剖视图，称为局部剖视图。这种剖视图能够将工件局部的内部形状表达清楚，又可以保留工件的主要外形，是一种灵活的表达方法。

如图 1-18 所示，局部剖视图以波浪线为界，表达了工件两端的情况；其中，左端为轴向方形不通孔，右端为径向圆柱形通孔。

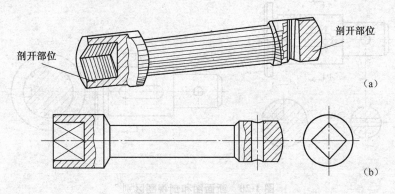

图 1-18　局部剖视图
（a）剖切情况　（b）图样中画法

（2）**图样中的断面图**　假想用剖切面将工件的某处切断，如图 1-19（a）所示，并且仅画出该剖切面与物体接触部分的图形称断面图，如图 1-19（b）所示。注意：剖视图是除了画出被切到处的断面形状外，还需画出剖切面后面的投影，如图 1-20 所示。

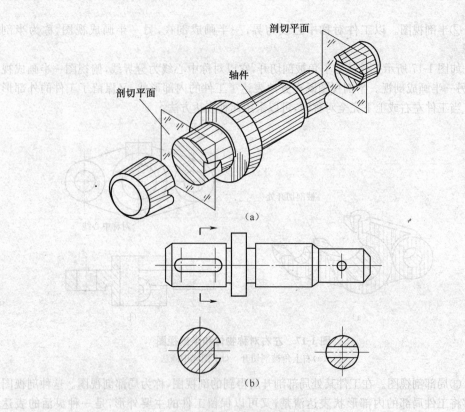

(a)

图 1-19 断面图画法

(a)轴件被剖切开 (b)图样中画法

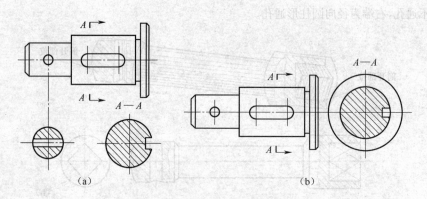

图 1-20 断面图和剖视图区别

(a)断面图 (b)剖视图

6. 标题栏

图样中的标题栏可以帮助铣工了解工件的概况。在标题栏内写明了工件的名称、材料、画图比例、工件数量等方面内容,它为掌握被加工工件的制造要求、作用、规格以及性能等方面情况都提供出一定的线索。例如:由工件名称可联想到它的用途,由图样比例可估计到工件的实际大小和质量,以便考虑工件的装夹和存放等。

标题栏有多种形式,如图1-21所示是其中的一种。

标记	处数	分区	更改文件号	签名	年、月、日	(材料标记)			(单位名称)
设计	(签名)	(年月日)	标准化	(签名)	(年月日)	阶段标记	质量	比例	(图样名称)
审核									(图样代号)
工艺			批准			共 张 第 张			(投影符号)

图 1-21　图样中的标题栏

二、零件图的识读方法

1. 一般零件图的识读方法和步骤

采用正投影原理画出的单体工件三视图,再标注出有关技术要求并配上标题栏,就称作零件图,如图1-22所示,它是用于加工和检验被加工工件的图样。识读零件图时要依次看清图中所表达的各项内容,可按照以下方法和步骤进行:

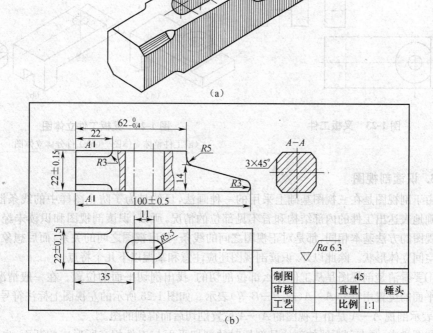

(a)

(b)

图 1-22　锤头及其零件图

(a)锤头立体图　(b)锤头零件图

（1）看标题栏 了解工件的名称、材料、比例和加工数量等方面内容。

（2）分析图形 先看这张图有几个视图，是否采用剖视和断面等表示方法，然后找出哪个是主视图，从主视图看起，对正视图之间的线条，找出各视图之间的关系。如果图样比较复杂，就先看大轮廓，再看细节，并对照各个投影。经过这样认真的分析，对图样逐渐形成一个比较清楚的整体形象。

（3）分析尺寸要求 分析整体尺寸和部分尺寸，了解长、宽、高以及各加工部位的基准（就是依据），搞清楚哪几个是主要尺寸，哪几个是主要加工面，进一步确定先加工哪个面或部位，后加工哪个面或部位。

（4）分析技术要求 根据图样中的符号和文字注解去了解表面粗糙度、几何公差以及其他方面的技术要求。

2. 零件图识读举例

如图 1-23 所示是叉板工件，由于该工件较为复杂，所以，可用分解方法将其分为①和②两部分进行分析。①的上部为一长方体，左边有一圆孔，并且左边上部切去一小块。长方体右下部也是长方体，中间有一个长方形槽。②为圆柱体，中间有一圆孔，和长方形上的圆孔相同并对正，左边切去一小块而产生两条直立的交线。圆柱体在大长方体的上方，左边切去部分也对正。根据分析，可以想象出这个工件的立体形状如图 1-24 所示。

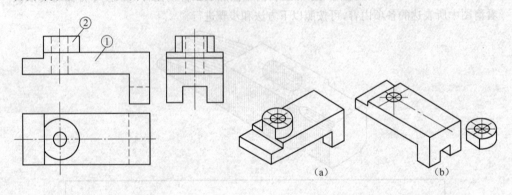

(a)　　　　(b)

图 1-23 叉板工件　　图 1-24 叉板工件立体图

(a)工件整体立体图 (b)工件分体立体图

3. 识读剖视图

由于剖视图是在三视图基础上采用的一种画法，目的是为了防止图样中的线条混乱，更明确地表达出工件的内部结构和看不见部位的情况，所以，识读剖视图和识读未经剖开的三视图的方法基本相同，都是对正视图之间的线条，找出视图之间的关系，而后想象出工件的空间立体形状。除此以外，识读剖视图还应注意和掌握以下几个特点：

①要看清楚剖视图是从工件什么部位剖切的，找出剖切平面的位置。在一般情况下，剖切平面的位置用符号 *A—A*(或 *B—B* 等)表示。如图 1-25 所示的左视图上标注符号 *A—A*，则表示剖视 *A—A* 是由主视图的 *A—A* 位置剖切后而得到的图。

②图样中，画有剖面线的部位是剖切时的剖切平面与工件相交所形成的断面，也就是说，画有剖面线的部位是工件的实体部分，而没有画剖面线的部位在一般情况下都是空的。

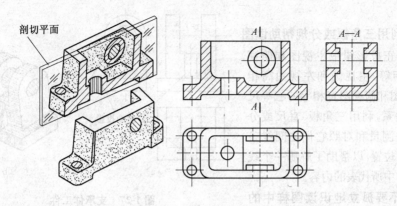

图 1-25 识读剖视图

根据剖视图这一特点,在对视图作投影分析和线条分析时,就可知道工件的内部结构和形状。

③由于剖视图是在工件的实体处以剖切平面剖开的,所以,在图样中画有剖面线的部分离观察者最近,其后面才是工件其他部分的投影,利用这种特点,可以帮助分析图样和想象图样的立体形状。

三、识读图样时的辅助技巧

前面叙述了被加工工件是根据正投影原理和三视图的方法以及结合有关技术要求而画在图样上的,熟练地掌握这些知识,是读图的先决条件。下面再介绍几个读图样基本功方面的技巧。

1. 读图样时应想象出工件的立体形状

读图样时,结合每一个线条的位置、每一个线条的形状和特征以及线条之间的关系,把工件想象成一个立体的形状。

读图样要先从主视图开始,看着主视图,就像自己是站在工件立体形状的前面,由前向后看,如图 1-26 所示的 A 向,去想象工件上的线、面、槽和孔等;看左视图时,就像站在工件左面,由左向右看,如图 1-26 所示的 B 向;看俯视图则好像站在工件的上方,由上向下看,如图 1-26 所示的 C 向,按照投影关系,结合每个视图的特点,边看边想象,把各部分弄通看懂。

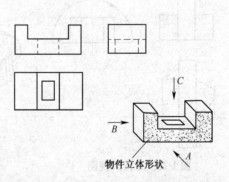

物件立体形状

图 1-26 按照三视图想象工件的立体形状

2. 利用图线帮助读图

表 1-1 中介绍了各种图线的意义和应用,读图时就可以利用图样中的图线去帮助判断工件的形状。如图 1-27 所示是一个支承体工件,图样中的实线均为工件上可看得到的轮廓线,每一封闭线框代表一个平面或斜面或一个孔的投影。相邻两个封闭线框一般表示两个面(平面或斜面),并且这两个面有前后或上下左右之分。图中的虚线为看不见轮廓线的

投影。

3. 利用三角板或分规帮助读图

根据正投影图中主视图和俯视图的长相等、主视图和左视图高相等、左视图和俯视图宽相等的三等尺寸对应关系，利用三角板、直尺或分度圆规去测量和对照它们之间线条的长度和位置，以帮助了解哪一个线条在图样中所代表的内容。

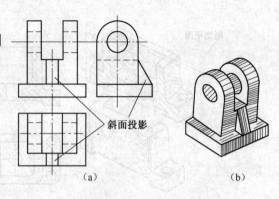

图 1-27 支承体工件

(a)工件三视图 (b)工件立体图

4. 不要孤立地识读图样中的某一个图

视图往往是按照几个方向或部位的投影画出来的，视图数目的多少或在图样中采用哪种视图是由工件结构和加工情况所确定的。一个视图只能表达工件的一个方向或一种含义，而不能反映这个工件的整体情况；因此，不管图样上有几个视图，都应该逐个仔细识读，并把几个视图联系在一起进行综合分析，这样读图才能准确。不要只看一个或两个图就以为看懂了，这样容易造成读图错误。

如图 1-28 所示的是工件的正投影三视图，如果单看主视图，可以想象出如图 1-29 所示的三种形状的工件。若将左视图和俯视图都结合在一起识读，就可以知道图 1-28 中所表达的是如图 1-29(a)所示的工件形状 I 。

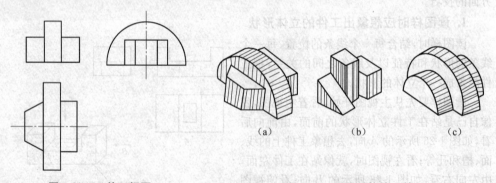

图 1-28 工件三视图

图 1-29 不同形状的工件

(a)工件形状 I (b)工件形状 II (c)工件形状 III

5. 用做模型的方法帮助读图

在读图样中，有时会遇到工件形状虽不复杂，但图线交错，不易看懂。这时可采用胶泥做模型的方法，做模型的过程也是读图的过程。

如图 1-30 所示是刀杆工件的三视图。图中的图线有斜有直，一下子不易看懂。这时可采用做模型方法，先做出一个长立方体如图 1-31(a)所示，然后切去左端上半部分如图 1-31(b)所示，再切去一个斜角如图 1-31(c)所示，这样就得出如图 1-31(d)所示的工件立体形状。按照这个立体形状去加工工件是非常方便的。

6. 利用图样中的符号帮助读图

在前面已谈到图样中符号的标注方法,利用这些符号去分析判断被加工部位的形状和特征。如看见符号"ϕ",可知被加工表面一定是圆形;看见符号"□",可知被加工表面一定是正四方形。

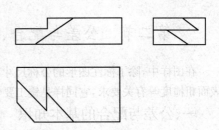

图 1-30 刀杆工件三视图

7. 利用形体分解方法帮助读图

物体都是由基本体组成,如四方体、长方体、棱柱体、圆锥体、棱锥体、圆柱、圆盘、球等。识读视图时可把它分成几个部分,一部分一部分地去看,单体弄懂后再结合在一起去分析,就容易了解其全貌了。如图 1-32 所示的物体由十个基本体组成,在三视图中将它们分解成三部分,如图 1-32(a)所示的Ⅰ,Ⅱ,Ⅲ,这样化整为零,结合它们之间的特征和投影关系,就可把图样弄清楚。

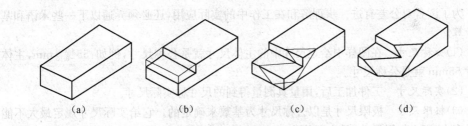

(a) (b) (c) (d)

图 1-31 用做模型方法帮助读图

(a)做出长立方体 (b)切去左端上半部分 (c)切出一个斜角 (d)工件的立体形状

这种方法比较适用于识读较为复杂的图样。

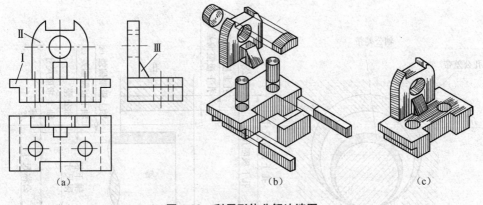

(a) (b) (c)

图 1-32 利用形体分解法读图

(a)工件三视图 (b)立体分解图 (c)工件组装立体图

第二节 公差与配合、几何公差和表面粗糙度基础

在图样中,除了标注图形的公称尺寸和一些符号外,还要标注出尺寸公差、几何公差和表面粗糙度等有关要求,它同样是铣工要学习的重要内容。

一、公差与配合的基本知识

1. 公差的概念

图 1-22 中的 $62_{-0.4}^{0}$,100 ± 0.5 和 22 ± 0.15 与图 1-11 中的 $\phi40_{-0.025}^{0}$ 和 $12_{0}^{+0.043}$ 等,都是具有公差要求的尺寸。为什么要对图样中的尺寸提出"公差"要求呢?因为在加工中,每个工件的尺寸不可能都做得绝对一致或尺寸都绝对准确,总是要有一定的加工误差;当工件加工完毕后,这个加工误差只要不超过图样中所允许的尺寸变动范围都属于合格。工件加工中,对尺寸所允许的变动范围就是"公差"的概念。

2. 公差方面的术语定义和基本计算

为了读者对公差有进一步理解和在工作中的实际应用,还必须弄通以下一些术语和基本计算。

(1)公称尺寸 在图样中给定尺寸中的主体尺寸就是公称尺寸,例如:$55_{-0.05}^{+0.02}$ mm,主体尺寸 55mm 就是公称尺寸。

(2)实际尺寸 工件加工后,用量具测量得到的尺寸称实际尺寸。

(3)极限尺寸 极限尺寸是以公称尺寸为基数来确定的。它给实际尺寸规定最大不能超过多少,即上极限尺寸;最小不能少于多少,即下极限尺寸;以这两个界限值对加工尺寸进行限定。

例如 $55_{-0.05}^{+0.02}$ mm,它的上极限尺寸为 55.02mm,下极限尺寸为 54.95mm。在加工中,实际尺寸只要在这两个极限尺寸的区域内就是合格品,否则就不合格。

极限尺寸可用示意图来表示,如图 1-33 所示。

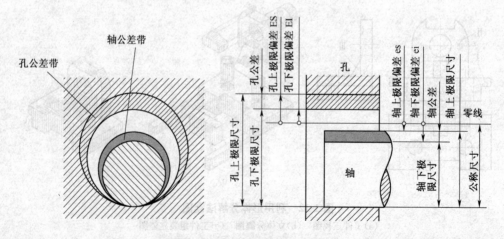

图 1-33 极限尺寸和公差示意图

（4）极限偏差 图样中，上极限尺寸减去公称尺寸所得的代数差称上极限偏差，下极限尺寸减去公称尺寸所得的代数差称下极限偏差；上极限偏差和下极限偏差统称为极限偏差。

上极限偏差或下极限偏差可以是正数或负数，也可以是0。

（5）尺寸公差 就是常说的公差，是指尺寸的允许变动量，它等于上极限尺寸与下极限尺寸之间的代数差或等于上极限偏差与下极限偏差之间的代数差。尺寸公差用计算式表示为

$$公差＝上极限尺寸－下极限尺寸$$
$$＝上极限偏差－下极限偏差$$

如图 1-34 所示的圆柱销工件的公差为：

$$50－49.975＝0.025(mm)$$

或

$$0－(－0.025)＝0.025(mm)$$

公差是绝对值，没有正负，这是它与偏差的根本区别。

如图 1-35 所示，设 $D＝30_{-0.021}^{0}$，$B＝11_{-0.2}^{0}$，实际加工后测得 $D＝29.99mm$；这时，X 的范围为多少能保证 B 的尺寸合格呢？

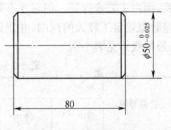

因为 $X＝\dfrac{D}{2}＋B$

所以 $X_{min}＝\dfrac{29.99}{2}＋(11－0.2)＝25.795(mm)$；

$$X_{max}＝\dfrac{29.99}{2}＋11＝25.995(mm)。$$

图 1-34 圆柱销工件图

即：X 在 $25.795\sim25.995mm$ 的范围内，能保证 B 的尺寸合格。

如图 1-36 所示，若要求 $L＝40_{-0.025}^{0}$，$l＝20_{0}^{+0.021}$，工件加工后测得 $L＝39.98mm$，$l＝20.02mm$；这时，X 等于多少工件的对称度为合格呢？

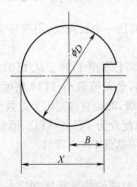

图 1-35 尺寸公差基本计算（一）

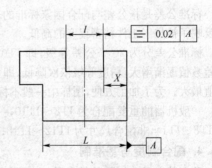

图 1-36 尺寸公差基本计算（二）

因为 $X＝\dfrac{L}{2}－\dfrac{l}{2}＝19.99－10.01＝9.98(mm)$

根据对称度（对称度见本节"二"中的有关介绍）要求：

$$X_{max}＝X＋\dfrac{0.02}{2}＝9.98＋0.01＝9.99(mm)；$$

$$X_{\min} = X - \frac{0.02}{2} = 9.98 - 0.01 = 9.97\,(\text{mm}).$$

即：X 在 9.97～9.99mm 范围内，工件的对称度为合格。

（6）实际偏差　工件加工后得到的实际尺寸减去公称尺寸的代数差称实际偏差，用计算式表示为

实际偏差＝实际尺寸－公称尺寸

如图 1-34 所示，圆柱销工件的基本尺寸为 ϕ50mm；加工后它的实际尺寸如果为 ϕ49.988mm，那么它的实际偏差为

实际偏差＝49.988－50＝－0.012(mm)。

（7）线性尺寸的未注公差　在图样中没有注明公差范围的线性尺寸的公差，称线性尺寸的未注公差。这种尺寸是较低精度的非配合尺寸，属于相对次要的尺寸；它一般可不检验，而由工艺来保证。但它并不等于没有公差限制，国家标准对图样中未注公差尺寸的公差数值规定了较大的范围，并规定了四个等级，即 f（精密级）、m（中等级）、c（粗糙级）和 v（最粗级），见表 1-3。

表 1-3　　线性尺寸未注公差的极限偏差数值　　　　　　　（mm）

公差等级	尺寸分段							
	0.5～3	>3～6	>6～30	>30～120	>120～400	>400～1000	>1000～2000	>2000～4000
f（精密级）	±0.05	±0.05	±0.1	±0.15	±0.2	±0.3	±0.5	—
m（中等级）	±0.1	±0.1	±0.2	±0.3	±0.5	±0.8	±1.2	±2
c（粗糙级）	±0.2	±0.3	±0.5	±0.8	±1.2	±2	±3	±4
v（最粗级）	—	±0.5	±1	±1.5	±2.5	±4	±6	±8

3. 标准公差 IT

标准公差是指公差与配合国家标准的表格中所列出的任一个公差值，用符号 IT 表示；它反映了被加工工件精密程度的高低。

标准公差分为 20 个公差等级，即 IT01，IT0，IT1，IT2，IT3 至 IT18。从 IT01 到 IT18 公差数值逐渐增大，精度等级依次降低，即 IT01 精度最高，公差值最小；IT18 精度最低，公差值最大。为了加工方便，图样中一般不标注标准公差等级，而是直接写出公差数值。

一般机器的重要配合为 IT8～IT10，一般机器的多数配合为 IT11～IT13，原材料尺寸为 IT8～IT14，非配合尺寸为 IT12～IT18；铣床加工一般可达到 IT8～IT11。

4. 配合制度与基准制

两个基本尺寸相同的轴和孔，当配合在一起的时候，出现的松紧程度却完全不一样。有时松松地就能装上；有的则要用手锤敲进去；有时甚至要将孔零件加热使其膨胀，然后用力压进去。同样，在拆卸时也要花费不同的气力。控制两个零件之间的松紧程度靠什么来保证呢？这除了前面介绍的尺寸公差之外，就是配合制度和基准制。

配合制度是指公称尺寸相同的孔与轴之间的结合关系，它可以保证在相同公称尺寸的零件或部件中，任取其中一件，不经过任何挑选和修配，就能进行装配的互换特性。

（1）孔和轴　公差与配合中的孔和轴，孔一般指工件的圆柱形内表面直径 D，如图 1-37

(a)所示;但也包括由两平行平面或切面形成的包容面(即非圆柱表面),如图 1-37(b)中的 D_1,D_2,D_3 和图 1-38(b)中的 D_4,所确定的部分都称为孔。轴一般指工件的圆柱形外表面直径 d,如图 1-38(a)所示;但也包括两平行平面或切面形成的包容面(非圆柱形外表面),如图 1-38(b)中的 d_1,d_2,d_3 和图 1-37(b)中的 d_4 所确定的部分都称为轴;两图中的 L_1,L_2 和 L_3 所确定的部分,既不是孔,也不是轴。

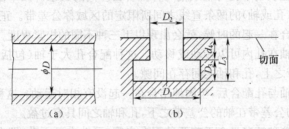

图 1-37　孔的含义

(a)圆柱形孔　(b)非圆柱形孔的含义

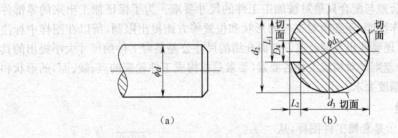

图 1-38　轴的含义

(a)圆柱形轴　(b)非圆柱形轴的含义

(2)基准件和配合件　配合制度就是常说的基孔制和基轴制,这两种配合制度是以不同的基准件和配合件来实现的。

在轴与孔的配合时,极限尺寸为一定(即为准)的工件就叫基准件。

以孔为准的,孔就是基准件,轴是配合件;以孔为准的,轴就是基准件,孔是配合件。

在轴与孔的配合中,需要先确定哪个是基准件,为什么非要这样做呢?因为相互配合的轴与孔,都存在着尺寸偏差问题,如果同时改变轴和孔的尺寸偏差,就很麻烦,甚至造成配合制度的混乱。如果以轴或孔为基准,而去改变另一个,这显然就方便得多。

(3)基孔制和基轴制

①基孔制:在配合中,当孔的下偏差为 0(基准件),而与不同极限尺寸的轴配合,以得到松紧程度不同的各种配合性质,这叫做基孔制,这种配合制度中的孔称为基准孔,用代号 H 表示。

②基轴制:在配合中,当轴的上偏差为 0(基准件),而与不同极限尺寸的孔配合,以得到松紧程度不同的各种配合性质,这叫做基轴制,这种配合制度中的轴称为基准轴,用代号 h 表示。

基孔制和基轴制又统称为基准制,基准制与标准公差组成配合代号,如 ϕ12H8,表示公

称尺寸为 $\phi12mm$，公差等级为 8 级的基准孔。又如，$\phi16h7$，表示公称尺寸为 $\phi16mm$，公差等级为 7 级的基准轴。

在一般情况下多采用基孔制，因为加工孔比加工轴困难一些。

(4)三种配合 如图 1-33 所示，既表达了孔与轴或槽与榫凸凹配合的公称尺寸和极限尺寸的上述关系，也表明了孔与轴或槽与榫配合公差间的关系。图中由上极限偏差(孔或轴)和下极限偏差(孔或轴)的两条直线之间所限定的区域称公差带。正由于公差带的不同关系，当轴与孔配合在一起的时候，就会出现以下三种不同的松紧程度。

①间隙配合：轴在孔内可以转动或移动。这种配合孔大于轴(包括孔等于轴)，孔的公差带在轴的公差带之上，孔和轴之间存在间隙。

②过盈配合：轴与孔配合后，牢固地结合在一起没有相对运动。这种配合孔小于轴(包括孔等于轴)，孔的公差带在轴的公差带之下，孔和轴之间具有过盈。

③过渡配合：这种情况是介于前两种配合之间，可动也可不动；即允许孔大于轴，也允许轴大于孔；两者允许有间隙，也允许有过盈，但都不很大。此时孔和轴公差带部分重叠。

二、几何公差的基本知识

前面介绍的公差与配合只是对被加工工件的尺寸要求。为了保证加工出来的零部件的可装配性和工作性能，必须对工件的形状和位置等方面提出限制，所以在图样中标注尺寸公差的同时，还要注出几何公差。前面介绍的尺寸公差是对工件的尺寸大小提出的具体要求，而几何公差则是对构成工件各要素(要素是指构成工件轮廓的点、线、面)的形状和相互位置提出的精度要求。

1. 形状公差

如图 1-39 所示是套筒工件图样，从图中可以看出，上面除了有表示工件结构形状的视图和注有确切的尺寸外，还标注出必需的尺寸公差、几何公差和表面粗糙度(表面粗糙度见本节"三"中有关介绍)等技术要求。

按照图样加工出的工件不可能绝对准确，必然要产生一些加工误差。在

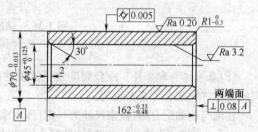

图 1-39 套筒工件

加工如图 1-39 所示的套筒时，加工好的工件的实际尺寸可能比基本尺寸大些或小些，外表面圆柱体形状也要出现扁圆及弯曲变形，两端面的位置也会产生歪斜等误差。

形状公差是指加工出的工件的实际形状偏离其理想形状，所允许的最大变动量。所谓理想形状是指图样中给出的绝对正确的几何形状。如图 1-39 所示的套筒工件外表面的理想形状为一几何圆柱面，如图 1-40(a)所示；加工完成后的外圆柱表面则为实际形状。若把实际形状与理想形状进行比较，两者之间不可能处处紧密贴合，必然有些部位会偏离一定的距离，就是这个加工出来工件的圆柱度形状误差，如图 1-40(b)所示。从偏离中可找出最大变动量 f，如图 1-39 中所标注的圆柱度 公差 0.005mm 的要求，就是限制实际形状加工误差所允许的最大变动范围。工件的实际形状误差在此范围内即为合格，超出此范围就不合格。

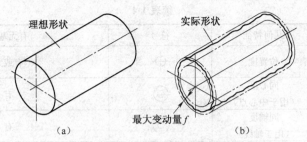

图 1-40　套筒工件的理想形状和实际形状
（a）理想形状　（b）加工后的实际形状

　　如铣削一个正方形工件,加工好的工件除了实际尺寸可能比所要求尺寸大些或小些以外,平面形状也会不同程度地出现凹或凸的不平等误差。加工完成后的正方形的实际形状与理想形状进行比较,两者之间不可能处处相同,必然有些部位会和理想形状有所变动,这就是这个工件的平面度形状误差。

2. 方向和位置公差

　　方向和位置公差是指工件的实际位置偏离其理想位置,所允许的最大变动量。所谓理想位置是指图样中给出的工件上各要素之间绝对正确的几何位置。

　　如铣削一个正方形工件,加工好的工件除了实际尺寸可能比所要求尺寸大些或小些,或平面形状出现凹或凸的不平外,上平面和侧平面之间也可能会出现垂直角的变动,就是这个工件的垂直度误差。在图样上给出它们的允许偏离的最大变动量,如果工件实际形状没有超过这个最大变动量,即为合格;若超出这个范围,就是不合格。

3. 几何公差分类与基本符号（表 1-4）

表 1-4　几何公差分类与基本符号

公差类型	几何特征	符号	有无基准
形状公差	直线度	—	无
	平面度	▱	无
	圆度	○	无
	圆柱度	⌭	无
	线轮廓度	⌒	无
	面轮廓度	⌓	无
方向公差	平行度	//	有
	垂直度	⊥	有
	倾斜度	∠	有
	线轮廓度	⌒	有
	面轮廓度	⌓	有

续表 1-4

公差类型	几何特征	符号	有无基准
位置公差	位置度	⊕	有或无
	同心度 （用于中心点）	◎	有
	同轴度 （用于轴线）	◎	有
	对称度	≡	有
	线轮廓度	⌒	有
	面轮廓度	◠	有
跳动公差	圆跳动	↗	有
	全跳动	⟋⟋	有

4. 几何公差在图样中基本标注方法

几何公差在图样中采用框格法标注，就是在长方形方框内将几何公差各种项目的符号和要求标注出来，作为加工和测量的依据。

几何公差框格是用细实线在图样上画出的长方形格子。大框格内根据有关要求又分隔成两个或多个小框格；从左边第一个小框格开始，依次向右填写以下内容：

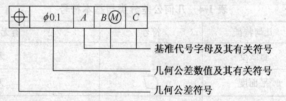

基准代号字母及其有关符号
几何公差数值及其有关符号
几何公差符号

如图 1-11 中标注出轴工件上键槽的对称度 ≡ 位置公差，它表示加工 $12^{+0.043}_{0}$ mm 键槽时，要以 $\phi 40^{0}_{-0.025}$ mm 的表面为基准，其键槽对称度公差为 0.04mm。

对几何公差有附加要求时，则应在相应的公差数值后面，加注有关符号，见表 1-5。

表 1-5 几何公差有附加要求时的常用符号和意义

含　义		符　号
只许提取要素的中间部位向材料内凹下	(−)	▭ t (−)
只许提取要素的中间部位向材料外凸起	(+)	▱ t (+)
只许提取要素从左至右逐渐减小	(▷)	▱ t (▷)
只许提取要素从右至左逐渐减小	(◁)	▱ t (◁)

5. 铣削中常用到的几何公差

(1)直线度 直线度就是通常所说的直线要素(线或面)实际形状的平直程度。如图1-41所示是导轨工件的直线度要求,图中标注出两个直线度公差框格,指引线分别指向该导轨面两个视图的轮廓线上。其中一个是指导轨加工出的实际表面与所要求的纵向剖面,都必须在公差值0.15mm的两平行直线之间,如图1-41(a)所示;另一个是指横向剖切面都必须在公差值0.05mm的两平行直线之间,如图1-41(b)所示。

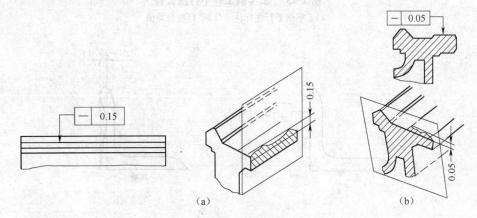

图1-41 导轨工件直线度公差
(a)导轨纵向直线度 (b)导轨横向直线度

(2)平面度 平面度就是平面要素实际形状的平整程度。如图1-42所示是平板工件的平面度要求,平板加工出的实际表面,必须在公差值为0.05mm的两平行直线之间。图中公差值后所注附加符号(—),表示平板表面若有误差,只许中间向内凹下才为合格。否则,虽在公差带范围内,仍为不合格。

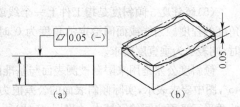

图1-42 平板工件平面度误差
(a)平板平面度标注 (b)平面度公差值

(3)平行度 平行度就是两平行要素(线或面)间的平行程度。平行度公差是指工件上被测量的线或面与基准面平行的方向最大允许变动量。

如图1-43(a)所示是工字钢工件的图样,标有基准代号A的平面为基准面,箭头所指向的是被测表面,被测表面和基准面都是平面。如图1-43(b)所示为平行度公差值为0.01mm,且平行于基准平面的两平行平面之间的区域。

(4)垂直度 垂直度是指两个相互垂直要素(线或面)间在方向上保持90°夹角的准确程度。垂直度和平行度都属于定向公差。平行度可看作是与基准的夹角为0°,而垂直度与基准的夹角为90°,其特征基本相同。

如图1-44(a)所示是平面对平面的垂直度要求。图中要求直立面与底面相垂直,该要求表示,直立面加工后的实际平面的公差值为0.1mm,且垂直于基准平面(底面)的两平行平面之间的区域内,如图1-44(b)所示。

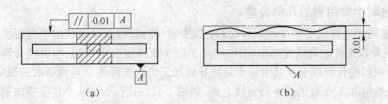

图 1-43　工字钢工件平行度公差

(a)工字钢平行度标注　(b)平行度公差值

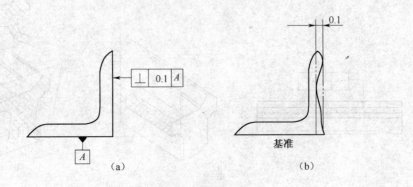

图 1-44　角度工件垂直度公差

(a)角铁垂直度标注　(b)垂直度公差值

(5)倾斜度　倾斜度是指工件上一个线或面相对于另一个线或面之间,保持一个给定角度的程度。当线或面间给定的角度为 0°时,则表示为平行度要求;当给定的角度为 90°时,则表示为垂直度要求。

倾斜度公差是用来限制被测表面与基准面某一角度的方向变动量。如图 1-45(a)中的 45°,图中要求表示,实际倾斜表面的公差值为 0.02mm,且与基准轴心线 B 成 45°理想角度的两平行平面之间的区域内,如图 1-45(b)所示。

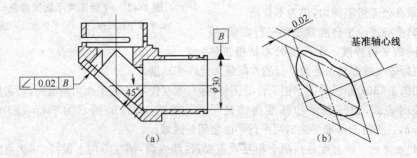

图 1-45　工件倾斜度公差

(a)倾斜度公差标注　(b)倾斜度公差值

(6)对称度　对称度指工件上有对称关系的两中心要素之间相互位置的准确程度。如 V 形槽的两斜面、键槽的两平行面等。它们之间相互位置的控制要求属于定位关系。

①两中心平面间的对称度要求。如图 1-46(a)所示的 V 形槽和凸台的两中心平面有对称度公差要求:V 形槽的实际中心面公差值为 0.02mm,且位于基准中心平面对称配置的两平行平面之间的区域内,如图 1-46(b)所示。

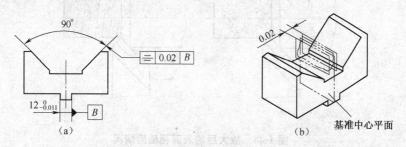

图 1-46　V 形铁工件上 V 形槽对称度公差
(a)V 形槽对称度标注　(b)对称度公差值

②中心平面对轴心线的对称度要求。如图 1-47 所示的轴上键槽,其两侧面的中心平面位于轴心平面处,图中给出键槽中心面对轴心线的对称度公差要求。

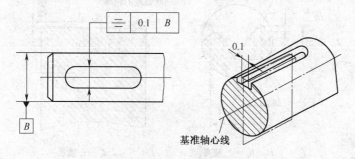

图 1-47　轴工件上键槽对称度公差

应当指出,图样上所给定的公差值为对称配置于基准要素两侧的公差全值,工作中应注意不要理解为公差半值。

三、表面粗糙度的基本知识

表面粗糙度就是工件表面经过在铣床上铣削(或在车床上经车削等加工)后的粗糙程度,它同样是加工表面的重要度量指标之一。

铣削(或车削等加工)过程中,由于金属材料的塑性变形、切削振动以及工件、刀具、切屑间进行摩擦等方面原因,总会在被加工表面留下加工痕迹或其他方面的缺陷,如图 1-48 所示是车削加工时,被加工表面经放大后的不良情况;如图 1-49 所示是被铣削表面经放大后,存在着宏观和微观的几何误差情况。

图样中的表面粗糙度是根据工件的使用情况和配合性质确定的,加工出的表面粗糙值过大(加工表面过于粗糙)属于不合乎要求;若被加工表面粗糙度值小于要求(加工表面过于光洁),一般情况下属于合格,但有时则为不合格。

1. 表面粗糙度符号和代表意义

图样中标注的表面粗糙度符号,表示该工件加工后所要达到的要求。表面粗糙度的基

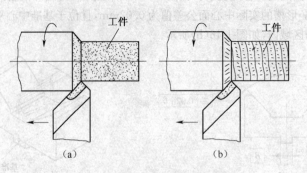

图 1-48 放大后的表面粗糙度情况

(a)表面粗糙 (b)表面拉毛

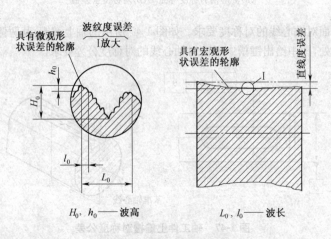

H_0, h_0——波高 L_0, l_0——波长

图 1-49 表面粗糙度概念

本符号有以下三种形式:

√ ——表示该表面可以采用任何加工形式(包括去除材料和不去掉材料)的方法去获得。

√ ——在图样中,该表面粗糙度符号一般标注在被加工表面的可见轮廓线、尺寸线、尺寸界线或它们的延长线上,并给出符号和数值,如图 1-11 中的 $\sqrt{Ra 1.6}$,$\sqrt{Ra 3.2}$ 等,表示该表面粗糙度通过采用车削、铣削、刨削、磨削等去除材料的加工方法获得。

√ ——表示表面粗糙度是用不去除材料的方法获得,例如,铸、锻、冲压、轧制等方法。

另外,对被加工工件加工表面的纹理方向有特殊要求时,按照表 1-6 中的方法在图样中进行标注。

表 1-6　工件加工纹理方向

符　号	图　示	说　明
=	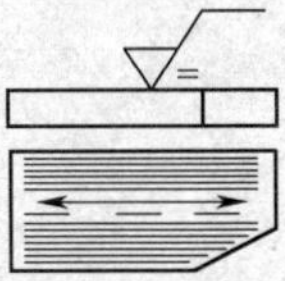	纹理平行于视图所在的投影面
⊥	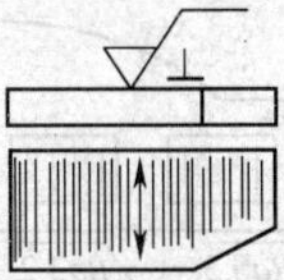	纹理垂直于视图所在的投影面
×	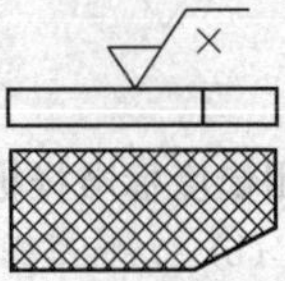	纹理呈两斜向交叉且与视图所在的投影面相交
C	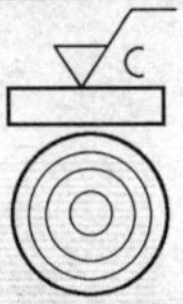	纹理呈近似同心圆且圆心与表面中心相关

2. 表面粗糙度 *Ra* 值的特征和加工获得方法

在国家标准中，推荐优先选用轮廓算术平均偏差 *Ra* 作为评定参数。表面粗糙度 *Ra* 值的特征和加工获得方法见表 1-7。

表 1-7　表面粗糙度 *Ra* 值和加工获得方法

表面粗糙度 *Ra* 值/μm	工件表面特征	工件加工外观情况	加工获得方法
100,50,25,12.5	非配合表面，没有要求的自由表面	表面外观明显可见刀痕 可见刀痕 微见刀痕	粗铣或粗车、粗刨等
12.5,6.3	非配合表面	可见加工痕迹	半粗铣或半粗车、半精刨
6.3,3.2	非配合表面	微见加工痕迹	半粗铣或半粗车、半精刨
3.2,1.6	按 IT9 至 IT11 级制造的零件配合表面，不精确定心的配合表面	看不见加工痕迹	精铣或精车、精刨、精磨

3. 表面粗糙度基本检测方法

检验表面粗糙度一般采用样板比较法，这种检测方法使用一组表面粗糙度的标准样板，如图 1-50 所示。检测前，标准样板都要经过检定并标注出表面粗糙度的数值，如图 1-51 所示。

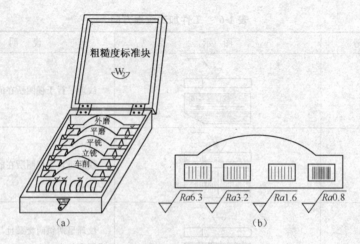

图 1-50 表面粗糙度标准样板
(a)成套标准样板 (b)一块标准样板

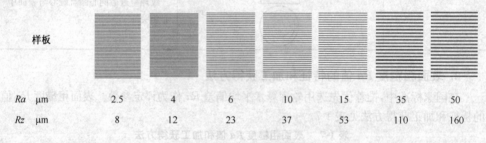

样板							
Ra μm	2.5	4	6	10	15	35	50
Rz μm	8	12	23	37	53	110	160

图 1-51 表面粗糙度样板

检测的时候,把被测量的工件和样板放在一起,用目测的方法或借助放大镜或借助低倍率的显微镜观察比较,凭检验员的经验,来判断工件的表面粗糙度相当于样板的那一个数值。为了检验结果尽量准确,表面粗糙度样板的形状、加工方法以及材料都应和被检验工件相一致。

当检测准确度要求较高时,常使用量仪测定等方法。

第三节 常用金属材料和非金属材料

铣工常用金属材料包括黑色金属和非铁金属(有色金属)两大类,常用非金属材料有工程塑料和工业橡胶等。

一、金属材料力学性能和常用名词解释

金属材料在不同外力的作用下,会产生不同的变形,如拉伸、压缩和扭转,如图 1-52 所示,以及剪切和弯曲,如图 1-53 所示。金属材料在外力作用下所反映出来的抵抗变形的性能,称为力学性能,它包括弹性、塑性、强度、硬度和韧性。

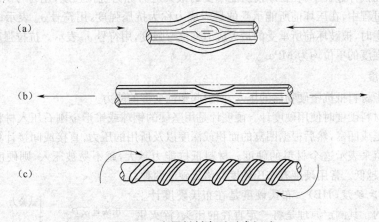

图 1-52 金属材料变形形式(一)
(a)压缩变形 (b)拉伸变形 (c)扭转变形

图 1-53 金属材料变形形式(二)
(a)剪切变形 (b)弯曲变形

1. 应力

当用一种力量加于任何一个物体时,多少都有破坏这个物体的一种倾向。物体为了抵抗这种外来破坏的力量,在物体内部会有一种抵抗这种破坏的力;这种由物体内部所产生的抵抗力就叫内力,单位面积上的内力称为应力。

2. 弹性变形和塑性变形

如果将一个螺旋状弹簧放在平板上,当用力压下去时,会看到它的长度被缩短;若去掉压力,弹簧会重新恢复到原来的长度,这种现象叫做弹性变形。如果在这个弹簧上施加很大和很长时间的压力,当这个压力超过弹簧的弹性限度,弹簧金属内部便发生变化;这时,虽然把压力去掉,弹簧也不能完全恢复到原来的长度;这个不能恢复的部分,就是弹簧金属内部变形的结果,这种现象叫做塑性变形或永久变形。

3. 屈服强度

材料在受力过程中,当负荷增加到一定程度后开始产生显著的塑性变形现象,称为"屈服",开始产生塑性变形时的最小应力称为屈服强度,单位为 MPa。

4. 强度

材料在外力作用下,表现出来的抵抗变形或破坏的能力称为强度。

材料在拉伸过程中,在拉断前所能承受的最大应力称为抗拉强度,用符号 R_m 表示;材料在受压过程中,在压坏前所能承受的最大应力称为抗压强度,用符号 σ_{mc} 表示;材料在受弯曲力作用时,被破坏前所承受的最大应力称抗弯强度,用符号 σ_{bb} 表示。抗拉强度、抗压强度和抗弯强度的单位均为 MPa。

5. 硬度

硬度指材料抵抗坚硬物体的压入,而引起塑性变形的能力。

测定材料硬度时使用硬度计。硬度计是用坚硬的钢球或锥形金刚石压入材料的表面,使材料被压成凹窝,然后根据凹窝的面积或深度以及所用的压力,直接或间接计算出数值,由这个数值来表示这个材料的硬度。材料抵抗能力越大,越不易被压入,则硬度越高;反之,则硬度越低。常用硬度有布氏硬度和洛氏硬度两种。

(1)布氏硬度(HB) 布氏硬度是在布氏硬度计上测量出来的。其测定原理是将一定直径的压头(淬火钢球),在规定载荷的作用下压头压入被测金属表面(图1-54),卸去载荷后在金属表面留有一个压痕,以压痕单位面积上所承受载荷的大小来评定其硬度,如图 1-54 所示。

布氏硬度适合于较低硬度金属材料的测定,HB>450 时不能采用,也不宜检验薄片材料和成品件。

(2)洛氏硬度(HR) 洛氏硬度是在洛氏硬度计上测量的,它采用金刚石圆锥体或小直径钢球,分先后两次施加负荷压入被测件表面,根据压痕深度来确定材料硬度的大小。

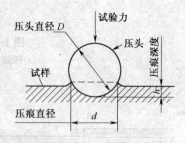

图 1-54 布氏硬度试验

洛氏硬度常用的有 A,B,C 三种。HRA 是用金刚石圆锥压头,所加负荷为 588.4N,适用于很硬很薄的金属。HRB 是用直径为 1.588mm 的小钢球作压入物,所加负荷为 980.7N,适用于较软的钢材、铸铁及有色金属材料。HRC 是用圆锥体金刚石头,所加负荷为 1471N,适用于较硬的钢材。

6. 断面伸长率

断面伸长率是指材料在力学性能试验中,试样拉断后标距的残余伸长(L_u-L_o)和原始标距(L_o)之比的百分率,用符号 A 表示,即:

$$A=\frac{L_u-L_o}{L_o}\times100\%$$ (式 1-1)

二、常用黑色金属材料及钢的热处理

黑色金属材料包括钢和灰铸铁等,在机械工程中应用非常广泛。

灰铸铁与钢一样,都是一种铁与碳的合金,它们的主要区别在于碳含量不同,当碳的质量分数低于 2% 时是钢,高于 2% 时就属于铸铁的范围了。

1. 常用钢的种类和牌号

(1)碳素结构钢 这种钢牌号主要是以钢材厚度(或直径)不大于 16mm 时的屈服强度数值来划分的。碳素结构钢牌号表示方法如下:

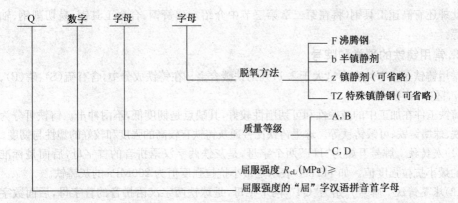

如 Q235—A·F,表示屈服强度数值为 235MPa 的 A 级沸腾钢。表1-8 为常用牌号的碳素结构钢。

表1-8 碳素结构钢的牌号

牌号	Q195	Q215		Q235				Q255		Q275
等级	—	A	B	A	B	C	D	A	B	—
抗拉强度 R_m/(MPa)	315~430	335~450		370~500				410~550		490~630

(2)优质碳素结构钢 这种钢分普通锰含量钢和较高锰含量钢。普通锰含量钢的牌号有 15,20,45,60 等,较高锰含量钢有 20Mn,60Mn 等。

牌号中主要用平均碳含量的万分之几来表示,如 45 钢是平均碳质量分数为 0.45% 的优质碳素结构钢;而且又按碳含量分为低碳钢、中碳钢和高碳钢,低碳钢的碳质量分数小于 0.25%,中碳钢的碳质量分数为 0.25%~0.60%,高碳钢的碳质量分数大于 0.60%。

(3)低合金结构钢及合金结构钢 牌号中包括平均碳含量的万分之几及主要合金元素含量的百分数。如 38CrMoAl 表示钢中平均碳质量分数为 0.38%,各合金平均质量分数都低于 1.5%;25Cr2Ni4WA 表示钢中平均碳质量分数为 0.25%,铬平均质量分数为 1.35%~1.65%,镍平均质量分数为 4%,钨平均质量分数低于 1.5%。

(4)碳素工具钢 牌号前为汉语拼音字母"T",其后为平均碳含量的千分数。如 T10 是平均碳质量分数为 1% 左右的碳素工具钢。

(5)不锈钢 牌号中表示平均碳含量的千分数和主要合金元素含量的百分数。如 3Cr13、1Cr18Ni9 等。

(6)工程用铸钢 牌号开始为汉语拼音"铸钢"二字的第一个字母"ZG",后面是屈服强度值和抗拉强度值。其情况如下:

如 ZG230—450,屈服强度值为 230MPa,抗拉强度值为 450MPa。

此外还有高速工具钢(将在第二章第三节中介绍)、弹簧钢、合金工具钢、易切削钢、轴承钢等。

2. 常用铸铁的种类和牌号

常用铸铁是指平均碳含量大于2.11%的铁碳合金。在铸铁成分中,含有硫(S)、磷(P)、硅(Si)、锰(Mn)等元素。

铸铁工件在加工中的减振性和可切削性较好,其缺点是韧度低,不耐冲击。铸铁可分为灰铸铁、球墨铸铁、可锻铸铁等。球墨铸铁比普通灰铸铁有较高的强度和较好的塑性与韧度。

(1)灰铸铁 牌号开始为"HT"两个字母,是灰铁两字汉语拼音的首字母,后面是标准试棒的最小抗拉强度值。如HT200表示是最小抗拉强度值为200MPa的灰铸铁。

(2)球墨铸铁 牌号开始为"QT"两个字母,是球铁两字汉语拼音的首字母,后面数字是抗拉强度和伸长率。如QT400—15等。

(3)可锻铸铁 牌号开始为"KT"两个字母,是可铁两字汉语拼音的首字母,后面数字为抗拉强度和伸长率。如KTH350—10是黑心可锻铸铁,KTB350—04为白心可锻铸铁。

此外还有耐磨铸铁、耐热铸铁等。

3. 钢铁材料鉴别方法

实际工作中,若需要对钢铁材料的牌号和硬度进行鉴别,精确的办法是利用各种仪器设备。但在施工现场,条件不具备情况下,多是根据实践中积累的经验进行直观判断,也可以得到有价值的结果。靠工作经验鉴别钢和铁材料时,一般采用以下几种方法。

(1)断面鉴别法 由于钢和铁的碳含量不同,所以,它们的断面形状、色泽和晶粒大小是不一样的。碳含量低的钢,断面晶粒细致,色泽呈灰白色;碳含量高的钢,断面晶粒稍粗,色泽稍呈白色;铸钢件断面的晶粒较细,色彩银灰;灰铸铁断面呈灰色,且断面晶粒较大;白口铸铁断面呈白色。

(2)鉴别硬度法 鉴别钢和铸铁材料的硬度,在一定程度上能反映出碳含量的高低。前面谈到,硬度是在硬度计上测量的,在缺少硬度计情况下,可利用锉刀法大致鉴定普通钢和铁的硬度。

锉刀试验法用于大批量加工中对工件硬度的快速检验。一般大批生产时不可能全部用硬度计进行检查,而是抽验一定的百分数,其余部分则采用锉刀进行检查,发现有问题时用硬度计进行校对。此外,对于一些外形不适用硬度计进行试验的工件,也可用锉刀进行硬度检查。

锉刀检验工件硬度,是借助锉刀本身的硬度与工件的硬度比较。通过锉刀锉工件时手的感觉,声音的高低及工件被锉动的程度来区别硬度的高低。这种方法所得的硬度准确性与操作者技术熟练程度有关。

锉刀的大小和形状,取决于被试验工件的尺寸,一般工件使用长度为150mm的齐头扁锉,对于较大的工件,可选用长度为200mm的齐头扁锉。

锉削试验靠手工操作(锉削基本操作方法见附录中的有关介绍),以锉刀在工件上锉动2~3次,再依照以下几方面情况和根据经验去确定工件的硬度与钢的碳含量。

①手的感觉。锉刀锉工件时,如果工件硬度高则碳含量高,锉刀不容易锉动,有打滑现象;如果工件硬度低,则碳含量低,容易锉动。

②声音的辨别。如果工件硬度高,锉动的声音清脆较响亮;如果工件硬度低,声音闷哑

低沉。

③眼睛的观察。如果工件硬度高,经锉后表面无明显的锉刀刻痕;如果工件硬度低,经锉后工件表面有明显刻痕。

还可以根据所使用锉刀齿纹的齿距情况,去判断被检查钢铁材料的硬度。低硬度材料用任何锉刀都能锉动,中硬度材料只能用细锉或光锉才能锉动,高硬度材料只有油光锉才能锉动。

为了积累这方面经验,可将经过锉刀鉴定硬度的工件在硬度计上进行硬度检验,以观察锉削结果的误差;或用已知硬度值的标准硬度块用锉刀试验进行比较。

此外,现场鉴别钢铁材料还有火花鉴别法、锤击式硬度器法等。

4. 热处理知识

(1)对热处理的认识　热处理是黑色金属材料(主要是钢类材料)改变内部组织和力学性能的一种工艺。根据加工需要,通过热处理炉,如图 1-55 所示,对工件进行不同形式的加热、保温和冷却,达到增加和改善材料的强度、硬度、塑性、韧性、耐磨性的目的。例如,对于高碳钢和工具钢工件,材料硬度偏高,可经过球化退火降低其硬度,改善切削加工性;对热轧状态的中碳钢工件,它的内部组织经常不均匀,且有表面硬皮,可通过正火使其组织均匀、硬度适中;有时中碳钢也用退火改善加工性。

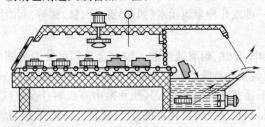

图 1-55　热处理炉的一种形式

对于铸铁工件,由于铸造方面原因,造成内应力过大,有时表面硬度过高,可采用退火的方法消除内应力,降低表层硬度。

热处理不改变工件的形状和整体化学成分,但可充分发挥材料的潜力,合理利用材料,改善工件的加工性能,提高工件加工质量,减少铣削中的铣刀磨损。因此,热处理在机械加工中起着十分重要的作用。

(2)热处理的基本形式　热处理包括退火、正火、淬火、回火和调质处理等几种形式。

①退火。退火俗称焖火,是将工件加热到预定温度,然后保温一定时间再缓慢冷却,如图 1-56 所示。退火的目的是为了降低钢材硬度,提高塑性和韧性,改善工件的切削性能,并可细化晶粒,调整内部组织,消除热轧等热加工以及冷加工中所产生的内应力,防止工件变形和开裂。

②正火。正火是将工件加热到正火温度后,保温一定时间再在空气中冷却。正火的目的是改善工件的切削加工性,它所获得的组织比退火后的更细,它所得到的强度比退火后的高。正火常用于碳质量分数低于 0.25% 的低碳钢和低合金钢,以提高强度和硬度;对于中碳钢和合金钢可作淬火前的热处理,以减少淬火缺陷。

③淬火。淬火是将工件加热到预定温度或以上,保温一定时间后再在冷却剂(水或盐

水等)中迅速冷却。淬火可提高工件的强度、硬度和耐磨性。

④回火。钢件经淬火后,强度和硬度都有很大提高,但塑性和韧性明显降低了。为了获得良好的强度和韧性,再选择适当的温度进行回火处理。

回火是将工件加热到临界点以下的回火温度,保温一定时间后再冷却。一般钢材经淬火后残留的内应力都较大,如不及时消除,将引起钢件的变形和开裂;因此,回火也是淬火后不可缺少的后续工艺;同时,工件经回火后,对稳定内部组织、稳定材料性能和尺寸都能起到很好的作用。

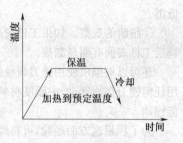

图 1-56 热处理工艺曲线图

⑤调质处理。工件经淬火后又高温回火称为调质处理。调质处理的主要目的是为获得强度、塑性和韧度都较好的综合机械性能,因而被广泛用于重要的结构零件。

此外,热处理还有化学热处理等方法。

三、常用非铁金属材料

非铁金属即有色金属,如铜、铝、铅等。工业上使用的非铁金属,大部分以这些金属为基础元素,再加入另一种或几种金属元素(如铬、镍、镁、钛、锑等)而冶炼成的合金材料。

1. 铜及其合金

铜具有良好的导电、导热、耐腐蚀性能。按合金系列可分为纯铜(紫铜)、黄铜、青铜和白铜。黄铜分为普通黄铜和特殊黄铜。普通黄铜是以纯铜为基础元素(基元素),再加入锌的合金材料;特殊黄铜是普通黄铜再加入其他元素冶炼成的合金材料。青铜是以纯铜为基础元素,加入锡、铝、锰、硅、镉、银等元素的合金材料。白铜是铜与镍元素组炼的铜合金材料。

2. 铝及铝合金

铝的导电性和导热性都较高,塑性和耐磨性好,无低温脆性,易加工成形。纯铝强度较低,和其他合金元素组合,则有良好的力学性能。

铝合金可分为铸造铝合金和变形铝合金。常用铸造铝合金有铝硅合金、铝铜合金、铝镁合金和铝锌合金等类别,变形铝合金有工业用铝、防锈铝、硬铝合金和锻铝合金等类别。

常用非铁材料及其合金牌号表示方法见表 1-9。

四、常用非金属材料

铣工常用非金属材料有工程材料、工业橡胶以及润滑油等。

表 1-9 常用非铁材料及其合金牌号表示方法

有色金属及其合金名称	牌号举例		牌号表示方法说明
	代号	牌号	
纯金属冶炼产品 铜、铝	Cu—1 Al—1	一号铜 一号铝	均用化学元素符号结合顺序号或表示主成分的数字表示。元素符号和顺序号(或数字)中间画一横线

续表 1-9

有色金属及其合金名称		牌号举例		牌号表示方法说明
		代号	牌号	
纯金属加工产品	铜	T1，T2	一号铜、二号铜	铜（T）、镍（N）的纯金属加工产品分别用括号内的汉语拼音字母加顺序号表示，纯铝牌号为1×××
	铝	1060，1050A	二号工业纯铝、三号工业纯铝	
合金加工产品	黄铜	H62，H68	62黄铜、68黄铜	黄铜用汉语拼音字母"H"加基元素铜的含量表示；三元素以上的黄铜用汉语拼音字母加第二个主添加元素符号及除锌以外的成分数字组表示（百分之几）
		HPb74—3	74—3铅黄铜	
		HSn62—1	62—1锡黄铜	
		HFe58—1—1	58—1—1铁黄铜	
	青铜	QSn4—3	4—3锡青铜	青铜用汉语拼音字母"Q"加第一个主添加元素符号及除基元素铜外的成分数字组表示（百分之几）
		QAl9—4	9—4铝青铜	
		QSi1—3	1—3硅青铜	
	铝合金	5A02，5A03	二号防锈铝、三号防锈铝	以镁为主要合金元素的铝合金牌号为5×××

1. 工程材料

塑料是以合成树脂为主要成分，加入增强剂（填料）和添加剂，在加热加压下制成的高分子有机材料。它具有质轻、绝缘、耐磨、耐腐蚀和成形工艺简单等特点。

在现代工业中，塑料正日益广泛地代替金属材料。对于结构简单的零件，它能直接成形；当需要加工时，也可以和金属材料一样在机床上进行切削。

塑料分热塑性和热固性两大类。热塑性塑料受热极易软化，这时受到外力时则弯曲变形；热固性塑料经固定成形后，再受热则不能软化；如图 1-57 所示。

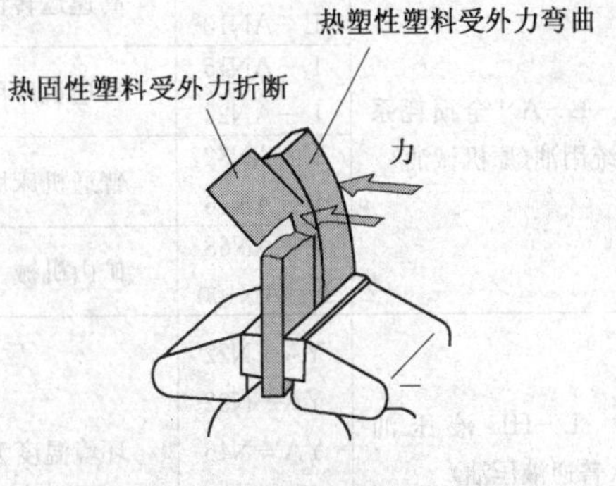

热塑性塑料如聚氯乙烯、聚乙烯、聚丙烯、尼龙、聚甲醇、聚碳酸酯和 ABS 等，这类塑料在加热时会变软甚至被熔化，冷却后又变硬；都具有一定的物理力学性能，但耐热性和刚性较低。例如，聚氯乙烯（PVC）的制品有管件、棒料、板料和焊条等，主要用做耐腐蚀的结构材料或设备衬里材料（代有色合金、不锈钢和橡胶）及电气绝缘材料，有的制品也可用于生活方面。

图 1-57　热塑性塑料与热固性塑料受热后状态

热固性塑料如环氧树脂、酚醛树脂、聚酯树脂和氨基塑料等，这类塑料受热后再加入固化剂，当固化后如再遇热也不会软化；它可以用压塑、层压、浇注等工艺方法制成棒、板、管等各种形状的制品。

塑料的不足之处在：耐热性差，一般情况下，只能在 80～100℃温度下工作；热膨胀系数大，这样在铣削加工过程中，如果冷却不当会引起尺寸变化较大情况的出现；同时它的导热性能差,这在铣削中会产生加工区内热量不易传出,造成温度升高而加快铣刀磨损;它还易出现老化现象。

2. 工业橡胶

橡胶具有高弹性,是优良的密封材料和防振减振材料。橡胶可分为通用橡胶(天然橡胶)和特种橡胶(合成橡胶);通用橡胶是用橡胶树胶乳制成,特种橡胶是加入某种化工原料配合后制成。

橡胶和其他非金属材料一样,具有导热性差、强度低和硬度低等缺点。由于它的弹性大,极易变形,所以铣削过程中很难控制它的尺寸和形状精度,往往给加工带来困难;这就要求进行合理装夹和采取改变铣刀角度等有效措施,来改善加工条件,保证产品质量。

3. 润滑油和润滑脂

润滑油和润滑脂(俗称黄油)统称为润滑剂。由于机械传动中的齿轮与齿轮(如铣床变速箱和进给箱内),轴承滚珠(滚柱)与滚道,以及导轨或其他有相对运动接触表面间,都存在着摩擦——摩擦会造成机件磨损和动力损耗,又使接触面发热,甚至损坏;为了减少相对运动面间的摩擦阻力,保持设备精度和传动效率,延长设备使用寿命,除了正确地使用外,最好的办法就是对运动表面进行润滑。

由于油分子有一种特性,它能吸附在金属表面上,形成一层极薄而又牢固的油膜,在不同条件下,这层油膜具有不同的"承载能力",能将两个金属面部分地甚至全部地隔开,使金属之间或与其他物体之间的摩擦变成油分子之间的接触(内摩擦),这就大大改善了运动条件。

常用润滑油见表 1-10。

表 1-10　常用润滑油牌号、性能及用途

名　称	牌　号	主　要　用　途
L—AN 全损耗系统用油(原机械油)	L—AN7 L—AN10	高速运转情况下机械用油
	L—AN15 L—AN22	普通机床用油,一般滑动轴承的润滑
	L—AN32 L—AN46	普通机床用油,一般滑动轴承的润滑,重型机床导轨的润滑
	L—AN68 L—AN100	矿山机械、冲压、铸造等重型设备的润滑,金属热处理淬火油
L—HL 液压油(普通液压油)	YA—N22 YA—N32 YA—N46 YA—N68 YA—N100	环境温度为 0℃以上的各类机床或其他机械的液压系统用油

常用润滑脂有钙基润滑脂、钠基润滑脂、钙钠基润滑脂和通用锂基润滑脂等。

钙基润滑脂抗水性好,适于机械设备工作温度不超过 60℃的情况下使用。钠基润滑脂耐温,但不耐水。钙钠基润滑脂耐溶、耐水,适于 80~100℃有水分或潮湿环境中使用。通用锂基润滑脂具有良好的抗水性、机械安定性和防锈抗氧化性,适于-20~120℃的各种机械设备的轴承和其他摩擦部位的润滑。

第四节　电器和安全用电常识

一、三相异步电动机基础知识

电动机按电源种类可分为交流电动机和直流电动机,交流电动机又可分为异步电动机和同步电动机。其中异步电动机结构简单,运行可靠,维护也比较方便,所以得到广泛应用。铣床普遍应用异步电动机来拖动。

1. 三相异步电动机结构

三相异步电动机如图 1-58 所示,它由两个基本部分组成:一是固定不动的部分,称为定子;二是旋转部分,称为转子。

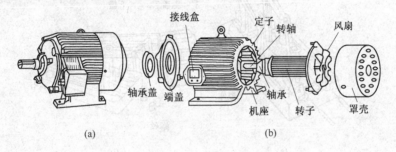

接线盒　定子　转轴　风扇

轴承盖　端盖　轴承　机座　转子　罩壳

(a)　　　　　　　　　(b)

图 1-58　三相异步电动机

(a)电动机外形　(b)电动机结构

定子由机座、定子铁心、定子绕组和端盖组成。机座由铸铁制成;定子绕组是定子的电路部分,一般采用漆包线绕制,分布在定子铁心的槽内。

转子由转子铁心、转子绕组、转轴和风扇等组成,转子铁心与定子铁心之间有微小的空隙,它们共同组成电动机的磁路。转子绕组有笼式和绕线式两种形式,笼式转子绕组是由嵌在铁心槽的若干个铜条组成,铜条的两端用短路环焊接起来,如果去掉铁心,整个转子绕组就像一个捕鼠的笼子,如图 1-59 所示。

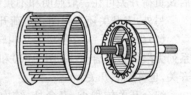

图 1-59　笼式转子绕组

2. 使用三相异步电动机注意事项

①操作铣床时,如果电动机不转动,应立即关闭电气开关,查明原因;消除原因后才允许重新合闸使用。

②操作中,若电动机发出异常响声或振动大,应立即拉闸,对电动机和铣床传动装置进行检查。

③一般电动机空载起动不能连续超过 3～5 次,在铣床运转中停车不久再次起动不能连续超过 2～3 次。

④新安装使用的电动机,如果旋转方向反了,应立即拉闸;然后调换电源任意两相的接线,这样就改变了磁场的旋转方向,也就改变了电动机的旋转方向。

二、常用低压电器

电器是所有电工器械的简称。低压电器是指在交流 50Hz(或 60Hz)、额定电压为 1200V 及以下,直流额定电压为 1500V 及以下的电路中起通断、保护、控制或调节作用的电器。

1. 手动开关

开关主要用于分断和接通电路,一般情况下用手进行操作,因此,它是一种非自动切换电器。其主要类型有刀开关和组合开关等。

(1)刀开关　刀开关是一种结构简单,且应用十分广泛的低压电器。刀开关的种类很多,最常用的是开启式负荷开关,根据刀极数分为二极和三极两种。如图 1-60 所示。

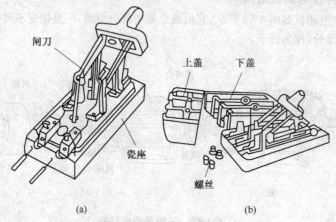

图 1-60　开启或负荷开关

(a)二极式　(b)三极式

开启式负荷开关安装时应将电源线连接到静夹座上,负载线连接到可动闸刀一侧,这样当断开电源时,裸露在外面的闸刀不带电,确保装换熔丝和维修用电设备时的安全。开启式负荷开关可在一般照明和不频繁起动的小功率电动机控制电路中使用。

另外,刀开关还有封闭式负荷开关等。

(2)组合开关　组合开关又叫转换开关。最常用的有 HZ10 系列无限位型组合开关(图 1-61)和 HZ4—132 型有限位型组合开关,也称倒顺开关。

组合开关体积小、寿命长、结构简单、操作方便、多用于机床电气中的电源隔离开关,也可用于 5kW 以下电动机的直接起动、停止和反转控制。

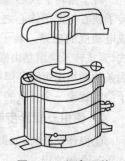

图 1-61　组合开关

另外,组合开关还有断路器等。断路器主要用作供电线路的保护开关、电动机及照明系统的控制开关或配电系统的某些环节中。

2. 熔断器

熔断器串联在被保护的线路中,当线路或用电设备发生短路或过载时,能在线路或设备尚未损坏之前及时熔断,使设备与电路断开,起到保护供电线路的作用。

熔断器按结构形式分为瓷插式和螺旋式两种,如图 1-62 所示。

3. 按钮

按钮主要用来切换控制电路,使电路接通或分断,实现对电力拖动系统的各种控制。

如图 1-63(a)所示为停止按钮,如图 1-63(b)所示为启动按钮。

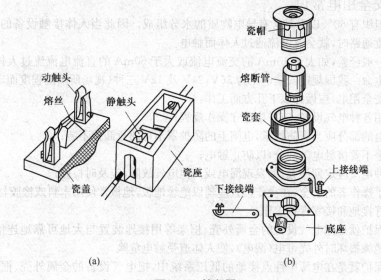

图 1-62 熔断器

(a)瓷插式熔断器 (b)螺旋式熔断器

4. 行程开关

行程开关又称位置开关或限位开关,是一种小电流的控制电器。行程开关的结构形式很多,按其动作及结构可分为按钮式、滚轮式和微动式三种,如图 1-64 所示。

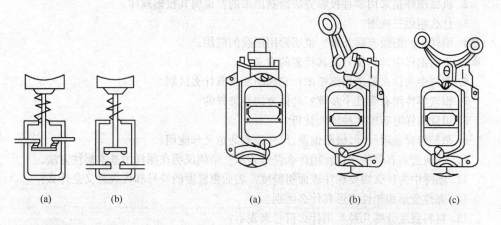

图 1-63 按钮

(a)停止按钮 (b)启动按钮

图 1-64 行程开关

(a)按钮式 (b)滚轮式 (c)微动式

行程开关是利用机床(或其他机械)上某些运动部件产生的机械位移碰撞头,使其触头动作,从而将机械信号转换成控制信号,以接通或断开控制电路,从而实现机械运动的电气控制功能。通常情况下,行程开关用于限制机械运动的位置或行程,使运动机械实现自动停止、反向运动、自动往返运动、变速运动等控制要求。例如:在铣床或刨床等控制线路中用作限位或转向等。

常用低压电器还有交流接触器和热断电器等。

三、安全用电常识

人体组织有 60% 以上是含有导电物质的水分组成。因此当人体接触设备的带电部分并形成电流通路时,就会有电流通过人体而触电。

根据一般经验,如大于 10mA 的交流电流或大于 50mA 的直流电流流过人体时,就有可能危及生命。我国规定安全电压为 36V,24V 及 12V 三种(视场所潮湿程度而定)。

为了安全用电,应做好以下几方面工作:

①使用各种电气设备,应严格遵守操作规程;

②带电的部分应当有防护罩,电闸上的防护罩不可随意卸掉不装;

③湿手不要接触电气部分,以防止触电;

④各种电气应定期检查,如发现漏电或其他电气故障,应及时检修;

⑤为了操作者的安全,在操作位置应辅以绝缘地板,地板常使用木料或橡胶材料制成;

⑥做好接地和接零保护工作。

接地保护就是把电气设备的金属外壳、框架等用接地装置与大地可靠地连接,防止因电气设备绝缘损坏时外壳带电(漏电),使人体遭受触电危险。

接零保护就是在电源中性点接地的低压系统中,把电气设备的金属外壳、框架与中性线(零线)相连接,防止因电气设备绝缘损坏,使人体遭受触电危险。

思 考 题

1. 铣工为什么要熟练掌握识图技巧和图样的规律?

2. 机械图样是采用哪种投影方法绘制出来的? 说明其投影规律。

3. 什么叫做三视图?

4. 图样中的图线有哪几种? 说明常用图线的应用。

5. 说明图样中常用符号及其代表的意义。

6. 图样中为什么要采用剖视图? 它和断面图有什么区别?

7. 识读零件图有哪几个步骤? 具体方法是怎样的?

8. 识读图样时有哪几种辅助技巧?

9. 举例解释极限尺寸、极限偏差、尺寸公差的定义和应用。

10. 几何公差有哪些项目? 用什么符号表示? 举例说明在图样中基本标注方法。

11. 图样中为什么需要标注表面粗糙度? 表面粗糙度的符号和代表意义是什么?

12. 弹性变形和塑性变形有什么区别?

13. 材料强度分哪几种? 用什么符号来表示?

14. 材料硬度中的 HB,HRA,HRB 和 HRC 各代表什么意思?

15. 碳素结构钢和灰铸铁的牌号如何标注?

16. 热处理有什么作用和意义?

17. 润滑剂有什么作用? 油分子有什么特性?

18. 使用三相异步电动机应注意哪些事项?

19. 安全用电要做好哪几方面工作?

第二章 工艺系统和工艺准备常识

　　铣削过程中,由铣床、铣刀、夹具和工件所构成的共同体,称为铣削工艺系统。这个工艺系统是铣削加工的核心部分,它以铣床为主体,通过不同结构形式的铣刀进行切削,完成多种形状工件的加工任务。

　　铣削加工从始至终都是一个既对立又统一的复杂过程,铣床上切削工件时,铣床、铣刀和工件之间相互利用又互相排挤,铣刀要切掉工件上的多余材料,而工件又顽强地进行抵抗,通过它们之间的相互关系、相互运动和相互作用,最后从对立中取得统一,使多余的材料以切屑的形式与工件脱离,并使工件达到图样中的技术要求。

　　铣工要掌握铣削技术,认真了解工艺系统之间和切削加工中的对立统一基本关系,具备铣床、夹具和铣刀方面的基础知识是非常必要的。

第一节 铣 床

一、常用铣床及其特点

　　铣削时使用的铣床有多种形状,但应用最广泛的是卧式升降台铣床、立式升降台铣床和龙门铣床等。

　　按照结构和用途的不同,卧式升降台铣床又可分为卧式升降台铣床和万能升降台铣床。

　　卧式升降台铣床如图 2-1 所示。这类铣床的主轴为水平(卧式)安置,安装在主轴上的铣刀做旋转运动。它的工作台安装在升降台上,能作纵向、横向和垂直进给,主要用于铣削一般尺寸的平面、沟槽和成型表面等。

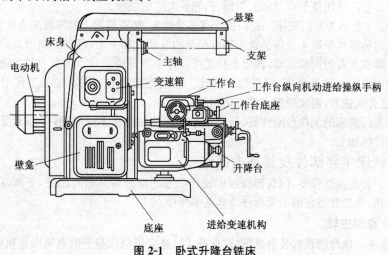

图 2-1 卧式升降台铣床

升降台类铣床的升降台部分刚性差,对重切削和加工大型工件不太适合。

万能升降台铣床如图 2-2 所示。这种铣床在结构上与卧式升降台铣床基本相同,只是把卧式升降台铣床的工作台底座处分成两部分,一部分为回转盘,另一部分为床鞍。回转盘可在床鞍上作±45°(顺时针或逆时针)的转动。所以,这种铣床除了完成卧式升降台铣床的各种铣削外,还能进行螺旋槽和斜面一类工件的加工。

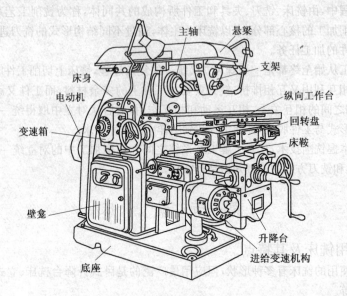

图 2-2　万能升降台铣床

立式升降台铣床如图 2-3 所示,与卧式升降台铣床主要区别在于主轴轴心线相对于工作台的位置不同。立式升降台铣床主轴的轴心线与工作台台面垂直,并且根据加工需要,铣头能顺时针或逆时针各回转 45°。这类铣床的升降台部分、进给系统等都与卧式升降台铣床相同。它广泛用作平面、斜面、沟槽、凸轮等工件的铣削。

如图 2-4 所示为龙门铣床。龙门铣床有多个铣头,装在横梁上的称做垂直铣头,装在两边立柱上的称做水平铣头。每个铣头都有配套的电动机和主轴,可以分别沿其垂直或水平导轨作升降或左右的调整运动,横梁本身还可以作上下升降运动。铣头上的主轴还设计成能在垂直面内回转某个角度,用以加工斜面。在这类铣床上可同时加工工件上的数个平面,采用组合式铣刀,可实现多刀多刃切削。

由于龙门铣床的工作台刚性好,所以被加工工件的质量不受限制,可以承受大质量和大尺寸工件的加工。

二、铣床主要部件及其基本操作

铣床的种类虽然很多,但在部件组成和作用方面却有许多相同之处,下面以卧式升降台铣床为例,简要介绍它的主要部件及其基本操作。

1. 床身和主轴

(1)床身　床身的顶部装有悬梁(或称横梁),悬梁可沿床身上的燕尾形导轨移动,在悬梁伸出部分安装着支架(或称托架)。床身下部的左右两边各有一壁龛,安装着电器部分。

打印机构及操纵机构。主轴转速分别由△△△△△△和△△△△进行△△无级变换，此为主轴的转速△△ △△ △△为30、150、180、190、200、235、300、375、475、800、750、950、1180、1500、1800转／分等△△△△ △△△1.60～△△△△△至正△级。

（2）垂直工作台△△ △△△ △△△ △△△△△ △△△△△ 铣刀△△△△△△△ 立轴垂直移动△△△ △△△△△△△ 工作△△△ △△△。此工△△△△△△ △△△△△△ △△△△ 坐正△△△ 左右左右△△ △△△△△ △ 打印的作用机构△△。

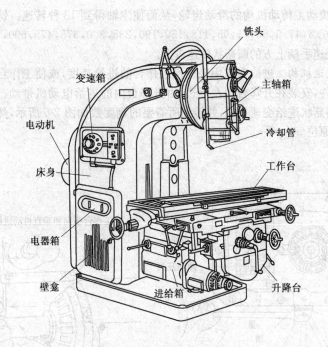

图 2-3 立式升降台铣床

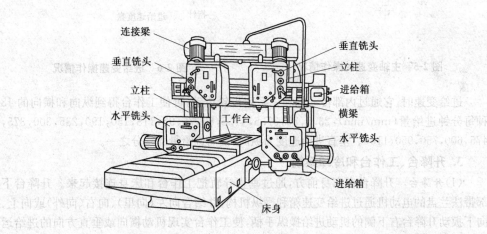

图 2-4 龙门铣床

（2）主轴　主轴传动机构安装在床身内部，主传动电动机装在床身后面。床身内部的主轴传动机构由五根轴和一系列齿轮所组成。主轴前部的锥孔锥度为 7：24，用来安装铣刀杆，并由主轴带动铣刀杆上的铣刀做旋转运动进行铣削。

2. 变速机构

（1）主轴变速机构　主轴变速机构安装在床身的侧面，扳动变速手柄如图 2-5 所示，通过内部的拨叉拨动主传动机构的滑动齿轮,从而使主轴得到 18 种转速。铣床主轴的每分钟转速为 30,37.5,47.5,60,75,95,118,150,190,235,300,375,475,600,750,950,1180,1500,均刻在变速手柄上方的蘑菇状转速盘上。

(2)进给变速机构　进给变速用来变换工作台的进给速度,或使工作台快速移动。它是一个独立部件,安装在升降台的左下边,由升降台内的进给电动机带动。选择进给速度时,向外拉出蘑菇状进给变速手柄,并转到所需要的刻度数如图 2-6 所示,然后将进给变速手柄向里推回原位。

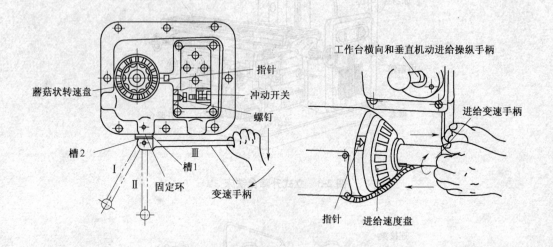

图 2-5　主轴变速的操作情况　　　　图 2-6　进给变速操作情况

进给变速时,它通过内部传动轴和一系列齿轮传动,可使工作台得到纵向和横向的 18 种每分钟进给量(mm/min):23.5,30,37.5,47.5,60,75,95,118,150,190,235,300,375,475,600,750,950,1180。垂直进给速度为纵向、横向进给量的三分之一。

3. 升降台、工作台和冷却系统

(1)升降台　升降台在床身前方,通过垂直导轨把工作台和床身连接起来。升降台下部带法兰盘的电动机通过进给变速箱和操纵机构,并结合向左(向里)、向右(向外)或向上、向下扳动升降台右下侧的机动进给操纵手柄,使工作台实现机动横向或垂直方向的进给运动(当按下“快速”按钮,还可作快速移动),其操纵情况如图 2-7 所示。

(2)工作台　工作台用来安装工件,它可以纵向手动、机动和快速移动,并且通过横向滑板和升降台,还可实现横向和垂直方向的手动、机动和快速移动。工作台纵向机动进给操纵手柄位置见图 2-1,其操作情况如图 2-8 所示。

松开回转盘处的紧固螺钉,可把工作台扳转一个所需要角度。工作台手动纵向进给时,转动工作台一端的手轮,如图 2-9 所示。

(3)冷却系统　切削液泵装在床身下面底座内,它将切削液沿着管子输送到喷嘴,对工件和铣刀进行冷却,其喷嘴可以根据需要调整位置或呈现任何角度。

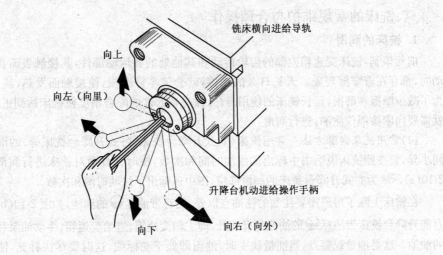

铣床横向进给导轨

向上

向左（向里）

升降台机动进给操作手柄

向下

向右（向外）

(a)

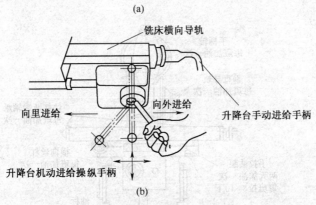

铣床横向导轨

向里进给 ← → 向外进给

升降台手动进给手柄

升降台机动进给操纵手柄

(b)

图 2-7 升降台机动进给操作情况

(a)升降台手柄变换方向 (b)操纵升降台变换手柄情况

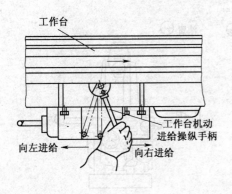

工作台

工作台机动
进给操纵手柄

向左进给 ← → 向右进给

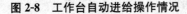

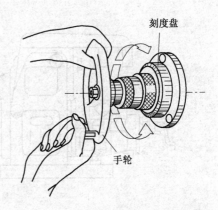

刻度盘

手轮

图 2-8 工作台自动进给操作情况　　　　**图 2-9 转动手轮使工作台纵向进给**

三、铣床的常规维护与合理操作

1. 铣床的润滑

前面谈到,铣床变速箱内部的齿轮传动和其他处的各运动部件,其接触表面在相对运动时,都存在着摩擦现象。天长日久的摩擦,就会使零件磨损,使接触面发热,甚至损坏。为了减少摩擦和磨损,延长铣床的使用寿命,保持各部件的配合精度使铣床达到正常运转,就需要向摩擦部位注油,进行润滑。

(1)常用铣床润滑方法　常用铣床(立式升降台铣床、卧式升降台铣床等)的润滑点大同小异,要按照铣床说明书中标出的注油时间和次数,按时认真地对铣床进行润滑。如图2-10(a)所示为立式升降台铣床的润滑部位,图中还标出了注油时间和次数。

在铣床上除了每班需要注油的注油点以外,还有带油标⬤的油池,如图2-10(b)所示的万能升降台铣床带油标⬤的油池共有四处,即主轴变速箱、进给变速箱、手动油泵和支架上的油池。这是油量观察点,当油量缺少时,油面即低于油标线,这时要尽快补充,使油面达到油标线处。

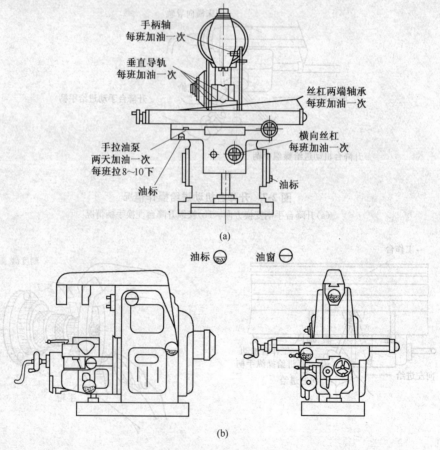

(a)

(b)

图 2-10　铣床润滑图
(a)立式升降台润滑部位　(b)万能升降台铣床设有油标和油窗

在万能升降台铣床的主轴变速箱和进给变速箱上还各有一个油窗⊖，当铣床启动后，油窗应该有润滑油流动；否则，即是油泵或输油管出了问题，这时要及时找出原因进行修理。

主轴变速箱和进给箱内要按规定加润滑油，但不能加得太多，更不能把油装满，否则，箱内的齿轮在高速转动时，要产生很大阻力，白白浪费很多功率；并且齿轮在油中不断地快速搅动，会使油温很快升高，致使主轴变速箱无法工作。

铣床上常使用 L—AN15 或 L—AN22 或 L—AN32 机械油（按季节来决定）。

（2）润滑油的检查和鉴别　对铣床浇注的润滑油，尤其是在更换主轴变速箱和进给箱内的润滑油时，应该对润滑油的黏度和润滑性能等方面质量情况进行检查和鉴别。

检查和鉴别润滑油的质量，应该使用相应的化验设备来进行；在条件不具备时，可使用下面介绍的几种简单方法，它虽然不像使用仪器得出的结果那样精确，但对于生产中的需要还是可以满足的。

①润滑油黏度的检查。黏度是润滑油的基本特性，表示润滑油流动时内阻力的大小。油稠不易流动，表示黏度高；油稀而易于流动，表示黏度低。油的黏度随温度升高而降低；如铣床主轴运动中温度逐渐升高，润滑油的黏度也随之逐渐降低。

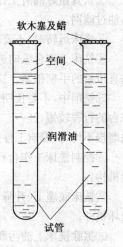

检查润滑油的黏度时，需使用两个试管，如图 2-11 所示。先将合乎质量标准的润滑油装在一个试管中，不要装满，要留有 5mm 左右高度的空间，然后用软木塞和蜡把口封住；将需要检查的润滑油装在另一个试管中，这支试管的规格和装润滑油的多少应与前一试管相同，也用软木塞和蜡密封。将两个试管同时倒置过来，观察气泡上升的速度，如被检查试管中的润滑油比标准润滑油中气泡上升的速度快，说明这种油的黏度相对偏低；否则偏高。

②鉴别润滑油润滑性能的好坏。润滑油润滑性能的好坏与润滑油的黏度有关，通常说没有黏度或黏度降低了，也就是说润滑油的润滑性能变差了。

图 2-11　用试管方法检查润滑油的黏度

润滑油的润滑性能降低以后，附着性或黏着性也相应变坏，这样，就不能形成有足够强度的油膜，也就起不到良好的润滑作用。

检查润滑油性能优劣的最简单方法，是将沾有润滑油的拇指和食指相互摩擦，如图 2-12 所示。如有黏稠的感觉，可以断定这种润滑油还有较好的润滑性能；如有发涩的感觉，说明这种润滑油已失去应有的润滑性能。

③润滑油水分的检查。润滑油中含不含水分，简单的检查方法是把润滑油装在试管里，首先看一看它的透明度如何，如不是清澈透明而呈现混浊，可以初步确定润滑油中含有水分。进一步的检查是把装上润滑油约三分之二的试管，放在酒精灯上加热，如有气泡出现，同时发出"啪"、"啪"的响声，并在露出油面以上的

图 2-12　检查润滑油的润滑性能

试管内壁上凝结有水珠,说明油中有水分存在。

④润滑油机械杂质的检查。把润滑油装入试管中,观察有无悬浮的颗粒状杂质。对黏度大的润滑油,就不能直接在试管中进行观察;因为黏度大的润滑油一般色深,透明度差,悬浮的杂质不易发现。这时可把这种润滑油用汽油或能溶润滑油的液体稀释后再进行观察。

2. 铣床的日常维护和合理操作

被加工工件的精度与铣床精度有直接关系,保持铣床的精度有助于保证工件的加工质量和提高生产效率;所以铣工不仅要掌握操作技能,而且要对铣床经常地进行维护,要做到以下几点:

①工作前,先检查各部手柄位置和油泵工作情况等,并开空车运转一下,听听变速箱和进给箱内的声音是否正常。

②认真做好润滑工作,按规定加油,并定期更换润滑油和清洗主轴变速箱、进给箱的润滑油过滤网。

③铣床运转时,不要变换主轴转速,防止损坏变速箱内部的齿轮。

④铣床工作台纵向进给时,应将垂直和横向进给的夹紧手柄锁紧;作横向进给时,则把垂直进给的手柄锁紧。这样可增加切削中的稳定性,有利于提高加工质量。

⑤铣削中,不要长期使用工作台和丝杠的某一头,要尽量使用全长。如工件尺寸小,工作台的行程较短,经一、二个月使用后,应更换丝杠的传动位置,以免引起工作台丝杠及导轨磨损不均匀,影响工件的加工精度,甚至出现进给时发生"卡住"现象。

⑥控制铣床工作台行程的挡铁不应随意去掉,以防止进给中工作台超越距离而损坏进给机构。

⑦铣床底座上(升降台下面)不要放工具或工件等物,防止下降工作台时出现被顶住而损坏机件。

⑧擦除铣床上油污和积垢时可使用煤油,不要用酸性物质。

⑨对铣床上的重要部件(如安全离合器等)不要轻易拆卸,必须调整时,应认真按规定执行。

⑩铣床工作台面是精度比较高的支承表面,要注意保护。装卸大的工件或使用大的工具、夹具、模具可能碰撞床面,应先垫好木板或其他软质板。

⑪工具、夹具、量具不能放在导轨等具有一定精度的表面上,以免损伤导轨等表面精度。不准在工作台面上敲打任何物件。

⑫发现铣床有不正常情况时,如声音异常、轴承或齿轮箱发热、振动、工作台爬行等,应立即停车排除故障,不要勉强继续使用。

第二节　铣床夹具基础知识

一、铣床常用夹具及其使用

铣床夹具是铣工安装工件时使用的工具。铣床上使用夹具有很多好处,它可以准确地确定工件与铣床的相对位置,较稳定地保证工件的加工精度,减少和避免完全靠人工定位所产生的误差,也可以减少钳工划线,划线如图 2-13 所示,将在附录中介绍)和减少安装、夹紧工件时的辅助时间。

铣床常用夹具有机用虎钳、压板、V 形铁和角铁等。

1. 机用虎钳及其使用

机用虎钳也称平口虎钳,是一种通用夹具,常用来装夹中小型工件。如图 2-14 所示是回旋式机用虎钳,使用时松开螺母,可使上钳座位置转动任意角度。

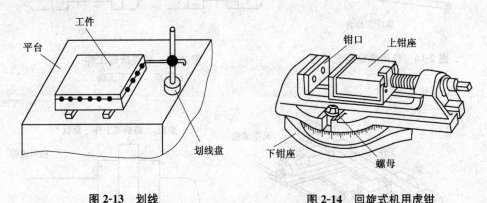

图 2-13　划线　　　　　　　　　图 2-14　回旋式机用虎钳

如图 2-15(a)所示是机用虎钳的结构,它由钳体、上钳座、下钳座、固定钳口、活动钳口和丝杠螺母等零件组成,当卸掉螺母,钳体和上钳座可从下钳座上取下来单独使用,如图 2-15(b)所示。

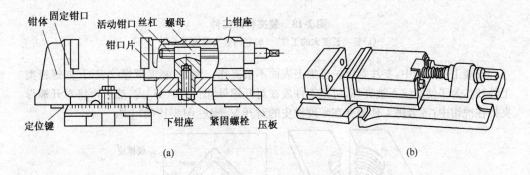

(a)　　　　　　　　　　　　　　　　(b)

图 2-15　机用虎钳结构
(a)零部件结构　　(b)钳体和上钳座单体结构

使用机用虎钳装夹工件的情况如图 2-16 所示。当工件是长方条形状时,装夹时应注意保证其加工中的稳定性,如图 2-17(a)为正确的装夹方法,如图 2-17(b)所示为不正确的装夹方法。对于长度大的工件,可同时使用两个虎钳夹持,如图 2-18(a)所示,以防止切削时引起振颤。

竖向装夹薄板类工件时,为了防止工件变形,可在工件的两边辅以适当厚度的垫板,如图 2-18(b)所示,以增加切削时的稳定性。

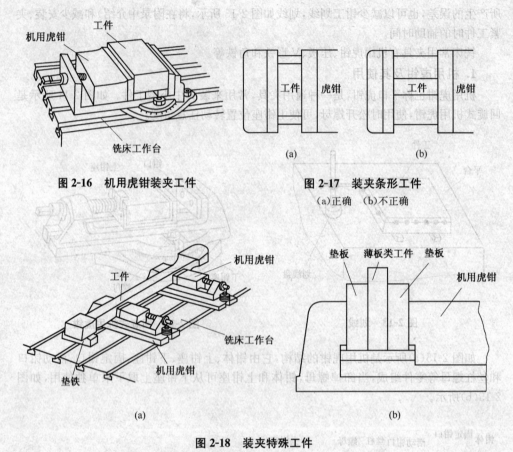

图 2-16 机用虎钳装夹工件

图 2-17 装夹条形工件
(a)正确 (b)不正确

图 2-18 装夹特殊工件
（a)装夹长度大的工件 (b)竖向装夹薄板类工件

安装工件过程中,要注意保护已加工表面不被夹伤。例如,装夹带螺纹表面(如螺钉类工件)时,为了使螺纹不被夹坏,可把工件放在对开螺母[图 2-19(a)]内,然后再将对开螺母夹持在虎钳中;或者将工件装夹在带硬橡皮的对开 V 形块[图 2-19(b)]中。

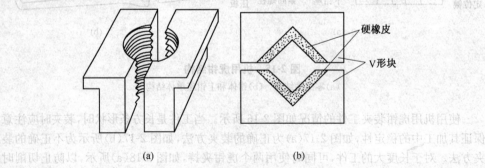

图 2-19 装夹带螺纹表面
(a)对开螺母 (b)带硬橡皮的对开 V 形块

大批量加工中，需要夹持工件的圆柱部分时，可将机用虎钳上原钳口片卸掉，换上专用的特形钳口片，如图 2-20 所示，这样，不仅工件夹持牢固和能自动定位，也提高了工作效率。

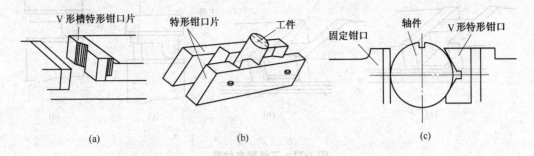

(a)　　　　　　　　　　　　　(b)　　　　　　　　　　　　　(c)

图 2-20　机用虎钳上使用特形钳口

(a)换装上 V 形槽特形钳口片　(b),(c)装夹圆柱形工件

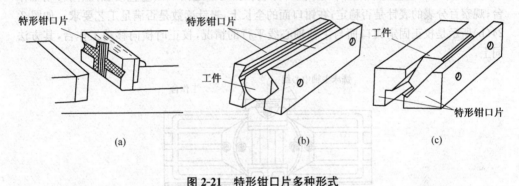

(a)　　　　　　　　　　　　　(b)　　　　　　　　　　　　　(c)

图 2-21　特形钳口片多种形式

(a)用于圆柱形工件竖直和水平夹持　(b)用于圆柱形工件水平夹持　(c)用于带角度工件夹持

特形钳口片有多种形式，如图 2-21(a)所示是用于圆柱形工件竖直和水平方向夹紧的特形钳口片，如图 2-21(b)所示是用于圆柱形工件水平方向夹紧的特形钳口片，如图 2-21(c)所示是夹持带角度工件时使用的特形钳口片。特形钳口片上的 V 形槽角度根据工件尺寸情况可做成 60°，90°，120°，135°和 150°等角度，对于圆柱形工件，工件直径越小，V 形槽的角度也应越小；对于带角度的工件，特形钳口上的角度应和工件的角度相适应。

使用机用虎钳装夹工件应注意以下几点：

①为了保持夹具的精度，工件应尽量放在机用虎钳的中间位置，如图 2-22(a)所示；安装不规则工件时，应使用辅助支承，如图 2-22(c)所示，以使装夹牢靠。

②夹持粗糙的毛坯表面时，应加软质垫片（如铜片、铝片），以防止划伤虎钳的钳口片。

③在正常情况下，机用虎钳的钳口面根据需要位于与铣床主轴轴心线垂直或平行（图2-23）或倾斜的位置；当需要转动上钳座时，所转动角度数利用下钳座圆周面上的刻度进行控制。需要校正钳口面相对铣床主轴中心线的垂直度或平行度时，可使用百分表。如图 2-

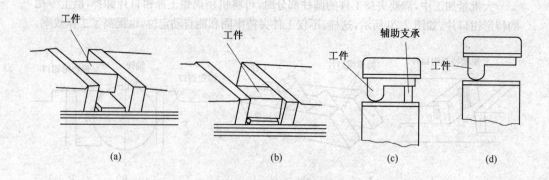

图 2-22 工件装夹位置

(a)正确 (b)错误 (c)正确 (d)错误

24(a)所示是用百分表校正固定钳口面与主轴轴心线垂直的情况,校正时将磁性百分表座吸附在铣床悬梁(或垂直导轨面)上,使百分表测头与固定钳口面垂直接触,纵向移动工作台,观察百分表的表针是否稳定;在钳口面的全长上,表针读数是否满足工艺要求。如图 2-24(b)所示是校正固定钳口面与主轴轴心线平行的情况,校正时横向移动工作台,其方法同上。

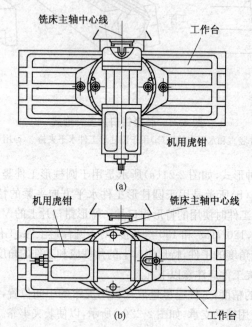

图 2-23 机用虎钳在工作台上的位置

(a)钳口面与主轴中心线垂直 (b)钳口面与主轴中心线平行

④工件放入钳口内后,先将工件稍用力夹紧;为了使工件能紧密地落在支承垫铁上,还必须使用手锤(对已加工表面应使用铜锤)轻轻敲击工件,如图 2-25 所示,使工件底面能紧

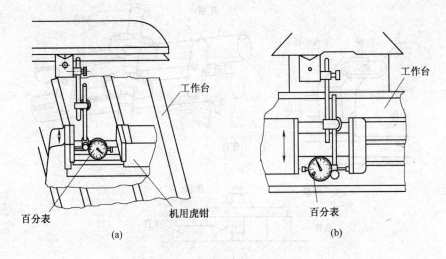

图 2-24　用百分表校正钳口面

(a)校正钳口面与主轴中心线垂直度　(b)校正钳口面与主轴中心线平行度

贴在垫铁上。

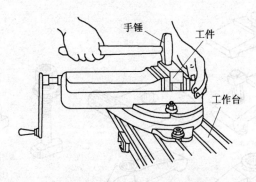

图 2-25　手锤轻轻敲击工件顶面

2. 压板及其使用

安装外形尺寸较大或形状比较复杂的工件时,常使用压板并配合螺栓和垫铁将其直接夹紧在铣床工作台上,如图 2-26 所示。

普通结构形式的压板如图 2-27(a)所示,它在夹紧工件时,需要和螺栓[图 2-27(b)]、垫铁配合使用。垫铁可做成正方形、长方形或阶梯形等不同形状,如图 2-27(c)所示为阶梯式垫铁。

使用压板装夹工件应注意以下事项:

①工件压紧处下面不要悬空;如果被压紧点悬空,应在下面支承好,如图 2-28 所示辅以支承垫铁作支承。

②压板的位置要放平,垫铁高度应和被夹紧表面的高度相一致。如图 2-29(b)所示的

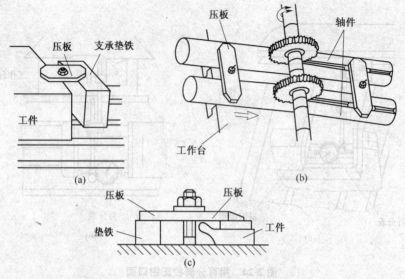

图 2-26 使用压板装夹工件

(a)装夹较大的工件 (b)装夹较长的轴件 (c)装夹形状较复杂工件

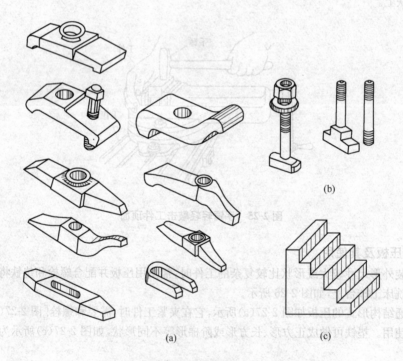

图 2-27 压板和配合件

(a)压板 (b)螺栓 (c)阶梯式垫铁

垫铁太低,造成压板倾斜。这样夹持工件,夹紧力要受到很大削弱,不容易将工件夹牢。

③压板在工件上的压紧点应尽量靠近加工部位,以保证压板对工件的夹紧力最大限度

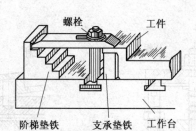

图 2-28　工件压紧点下面不要悬空

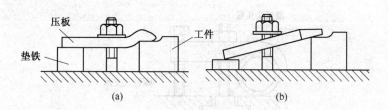

图 2-29　压板应放平

(a)正确　(b)不正确

地对抗切削力。

④压板不要歪斜。如图 2-30 所示的压板放歪了,这样工件受到的夹紧力就偏向一边,工件不能整体夹好。

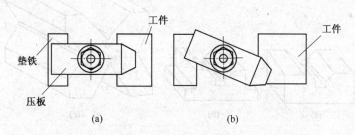

图 2-30　压板不要歪斜

(a)正确　(b)不正确

⑤工件下面需加垫铁或其他支承时,垫铁的位置要与压板的压紧点相对应,如图 2-31 所示就不能将工件很好地压紧,还会引起工件变形;如图 2-32 所示是工件下面的支承垫铁与压板压紧点不对应的又一种情况,当拧紧螺母压紧工件时,工件会出现倾斜的不良后果。

⑥装夹薄壁类工件时,为了防止工件变形,可适当改变压板的形状,使压板压紧面与工件上被夹持面的形状相适应,如图 2-33 所示是使用圆弧头压板夹紧薄壁管类工件的情况。

3. V 形铁及其使用

V 形铁或称 V 形块,它有多种结构形式,如图 2-34 所示。

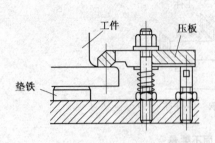

图 2-31 垫铁要与压板压紧点相对应

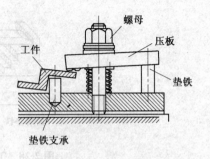

图 2-32 压板压紧点悬空造成的不良后果

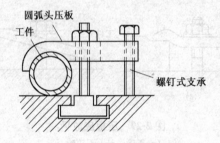

图 2-33 防止薄壁类工件装夹变形

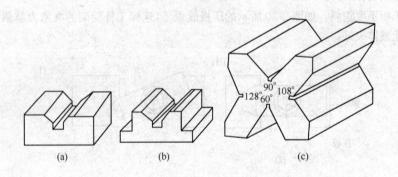

图 2-34 V 形铁

(a)普通 V 形铁 (b)宽座 V 形铁 (c)多角度 V 形铁

　　为了保证 V 形铁在铣床上安装的对中性好,使工件的定位基准轴线处于和铣床工作台 T 形槽中心平行的位置,V 形铁的下部常做成带定位键的形式,如图 2-35 所示。安装工件时,使定位键嵌入工作台的 T 形槽内,这样,可保证工件的定位准确,也省去一些找正时间。

　　如图 2-36 所示是使用两个 V 形铁装夹轴类工件的情况。大直径圆柱形工件,还可利用角度支承一类夹具,如图 2-37 所示,工件定位后,用压板、螺栓或其他方式将工件固定。

　　如图 2-36(a)所示的 V 形铁下面没有定位键,当需要使 V 形铁的内 V 形面与铣床进给方向平行或垂直时,就需要对 V 形铁的位置进行校正,其校正情况如图 2-38 所示,将 V 形铁放在铣床工作台上,百分表磁性表座吸附固定在铣床垂直导轨上,使百分表测头与 V 形

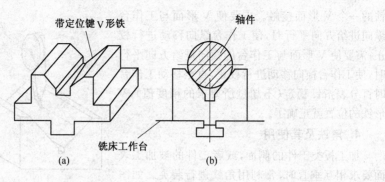

图 2-35 带定位键 V 形铁及其使用

(a)带定位键 V 形铁 (b)使用情况

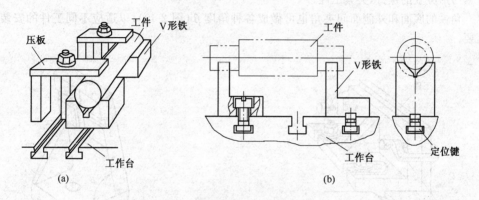

图 2-36 使用 V 形铁装夹轴类工件

(a)纵向夹紧长轴工件 (b)横向夹紧短轴工件

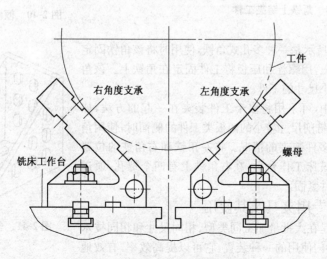

图 2-37 安装大直径圆柱工件

铁的一个 V 形面接触。需要使 V 形面与工作台纵向进给方向平行时,使工作台纵向移动进行校正;需要使 V 形面与工作台的横向进给方向平行时,使工作台横向移动进行校正,直至移动工作台时百分表指针稳定(不超过所要求的精度值),V形铁的位置就正确了。

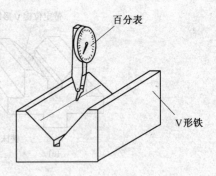

图 2-38 校正 V 形铁位置

4. 角铁及其使用

加工板类工件的侧面,或者工件的被加工表面要求相互垂直时,常利用角铁进行装夹。如图2-39 所示是使用角铁装夹工件的情况,这时,以板件的一个平面为定位基准面,与角铁外侧面接触,拧紧弓形夹上的螺钉,夹紧工件。

角铁的底面和外侧面间夹角也可做成各种角度 β(图 2-40),以适应不同工件的安装需要。

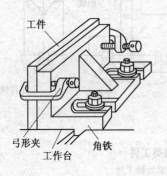

图 2-39 角铁上装夹工件

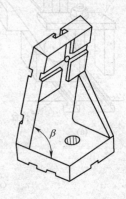

图 2-40 倾斜角度式角铁

如图 2-41 所示是一种多孔式角铁,使用时将该角铁固定在铣床工作台上,用螺栓和压板将工件固定在角铁上。该角铁适于装夹较小尺寸的工件。

批量加工中,可采用将多个工件装夹在一起的方法,如图 2-42 所示是铣削尺寸较小的薄板类工件的侧面时,使用角铁式夹具进行多件装夹的情况。将左角铁和右角铁的位置校正后固定在铣床工作台上,在右角铁上有四个螺孔,通过四个螺栓将工件紧固。

二、铣床专用夹具及其使用

专用夹具是在大批量加工同类型、相同尺寸和相同技术要求工件时,专门使用的一种装置,它可以提高效率,有效地保证产品质量。下面列举几个铣床专用夹具的例子。

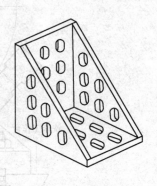

图 2-41 多孔式角铁

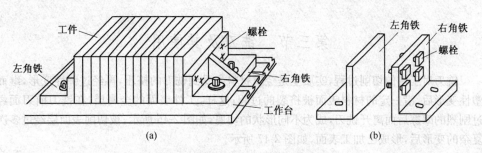

图 2-42 角铁装夹多件薄板类工件

(a)装夹情况 (b)左角铁和右角铁

如图 2-43 所示是加工较小直径轴件时使用的一种专用夹具,两个 90°V 形铁互相对称,它可以同时使两个圆柱体工件自动定心;当拧紧螺母时,通过楔块向下移动,同时将两个圆柱件夹紧。

如图 2-44 所示是加工小直径轴件时使用的一种多件连动专用夹具,当拧紧螺杆上的手柄时,两个浮动压块向下移动,可同时夹紧四个圆柱件。

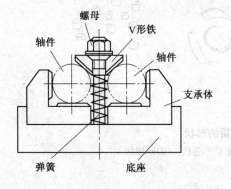

图 2-43 同时安装两个轴件的专用夹具

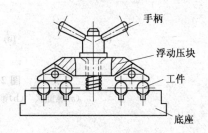

图 2-44 多件连动专用夹具(一)

如图 2-45 所示是加工小直径轴件时使用的另一种形式的多件连动专用夹具,它由多个中间压块、可换衬套等组成。中间压块串联在两个螺杆上,压块之间的衬套可按工件大小更换。加工时,将工件放进可换衬套内,当拧紧压力螺栓时所产生的夹紧力,便由中间压块顺序传递,将小圆柱工件全部夹紧。

此外,铣床常用夹具还有万能分度头(万能分度头将在第六章中作专题介绍)等。

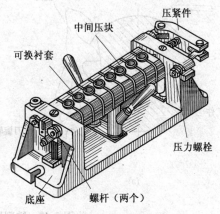

图 2-45 多件连动专用夹具(二)

第三节 铣刀及其使用

铣刀对工件的切削过程,实质上是金属材料先受到铣刀的挤压,再经过弹性变形,继而塑性变形后,沿一定的材料表面被挤裂的过程;这样,工件表面的金属层,在铣刀前刀面经过剧烈的摩擦后而离开铣刀,成为不同形状的切屑,如图 2-46 所示;被切削表面层经过多次复杂的变形后,形成已加工表面,如图 2-47 所示。

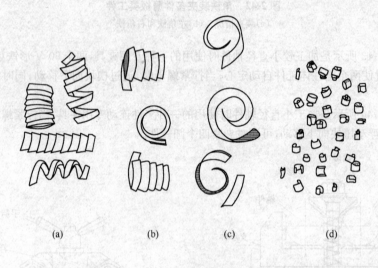

(a)　　　　　(b)　　　　　(c)　　　　　(d)

图 2-46　切屑的形状

(a)螺旋状　(b)锥旋状　(c)C形卷状　(d)碎短状

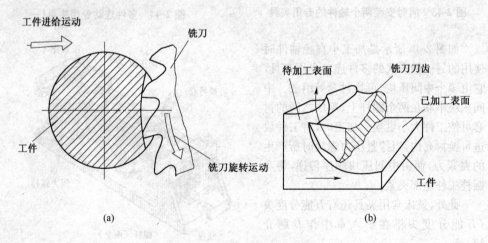

图 2-47　铣削运动和切削状态

(a)铣削运动　(b)切削瞬间状态

一、普通铣削使用的铣刀

1. 普通铣刀的种类和铣削应用

普通铣削使用的铣刀是一种多齿刀具,它的每一个刀齿都相当于一把车刀或刨刀固定在回转刀体上,如图 2-48 所示。铣削不同类型和技术要求的工件需要使用不同型式的铣刀;其中,加工平面的主要有面铣刀和圆柱铣刀,加工 90°沟槽的主要有立铣刀和三面刃铣刀,加工键槽的有键槽铣刀和尖齿槽铣刀,加工特形沟槽的有 T 形槽铣刀、角度铣刀、燕尾铣刀;另外,还有切断用的锯片铣刀等。常用铣刀及应用情况见表 2-1。

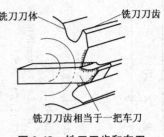

图 2-48 铣刀刀齿和车刀

常用铣刀除了表 2-1 中以外,还有凸半圆铣刀、凹半圆铣刀、齿轮铣刀等,如图 2-49 所示。

2. 普通铣刀的材料

铣削过程中,铣刀的切削刃部分经受着很大的切削力和很高的温度,所以铣刀材料必须能够承受这样的工作条件。对普通铣刀材料的基本要求是:有足够的硬度和耐磨性,当铣刀刀齿切入工件后,在高温下不能失掉切削能力;同时,要求它具有一定的强度和韧性,这样才能经得起加工中的冲击和振动,保证切削工件的顺利进行。

普通铣削时使用的铣刀是用高速钢材料制成的。高速钢就是在合金钢的成分中,增加一些钨(W)、铬(Cr)、钒(V)、钼(Mo)等元素;这样,它的强度提高了,不会变脆,耐磨性能也提高了。高速钢常用牌号有 W18Cr4V,W6Mo5Cr4V2 等,它的硬度较高,在常温下能达到 62~65HRC,在 600℃ 高温下,仍能保持较高的硬度。高速钢材料韧性好,可以进行锻造和热轧,容易将铣刀制成所需的各种复杂形状的规格尺寸,而且价格较低,所以普通铣削中用的铣刀都是这种材料制成的。

3. 铣刀的铣削用量

如图 2-50 所示,铣削用量是铣削速度、进给量和吃刀量的总称,它表示出铣削运动的大小和铣刀切入被加工表面的深浅程度。铣削中都是根据铣削用量去调整铣床的。

(1)铣削速度 u 及其计算 铣削速度就是铣刀旋转运动的线速度,它等于铣刀切削刃上最高点(或选定的某点)于 1min 内在被加工表面上所走过的长度,单位为 m/min,用下式计算:

$$u = \frac{\pi d n}{1000} \qquad (式 2\text{-}1)$$

式中 d ——铣刀直径(mm);

n ——铣刀每分钟转速(r/min)。

实际加工中,都是先确定好铣削速度,然后再根据铣刀直径计算铣刀的转速。计算铣刀转速时用下面公式:

$$n = \frac{1000u}{\pi d} \qquad (式 2\text{-}2)$$

铣刀转速 n 还可以利用下面的简化公式进行计算:

表 2-1 常用铣刀的种类和铣削应用

铣刀名称	铣刀简图	主要用途	铣削应用情况	说 明
圆柱铣刀		卧式铣床上铣平面		圆柱铣刀在铣刀刀体上的标注方法为：外径×厚度 铣刀国标号 例：外径 $D=80$mm，厚度 $L=100$mm 的粗齿圆柱铣刀 铣刀 80×100 GB/T 1115.1—2002
面铣刀（端铣刀）		立式铣床上铣平面		面铣刀在铣刀刀体上的标注方法为：外径 铣刀国标号 例：外径 $D=100$mm 的面铣刀 铣刀 100 GB/T 1114.1—1998 当铣刀的刀体尺寸较大时，常做成镶齿式面铣刀，这时，刀体多用中碳钢做成；刀齿一般用高速钢制造，而刀体多半用中碳钢或高速钢材料镶入刀体，这样可节省很多高速钢材料

续表 2-1

铣刀名称		铣刀简图	主要用途	铣削应用情况	说明
立铣刀	直柄		立式铣床上铣沟槽或小平面		立铣刀在刀体上的标注方法为： 粗细齿　外径　铣刀国标号 例:外径 $D=16mm$ 的粗齿直柄标准型立铣刀： 粗齿铣刀 16 GB/T 6117.1—1996
	锥柄				
键槽铣刀	直柄		立式铣床上铣键槽		键槽铣刀在刀体上的标注方法为： 铣刀名称　直径—公差　铣刀国标号 例:外径 $D=10mm$, $e8$ 公差的键槽铣刀： 键槽铣刀 D10—$e8$ GB/T 1112.3—1997 较小直径立铣刀和键槽铣刀都做成直柄，较大直径的立铣刀和键槽铣刀都做成锥柄
	锥柄				

续表 2-1

铣刀名称	铣刀简图	主要用途	铣削应用情况	说　明
三面刃铣刀（直齿）		卧式铣床上铣台阶和铣沟槽		三面刃铣刀在刀体上的标注方法为： 外径×厚度　铣刀圆标号 例：外径 $D = 80mm$，厚度 $L = 8mm$，I 型精密级直齿三面刃铣刀： 铣刀 80×8　I 型精　GB/T 6119.1—1996 当铣刀刀体尺寸较大时，常做成镶齿三面刃铣刀。 镶齿三面刃铣刀齿形见图 2-57 所示
三面刃铣刀（交错齿）				
锯片铣刀		卧式铣床上切断工件或铣窄槽		锯片铣刀在刀体上的标注方法为： 外径×厚度　铣刀圆标号 例：外径 $D = 100mm$，厚度 $L = 3mm$ 的粗齿锯片铣刀： 铣刀 100×3 粗　GB/T 1120—1996 由于锯片铣刀很薄，容易断裂；为了减少切断时铣刀与工件间的挤压和摩擦，锯片铣刀的厚度常做成自圆周向中心逐渐减薄的形式（详见第六章第三节中的有关介绍）

续表 2-1

铣刀名称	铣刀简图	主要用途	铣削应用情况	说明
角度铣刀	单角角度铣刀 对称双角角度铣刀 不对称双角角度铣刀	卧式上铣床上铣小型角度槽。单角角度铣刀用于铣角度槽和角度斜面。对称双角角度铣刀用于铣对称角度槽和小角度斜面。不对称双角角度铣刀用于铣不对称角度槽和小角度斜面	角度铣刀　工件	角度铣刀在刀体上的标注方法为： 外径×角度　铣刀国标号 例：外径 $D=63$mm，角度 $\theta=30°$ 的对称双角角度铣刀： 铣刀 63×30°　GB/T 6128.3—1996 在角度铣刀的规格中，根据加工需要，做成大小不同的多种角度

续表 2-1

铣刀名称	铣刀简图	主要用途	铣削应用情况	说明
T形槽铣刀		立式铣床上铣T形槽	铣削情况与铣沟槽相似	T形槽铣刀在刀体上的标记方法为： T形槽基本尺寸 铣刀国标号 例：T形槽基本尺寸为18mm，直柄T形槽铣刀： 铣刀18 GB/T 6124.1—1996
燕尾槽铣刀		立式铣床上铣燕尾槽		燕尾槽铣刀在刀体上的标记方法为： 铣刀外径×角度 铣刀国标号 例：外径 $D=16mm$，角度 $\theta=50°$ 的燕尾槽铣刀（I型）： 铣刀 16×50° I GB/T 6338—1986

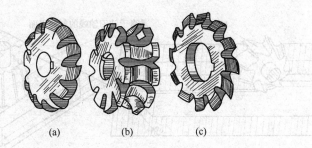

图 2-49　铣特形面使用的铣刀

(a)凸半圆铣刀　(b)凹半圆铣刀　(c)齿轮铣刀

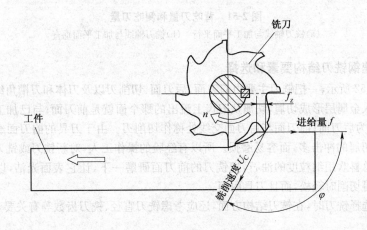

图 2-50　铣削速度示意图

$$n \approx \frac{u}{3d} \times 1000 \qquad\qquad (\text{式 2-3})$$

如果在铣床主轴转速牌上找不到所计算出的铣刀转数时,应根据选低不选高的原则去近似确定。

(2)进给量及其计算　进给量就是在铣削中,工件相对于铣刀在进给方向上所移动的距离。它有三种表示形式,即每齿进给量 f_z、每转进给量 f 和每分钟进给速度 f_u。它们之间的计算关系如下:

$$f_u = f \times n = f_z \times z \times n \qquad\qquad (\text{式 2-4})$$

式中　　f_u——每分钟进给速度(mm/min);

　　　　z——铣刀齿数。

(3)吃刀量 a　如图 2-51 所示,吃刀量包括背吃刀量 a_p 和侧吃刀量 a_e,单位为 mm。背吃刀量 a_p 或称铣削深度,是工件上已加工表面和待加工表面的垂直距离,即平行于铣刀切削时的轴线方向上测量出的切削层深度;侧吃刀量 a_e 或称铣削宽度,它是在垂直于铣刀旋转平面的轴线方向上测量出的切削层尺寸。

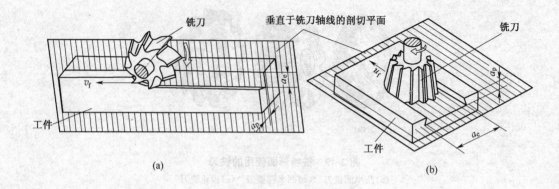

图 2-51 背吃刀量和侧吃刀量

(a)铣刀轴线与加工平面平行 (b)铣刀轴线与加工平面垂直

4. 高速钢铣刀结构要素和选择

如图 2-52 所示，一把铣刀主要由前刀面、后刀面、切削刃以及刀体和刀槽角组成。铣削时，刀刃切入金属层形成切屑，切屑从刀齿上流出的那个面就是前刀面；与已加工表面相对的那个面称为后刀面；前刀面与后刀面交线处称作切削刃。由于刀具的前刀面经常和切屑接触，受到切屑的冲击多，而容易磨损。所以有经验的操作工人，对新铣刀或铣刀使用过一段时间后，总喜欢用细粒度的油石，把铣刀的前刀面研磨一下，让它表面光洁，以减少切削中摩擦，使得切削时轻松，而且刀具耐用。

此外，选择铣刀时，在铣刀结构方面，还应考虑铣刀直径、铣刀齿数等有关要素。

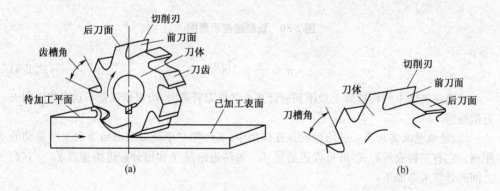

图 2-52 铣刀基本结构和组成

(a)铣刀切削中的情况 (b)铣刀的基本结构

(1)铣刀直径 铣刀直径在铣削工作中有重要意义。铣刀直径取决于吃刀量的大小，铣削时，背吃刀量越大越深，铣刀直径也应越大。铣刀直径大，散热效果好；并且大直径铣刀在安装时，需要选用直径较粗的铣刀杆，这样就有利于减少切削中的振动。但铣刀直径增大后,铣削力也会相应增加,这对切削是不利的。

如果从铣削效率的角度来讲,铣刀直径选择得合理,能节省铣削中的机动时间。如图 2-53 所示,铣刀甲是面铣刀,它在铣削中的行程距离为 3,比用其他铣刀的行程都短。铣刀乙是三面刃铣刀,由于它需要考虑安装铣刀时使用的铣刀杆和调整垫圈通过工件的位置,所以,要加大铣刀直径,这样就加长了行程距离。铣刀丙(大直径铣刀)和铣刀乙同是一样的三面刃铣刀,由于直径不同,大直径铣刀丙的行程距离 1 大于铣刀乙的行程距离 2,铣削行程距离最大,浪费了工时,降低了效率。

总的说来,只要能够把加工面铣出来就行,铣刀直径不必过大。

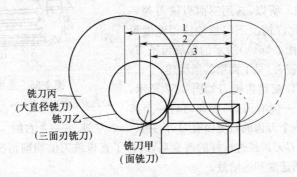

图 2-53　铣刀直径与切削行程的关系

(2)铣刀齿数　铣刀根据齿数的多少分为粗齿铣刀和细齿铣刀。粗齿铣刀在刀体上的刀齿稀,如图 2-54(a)所示,刀齿强度好,同时齿槽角大,容屑空间大,排屑方便,但同时参加切削的齿数少,工作平稳性较差,适宜在粗铣和加工塑性材料时使用;细齿铣刀的刀齿密,如图 2-54(b)所示,切削中铣刀上的几个刀齿可同时切削,减少振动,适宜半精铣和加工脆性材料时使用。

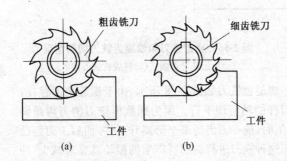

图 2-54　粗齿铣刀和细齿铣刀工作情况
(a)粗齿铣刀切削工件　(b)细齿铣刀切削工件

(3)直齿、交错齿和螺旋齿铣刀的选择

①直齿铣刀。直齿铣刀有三面刃铣刀和直齿圆柱铣刀等,如图 2-55 所示,它们的刀齿呈直线形。

加工时,铣刀刀齿和铣刀杆的轴心线相平行,切削情况如图 2-56(a)所示。这种铣刀在切削过程中,刀齿一下子就在全部长度上同时切入工件,它的全部齿长一起跟被切削面相接触,当切削完毕后,又全部同时离开,由于这种不连续性形成切削过程中的严重冲击,铣刀刀齿上的负荷也有着很大的变化,因而使铣床动力消耗极不均匀,易引起铣床和切削产生振动,会对被加工工件的表面质量产生不良影响。所以,选用三面刃铣刀等一类直齿铣刀时,在允许情况下尽量使铣刀宽度尺寸小一些。采用如图 2-56(b)所示的螺旋齿铣刀,切削情况得到大大改善,见下面第③条所述。

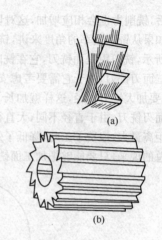

图 2-55　直齿铣刀

(a)直齿三面刃铣刀刀齿　(b)直齿圆柱铣刀

②交错齿铣刀。交错齿铣刀如图 2-57 所示,是将刀齿做成只有一侧有刃,即相邻刀齿一个齿的左侧面有刀刃,一个刀齿的右侧面有刀刃;并且一个左斜,另一个右斜。错齿三面刃铣刀就是这种刀齿。铣刀刀齿经过这样的改变后,改善了直齿铣刀的切削情况,使切削趋于稳定,有利于提高铣削速度和进给量。

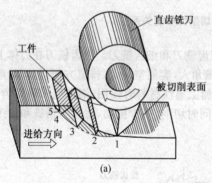
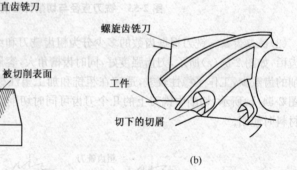

图 2-56　直齿铣刀和螺旋齿铣刀切削情况

(a)直齿铣刀切削　(b)螺旋齿铣刀切削

③螺旋齿铣刀。螺旋齿铣刀如图 2-58 所示,由于螺旋角的存在,使它的刀齿不和铣刀杆的轴心线平行。因为螺旋齿铣刀的刀齿是斜绕在刀体上,这在切削时,前一刀齿尚未全部离开工件,而后一刀齿已经开始切入,所以,用这种铣刀进行铣削所产生的振动就显著减少,冲击现象几乎消除,能获得良好的加工表面,也提高了铣刀的使用寿命。

由于螺旋齿铣刀的优势,卧式铣床上铣削平面中都选择这种铣刀,而不选择直齿圆柱铣刀。

(4)高速钢铣刀的主要角度　图 2-59 中,当假想垂直线(或垂直平面)通过切削刃,使形成了前角 γ。为了保证后刀面不和已加工表面接触,在后刀面上磨出后角 α。前刀面和后刀面构成楔角 ω。

图 2-57　错齿三面刃铣刀刀齿

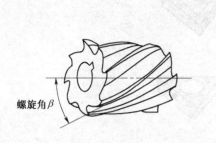

图 2-58 螺旋齿铣刀刀齿情况

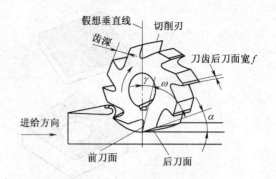

图 2-59 高速钢铣刀主要角度

铣刀刀齿上的前刀面和后刀面的位置及倾斜度,决定着铣刀角度的大小。如图 2-60 所示是螺旋齿圆柱铣刀的角度情况,图中 β 为螺旋角。

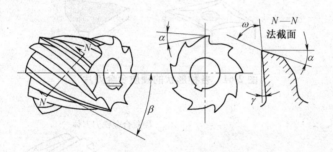

图 2-60 螺旋齿铣刀角度

铣刀上的前角决定刀齿的锋利程度,前角越大,刀齿越锋利;但前角过大,就会使刀齿脆弱,容易损坏。铣刀后角 α 选得正确,可以减少后刀面和工件已加工表面摩擦所造成的磨损,并且铣刀的寿命较长。90°减去前角和后角就是楔角 ω,所以楔角随着前角和后角的增大而减小;楔角越小,铣刀的刀齿就越单薄,往往当切削深度较大时容易折断刀齿。

由于高速钢铣刀上的角度在铣刀出厂前已确定和刃磨好,并且,当铣削加工时刀齿磨钝后,一般由磨工在工具磨床上刃磨;所以,初级铣工对铣刀上的工作角度有个基本认识就可以了。

二、硬质合金铣刀及其刃磨

硬质合金铣刀是铣床上进行高速铣削时使用的刀具材料,由于硬质合金昂贵,所以,都是将硬质合金材料做成刀片,如图 2-61 所示,将其焊接或用机械方法固定在刀杆上,如图 2-62 所示,装在铣刀刀体上使用。

1. 硬质合金材料

硬质合金刀片的特点是耐高温(在 800~1000℃仍能保持较好的切削性能,而高速钢在 600℃开始软化了)、常温硬度高、耐磨性好,但其抗弯强度低,性脆,耐冲击性能差。和高速钢比较起来,硬质合金就显得太脆,强度只相当高速钢的三分之一左右。

图 2-61 各种形状的硬质合金刀片

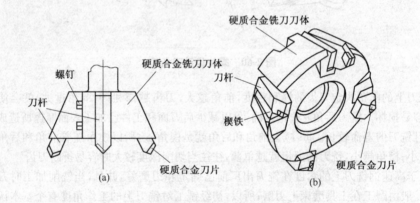

图 2-62 硬质合金铣刀
(a)使用螺钉固定铣刀杆 (b)使用楔铁固定铣刀杆

硬质合金是由碳化钨、碳化钛和钴等粉末,经过高压成形,再放在高温的炉子中烧结出来的。使用硬质合金刀片比高速钢铣刀的铣削速度可提高5~10倍。

常用硬质合金刀具材料的牌号按用途分为以下几种。

(1)钨钴类硬质合金 代号为YG,属K类。这类硬质合金由碳化钨和钴组成。硬质合金中钴含量越高,韧性越好,并且耐磨性好,因此用它来加工铸铁工件是比较好的,因为铸铁工件切屑是崩碎成小颗粒落下,对刀刃的冲击力很大。如果用YG类硬质合金切削塑性大的材料(如普通钢材、不锈钢),切削时刀尖处产生很高的温度,刀片会很快磨损,所以用钨钴类硬质合金来切削钢材是不合适的。钴含量越高的硬质合金，如 YG8，适合于粗加工中使用；反之，如 YG3 用于精加工。

（2）钨钴钛类硬质合金 代号为 YT，属 P 类。在这类硬质合金牌号中，T 后面的数字越大，TiC（碳化钛）含量越高，Co（钴）含量越低，其硬度、耐磨性、耐热性就越高，但抗弯强度、导热性，特别是冲击韧度明显下降；所以，YT5 适于粗加工，YT30 适于精加工。在一般性铣削中，应用最多的是 YT15。

由于钨钴钛类硬质合金中加了碳化钛，耐热性提高了，所以刀齿前面和切屑接触时，不容易磨损，这种硬质合金适于切削钢材。但钨钴钛类硬质合金的脆性较钨钴类硬质合金大，如果加工铸铁等脆性材料，容易使刀刃崩碎。

此外，还有钨钴钽（铌）类硬质合金，代号为 YW，属 M 类。常用钨钴钽类硬质合金牌号有 YW1，YW2，主要用于加工高锰钢、不锈钢及可锻铸铁、球墨铸铁、合金铸铁等难加工材料。YW1 用于半精加工和精加工，YW2 用于半精加工和粗加工。使用钨钴钽类硬质合金材料精加工高硬度材料（高锰钢）时，可选用硬度较高的 YW3 和 726 等；缺少此类刀片，可选用 YG6X 等。

2. 硬质合金铣刀主要角度和选择

硬质合金铣刀切削部分的几何角度，以及铣削用量的定义和计算，与高速钢铣刀是一致的，但由于加工条件和铣削形式不同，其选择情况也有所区别。

（1）前角 γ 的选择 前面谈到，前角 γ 选择合理能使切削轻快、减少切屑变形、降低切削力和动力消耗。但是高速铣削中使用的硬质合金刀片性脆、易崩裂，并且铣床主轴转速很高，工作台进给量又大，为了充分发挥硬质合金刀片的特点，硬质合金铣刀通常采用正前角和负前角两种形式。

如图 2-63 所示，正前角（＋γ）铣刀的刀齿在切削时，切削压力集中通过刀尖，前刀面上承受的压力很小，因此，刀尖和切削刃处容易崩碎。如图 2-64 所示，负前角（－γ）铣刀的刀齿在切削时不是刀尖先切入，切削压力集中在离开刀尖的前刀面上，这就增加了刀齿的强度，减少了刀刃崩碎的危险，硬质合金刀片正好是抗压强度大，这就充分发挥了硬质合金的特性。

铣刀前角的大小与被加工工件的材料有关。铣削中碳钢、高碳钢一类钢件时，一般采用负前角；铣削有色金属和中低硬度的碳钢以及灰铸铁材料时，一般采用正前角。材料越硬，前角的负值亦应越大。但过大时也有缺点，主要是铣刀横向切削抗力增大，切削所耗功率增大，使切削过程中的发热量也增大，给铣削带来困难。

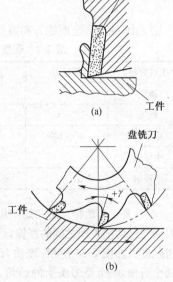

图 2-63 正前角铣刀切削工件
(a)面铣刀切削 (b)盘铣刀切削

如图 2-65 所示，实际加工中，还常采用一种双前角刀齿，将负前角部分磨出 2～3mm 一段倒刃，其余部分是正前角，这种刀尖倒刃的双前角铣刀，是为了加强正前角刀尖的受力面积，既增强了刀尖刀刃的强度，可以使切削条件得到改善，又减少了动力消耗。

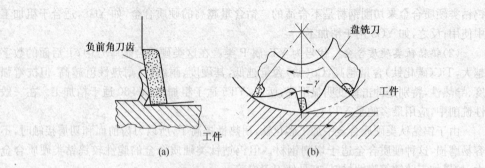

图 2-64   负前角铣刀切削工件

(a)面铣刀切削   (b)盘铣刀切削

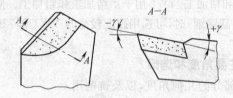

图 2-65   双前角铣刀

加工中,硬质合金面铣刀和圆盘形铣刀的前角可参考表 2-2 进行选择。

表 2-2   硬质合金面铣刀和圆盘铣刀前角选择表

工件材料	面铣刀	圆盘铣刀	工件材料	面铣刀	圆盘铣刀
铸铁	5°	0°～5°	硬钢	−15°	−10°～−15°
软钢	10°～15°	15°	—	—	—
中软钢	0°～10°	10°	黄铜	5°	5°～10°
中等钢	−5°～0°	0°～−5°	青铜	3°	5°～10°
中硬钢	−5°～−10°	−5°～−10°			

(2)后角 α 的选择   后角的作用是减少铣刀刀齿后刀面与已切削表面之间的摩擦,后角过大则会削弱刀齿强度。如图 2-66 所示,硬质合金铣刀一般都磨有两个后角,一个是刀头上的后角 α,它在粗加工中一般取 6°～8°,精加工中一般取 8°～12°;另外,一个后角 $α_1$ 磨在刀杆上,$α_1$ 要比 α 大 2°～3°。

(3)刃倾角 λ 的选择   如图 2-67 所示,在铣刀刀齿上,高于水平线的为正刃倾角＋λ,低于水平线的为负刃倾角－λ。

刃倾角在很大程度上影响着刀尖强度,刃倾角为正值时,铣刀刀刃强度减小,刀尖部分的抗冲击能力

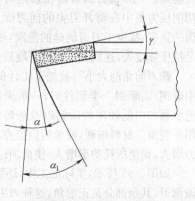

图 2-66   铣刀上的后角

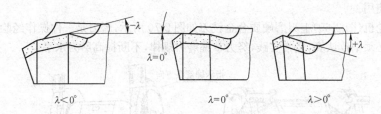

图 2-67 铣刀齿上的刃倾角

降低,切削时很容易崩刃;当刃倾角为负值时,可以增加刀刃的强度,减少因切削时的冲击力而产生刀尖崩刃现象。

另外,刃倾角在某种程度上可以控制切削时的切屑流出方向,但对于铣削效果的影响较小(对于车床上车削工件的影响较大),所以,不必考虑这方面因素。

(4)偏角的选择 如图 2-68 所示,硬质合金铣刀上有两个偏角,即主偏角 K_γ 和副偏角 K_γ'。

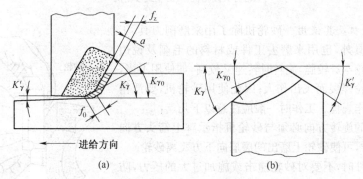

图 2-68 铣刀上的偏角

(a)切削中的偏角情况 (b)偏角在刀齿上的位置

主偏角 K_γ 减小,刀尖强度会增大,铣刀比较耐用,加工面也光滑,但切削时对铣刀杆产生的压力相应增加,也容易引起振动;加大主偏角后容易切削,但铣刀不耐用。所以,当铣床的工艺系统刚性好时,主偏角可适当选择得小一些。

副偏角 K_γ' 对工件表面光洁程度影响较大,副偏角越小,加工表面越光洁;但如果副偏角太小,会增加刀齿和工件间的摩擦,切削中也容易产生振动;但加大副偏角会减弱刀齿强度,并且,使被加工表面走刀痕迹凸现,进给走刀运动形成的残留面积增大,影响加工表面质量。为了使加工情况得到改善,如图 2-68 所示,常在主切削刃上接近刀尖处,再磨出一个过渡偏角 $K_{\gamma0}$,从而也加大切削刃参加切削的长度,延长了刀尖使用寿命。

铣削普通钢件时,一般选择 $K_\gamma=60°\sim75°$,$K_\gamma'=30°\sim45°$,$K_{\gamma0}=3°\sim5°$;铣普通铸件时,选择 $K_\gamma=45°\sim60°$,$K_\gamma'=3°\sim5°$,$K_{\gamma0}=30°\sim40°$。

3. 硬质合金铣刀的刃磨

前面介绍过,高速钢铣刀在铣削过程中用钝后,由磨工在工具磨床上进行刃磨。但硬质合金铣刀由于是硬质合金刀片焊接在小刀杆上后再固定到刀体上;所以,经使用变钝后,一般由铣工从刀体上卸下小刀杆,在砂轮上刃磨后使之恢复原来的锋利,再将其安装到刀体上继续使用。

在砂轮机(图2-69)上刃磨硬质合金铣刀如图2-70所示,磨刀是一件操作经验很强的工作,所以,必须细致认真,经常实践,努力掌握磨刀规律,不断提高磨刀水平。

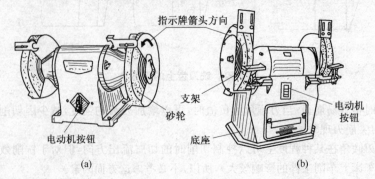

指示牌箭头方向

支架

砂轮

电动机按钮

(a)

电动机按钮

底座

(b)

图 2-69 砂轮机

(a)台式砂轮机 (b)立式砂轮机

(1)砂轮机及其使用 砂轮机除了用来磨削刀具、工具或其他用具外,也用来磨去工件或材料的毛刺及锐边等。由于砂轮本身较脆,旋转时转速又较高,如使用不当,容易造成砂轮碎裂而飞出伤人;因此使用砂轮机,要严格遵守安全操作规程。工作时一般应注意以下几点:

①砂轮的旋转方向必须与砂轮机指示牌上箭头方向相一致,这样,可使砂轮上磨出的磨屑向下方飞离砂轮。

②磨物件时,不要对砂轮撞击或施加过大的压力,防止砂轮碎裂。

③使用砂轮机,不可面对砂轮,应站在砂轮的侧面或斜侧面,防止砂轮飞出伤人。

④砂轮机上的支架离砂轮外圆周面要适当近些,一般保持在3mm左右,以防止磨削时磨削件扎下去而造成事故。

⑤砂轮旋转时,其外圆周面和侧面都不得摆动;如发现砂轮跳动或摇摆现象,应对砂轮表面进行修整。

砂轮机上的砂轮应根据所磨铣刀的材料来决定。常用磨刀砂轮有两种,一种是碳化硅(GC)砂轮,这种砂轮呈绿色,硬而脆,适于刃磨硬质合金铣刀时使用。另一种是氧化铝砂轮,刃磨高速钢铣刀时,一般使用白刚玉(WA)类氧化铝砂轮。氧化铝砂轮呈白色,而磨削硬质合金刀具的刀杆部分时,一般使棕刚玉(A)类氧化铝砂轮,这种砂轮呈棕褐色,硬度高,韧性较好,能承受较大的磨削压力。

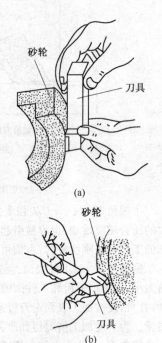

砂轮

刀具

(a)

砂轮

刀具

(b)

图 2-70 刃磨硬质合金铣刀

(a)刃磨刀具前角 (b)刃磨刀具后角

（2）防止硬质合金刃磨过程中产生裂纹　如图 2-71 所示，刃磨硬质合金铣刀，如果操作不合理，就会在硬质合金的刀片上产生细而不规则的裂纹。为此，应注意以下几点：

①手动磨刀时，对旋转中的砂轮压力要适当，不宜过大，不要按在一处长时间地磨，应该不时间断，使铣刀有较多的散热时间。如果刀具上的温度太高，造成冷热不均，刀片容易产生裂纹。

②磨刀时，用力不要过猛；否则，会因摩擦力增大，局部出现高温，形成附加热应力引起热变形，产生过热裂纹。

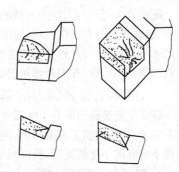

图 2-71　硬质合金刀片产生裂纹

③新焊接的硬质合金铣刀或铣刀磨损严重时，应先在粗砂轮上粗磨，然后再在细砂轮上精磨。粗磨时，砂轮磨料粒度为 $40^\#\sim60^\#$；精磨时，磨料粒度 $80^\#\sim100^\#$；磨铣刀杆时磨料粒度为 $36^\#\sim46^\#$。

④手动磨刀时，不得使用冷却液。切忌在刃磨过程中，为了降低温度，而将干磨发热的刀具，浸入凉水中；否则，因温度很高，遇到急冷，温度突变，收缩应力过大，刀片会产生严重裂纹。

⑤砂轮机主轴的轴向窜动和径向跳动量不宜超过允许范围，否则，磨刀时会出现砂轮振动或不稳定，使刀片产生振裂或出现细微的碎裂状崩刃。

⑥刃磨硬质合金铣刀，为了防止出现裂纹，有经验操作者在粗磨时常采用负刃刃磨法。如图 2-72 所示，就是刀具在刃磨前，先在主切削刃面或负切削刃面上磨出一条负刃带，这条负刃带可以提高刀片强度，增强磨刀中的抗震性，减少大量磨削热传导到刀片。磨刀时，由于温度迅速升高，而刀片受热面积小，承受热量的能力也小，刀片、刀杆的温差大而使热应力集中，导致刀片产生裂纹。当采用负刃刃磨法，在刀刃上增加了负刃带，除了使刀片增加了承受冲击载荷的能力，也加大了受热面积，有效地防止产生裂纹。对负刃带的形状和尺寸没有严格规定，根据刃磨的余量和铣刀的尺寸而定，直到精磨时符合型面尺寸后，再把负刃带磨掉。

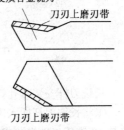

图 2-72　硬质合金刀片切削刃上磨出负刃带

4. 硬质合金铣刀刀片的焊接

在焊接硬质合金铣刀时，如果操作工艺不当，会产生很大的内应力，而出现粗而深的裂纹。铣刀在焊接中或焊接后，冷却速度对焊接质量有很大关系，骤急冷却会使刀片产生爆裂，所以，焊好的刀具应立即进行低温回火（220～250℃），然后放在干燥的保温介质中（如木炭粉、草木灰、石棉粉等）保温 6～8h，以清除大部分焊接应力，减少刀片裂纹产生，并能提高刀具的使用寿命。

焊接中的加热速度同样对焊接质量影响也较大，若快速加热，会产生很大的内应力，促使刀片在焊接层处因局部热应力过大而出现崩裂，由于硬质合金导热率低，对于快速加热灵敏性高，所以，焊接中加热必须缓慢。

硬质合金刀片与刀杆上刀槽的接触面要平整,如有凸凹坑、黑皮而使两者不能很好地贴合,造成焊料分布不匀,引起应力集中,导致刀片裂纹。另外,刀槽形状要和刀片一致,相差尺寸不宜太大,刀片外伸量不要太多,否则由于刀具焊接过程中承受拉应力,受热膨胀后的收缩率也不一样,在刀片焊接层处出现崩裂。

三、铣床上安装铣刀的基本方式

铣床上安装铣刀不是一件孤立的工作,它与铣削有着密切的联系。这项工作如果进行的不妥善,往往给加工带来困难,例如出现铣刀转动时径向圆跳动量大,造成铣刀杆弯曲,出现不应有的不良情况等,所以对于铣刀的安装应给予足够的重视。

1. 卧式铣床和万能铣床上安装铣刀

卧式铣床上常使用的铣刀是圆柱铣刀、三面刃铣刀、尖齿槽铣刀、锯片铣刀和角度铣刀等一类带孔的铣刀,这类铣刀在铣床上安装时,使用锥柄锥度为 7∶24 的长铣刀杆(图 2-73),其安装情况如图 2-74 所示。

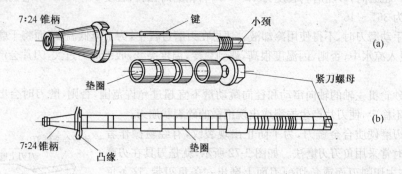

图 2-73　7∶24 锥柄长铣刀杆

(a)右端带小颈长铣刀杆　(b)较大直径长铣刀杆

长铣刀杆安装带孔铣刀的主要方法和步骤如下。

①将长铣刀杆插入铣床主轴前端锥度为 7∶24 的大锥度孔内。这种大锥度的最大优点是,在铣床主轴锥孔内插入和拔出长铣刀杆都很方便,但长铣刀杆插入主轴锥孔后,注意随时在后面使用拉紧螺杆将其拉紧,如图 2-75 所示,防止铣削过程中长铣刀杆脱落。

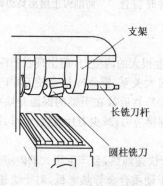

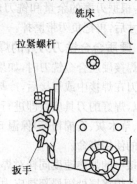

图 2-74　利用长铣刀杆安装铣刀的基本方法　　　**图 2-75　通过拉紧螺杆将长铣刀杆拉紧**

长铣刀杆安装前,要注意将铣床主轴锥孔、长铣刀杆和铣刀各部位都擦干净,如果出现如图 2-76 所示垫有杂物现象,会造成长铣刀杆轴线歪斜和铣刀扭歪,使铣刀产生摆差而影响铣削质量。

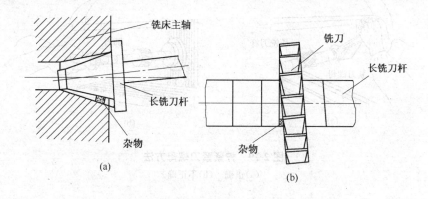

图 2-76 长铣刀杆或铣刀垫有杂物

(a)铣床主轴锥孔有杂物 (b)铣刀垫有杂物

②如图 2-77 所示,安装铣刀时,利用长铣刀杆上长度不同的垫圈,来调整铣刀的切削位置和铣刀相对铣床主轴孔的距离,当铣刀位置确定后,装上紧刀螺母。

③长铣刀杆上装上紧刀螺母后,如图 2-78 所示,接着安装并固定支架;然后将铣床主轴转速调到最低转速位置;如图 2-79(a)所示,使用长扳手将长铣刀杆上的紧刀螺母拧紧,从而将铣刀固定。

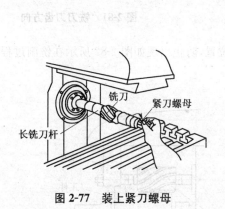

图 2-77 装上紧刀螺母

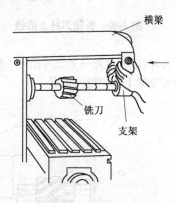

图 2-78 悬梁上装支架

这时要注意,当装上紧刀螺母后,不要紧接着使用长扳手将紧刀螺母拧紧,杜绝出现如图 2-79(b)所示的操作方法,以防止将长铣刀杆拧得弯曲变形。

安装铣刀时,不要将长铣刀杆上的键(图 2-80)卸掉,否则,在铣削过程中,长铣刀杆本身承受的拉力会加大,当偶遇受力不平均的时候,容易引起铣刀杆弯曲变形。

④铣刀安装完毕后,再检查一下应拧紧的螺母是否都拧紧了,检查铣刀刀齿方向是否

装反了。如图 2-81 所示的实线箭头为正确方向；若像图中虚线那样铣刀方向装反了，就无法切削，并会损坏刀齿。

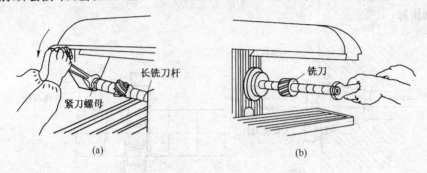

图 2-79 拧紧紧刀螺母方法
(a)正确 (b)不正确

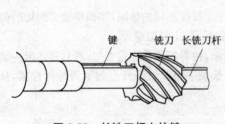

图 2-80 长铣刀杆上的键

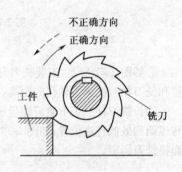

图 2-81 铣刀刀齿方向

另外，还应检查一下铣刀相对工件的切削位置，防止出现如图 2-82 所示在铣削过程中工件与支架下端相撞的情况。

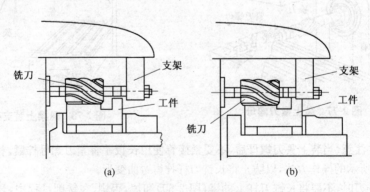

图 2-82 防止工件与支架相撞
(a)正确 (b)不正确

2. 立式铣床上安装铣刀

（1）安装圆锥柄铣刀 锥柄铣刀包括锥柄键槽铣刀、锥柄立铣刀、锥柄 T 形槽铣刀等，这类铣刀通常使用如图 2-83（a）所示的锥形套筒进行安装。这时，先将锥柄铣刀插入锥形套筒内，锥形套筒装入立铣床主轴锥孔中，并使拉紧螺杆一端的螺纹直接拧入锥柄铣刀的螺孔内，将其拉紧，其情况如图 2-83（b）所示。

锥形套筒的外锥度和立式铣床主轴锥孔的锥度相同，都是 7：24 大锥度，锥形套筒的内锥度与锥柄铣刀的柄部锥度相同，都是相同号数莫氏锥度，如图 2-84 所示。

在立式铣床上安装较小尺寸的锥柄铣刀时，还需要在如图 2-83 所示的基础上，再增加一个过渡锥套，并使用拉紧螺杆直接将锥柄铣刀拉紧，如图 2-85 所示。

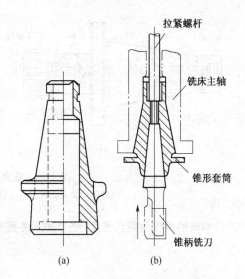

图 2-83 立式铣床上安装锥柄铣刀
（a）锥形套筒 （b）安装铣刀情况

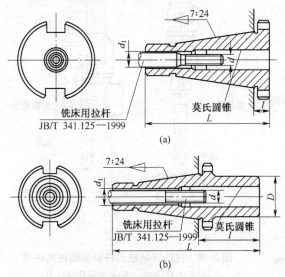

图 2-84 锥形套筒的内外锥度

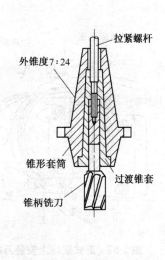

图 2-85 立式铣床上安装较小尺寸锥柄铣刀

（2）安装圆柱柄铣刀 直柄铣刀包括直柄立铣刀、直柄键槽铣刀、直柄燕尾槽铣刀等，由于这类铣刀圆柱柄部尺寸较小，一般要和弹簧夹头配合安装。

如图 2-86 所示是在铣刀杆上利用弹簧夹头安装圆柱柄铣刀的情况。将圆柱柄铣刀装入弹簧夹头内，拧紧压紧螺母，即可将圆柱柄铣刀夹紧。

在卧式铣床上安装万能铣头时（图 2-87），可使用如图 2-88 所示弹簧夹头铣刀杆，这种

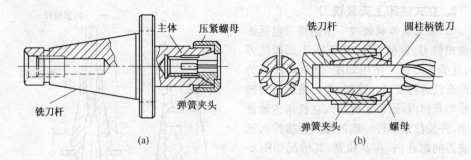

图 2-86　安装圆柱柄铣刀

(a)带弹簧夹头铣刀杆　(b)圆柱柄铣刀安装情况

铣刀杆的锥柄锥度为莫氏锥度,铣刀插入弹簧夹头内后,拧紧螺母即可将圆柱柄铣刀夹紧。

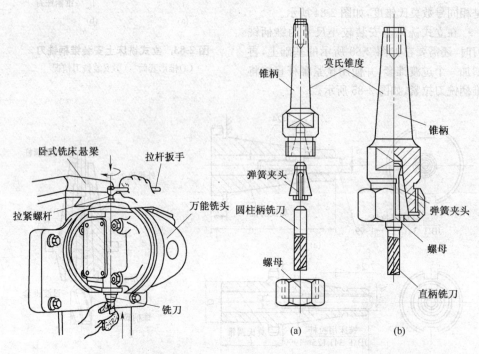

图 2-87　卧式铣床上安装万能铣头

图 2-88　莫氏锥柄铣刀杆安装圆柱柄铣刀

(a)铣刀杆结构　(b)装夹圆柱柄铣刀

　　较大直径的圆柱柄铣刀,也可直接夹持在如图 2-89 所示的小尺寸三爪自定心卡盘内,三爪自定心卡盘安装在铣刀杆上。卡盘上的三个卡爪同时向内移动,即可将圆柱柄铣刀夹紧。

　　(3)面铣刀的安装　小尺寸面铣刀上的键槽在铣刀的孔内,如图 2-90 所示;安装这种铣刀时使用如图 2-91(a)所示的铣刀杆,先将铣刀杆上的圆柱部分穿入面铣刀孔内,并使铣刀杆上的键与面铣刀孔内的键槽配合,然后将紧固螺钉拧紧,如图 2-91(b)所示。

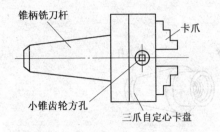

锥柄铣刀杆

卡爪

小锥齿轮方孔

三爪自定心卡盘

图 2-89　带三爪自定心卡盘的铣刀杆

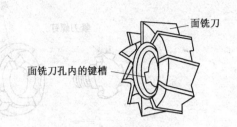

面铣刀

面铣刀孔内的键槽

图 2-90　小尺寸面铣刀

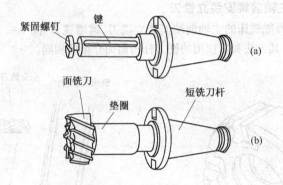

紧固螺钉

键

(a)

面铣刀

垫圈

短铣刀杆

(b)

图 2-91　使用短铣刀杆安装小尺寸面铣刀

(a)短铣刀杆　(b)面铣刀安装在铣刀杆上

较大尺寸的面铣刀在它的端部带有键槽,如图 2-92 所示。安装这种铣刀时使用如图 2-93 所示的带端键铣刀杆凸缘套在铣刀杆上,凸缘上的端键嵌入面铣刀端面的键槽内,拧紧紧刀螺钉将面铣刀固定。

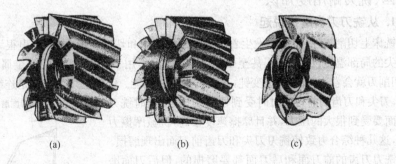

(a)

(b)

(c)

图 2-92　较大尺寸面铣刀

(a)N 类面铣刀　(b)H 类面铣刀　(c)W 类面铣刀

如图 2-94 所示的端面带键槽的硬质合金端面铣刀,也可以采用如图 2-93 所示的铣刀杆进行安装。

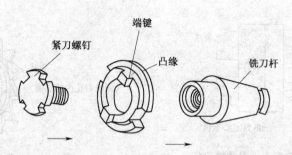

图 2-93　带端键铣刀杆组合

3. 卧式铣床主轴前端安装立铣刀

在卧式铣床和万能铣床的主轴前端安装立铣刀、键槽铣刀(图 2-95)或面铣刀时,将铣床上部的悬梁退回,其方法和所使用的铣刀杆与前面介绍的相同。

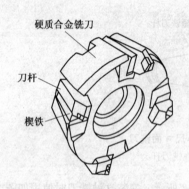

图 2-94　端面带键槽的硬质合金面铣刀

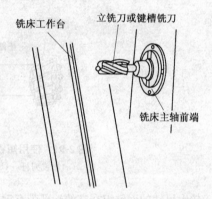

图 2-95　卧式铣床主轴前端安装立铣刀

四、铣刀耐用度知识

1. 从铣刀刀齿磨损说起

铣床上切削工件,金属层发生着十分剧烈的挤压和切屑变形,会产生出很大的热量,这时刀尖的局部温度可达 500℃甚至 1000℃;在高温作用下,刀具切削刃的金属组织渐渐变软,切削刃就会卷边,铣刀明显变钝,甚至失去切削性能。铣床上切削工件是连续进行的,切削中,刀尖和刀齿的前刀面时时受到切屑的抗力,同时铣刀齿表面要受到很大的压力,并且摩擦速度很高,机械摩擦力很大,这几种综合力致使铣刀刀尖和刀齿前刀面出现磨损。

铣刀刀齿的前刀面和后刀面都要磨损的,但后刀面磨损要比前刀面大。因为铣削时,每齿进给量一般都不大,这时的切屑厚度小,刀齿圆弧部分不易切入工件,磨损主要发生在铣刀后刀面和刀尖处,如图 2-96 所示。尤其是用圆柱铣刀逆铣(逆铣见第四章第一节中有关介绍),开始切入工件时要经过一段滑移,这就更增加了后刀面的磨损。即使

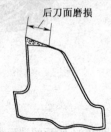

图 2-96　铣刀刀齿磨损方式

切削塑性大的金属,在增大切削用量和散热条件差时,前刀面会由于热量增加,而磨损有所增加,但其磨损程度一般也不如后刀面严重。

铣刀刀齿究竟磨损到什么程度就应当不再继续使用,而取下来去刃磨呢? 这有几种方法来判断,例如用后刀面磨损程度(尺寸)作标准,也有用在加工过程所表现出来的现象来判断,但用后者的方法来判断比较方便。当铣刀刀齿磨损后,会出现下面几种情况中的一种或几种:

①工件被加工表面上出现亮点;

②切削温度升高,这一点可从切屑颜色来判断,例如原来切削时,切屑的颜色是棕色的,后来突然变成蓝色了或冒出火花,这就说明刀齿已经磨钝;

③切屑半径 R 变小,切屑的形状变碎;

④发出尖叫声;

⑤铣刀在工件切削层上的切削深度自动减小,已加工表面渐渐出现凸起来的现象。

2. 影响铣刀耐用度的主要因素

铣刀经过一个阶段使用,刀刃磨损和变钝甚至无法使用,但经过重新刃磨以后,则可使刀刃恢复锋锐继续使用,铣刀从锋锐到磨钝这一过程,叫做铣刀耐用度。

影响铣刀耐用度的主要因素是切削温度。这对于高速钢铣刀来说,铣削时应尽量控制切削温度,不使它超过高速钢材料的耐热温度。但对硬质合金铣刀来说,进行低速低温形式的铣削,铣刀反而容易崩刃;所以,硬质合金铣刀在高速高温状态下进行切削,反而能发挥出硬质合金铣刀的特点。

铣削时,切削温度的高低与工件材料、铣刀几何形状,铣削用量和切削液等有关。

(1)铣削用量对铣刀耐用度的影响　铣削速度增加时,由于切削中摩擦和切屑变形产生的热量增加,所以切削温度也增加。同时,铣削速度增加后,切削热来不及扩散,刀齿前刀面的温度就显著增高,这就降低了铣刀的机械性能和铣刀耐用度。

铣削时,当每齿进给量增加时,就会使切削面积增加;这时,切削力和切削热也会增加,因而加快了铣刀的磨损。

背吃刀量增加时,会使切削面积增加,同样切削力和切削热增加,铣刀磨损加快。

上述三个要素中,以铣削速度对铣刀耐用度影响最大,其次是进给量,背吃刀量影响最小。对于面铣刀,因为背吃刀量增加后,主刀刃参加工作的长度增加,改善了散热情况,所以对铣刀耐用度影响不大。

(2)工件材料对铣刀耐用度的影响　铣刀耐用度与被切削材料硬度也同样有着密切关系,材料硬度越高或抗拉极限强度越高,则切削力越大,切削功和切削热越多,切削温度越高,铣刀的磨损就越快,这时就应该适当地降低铣削速度。

塑性大的材料(如不锈钢、纯铜等材料),切削时容易与铣刀刀齿黏结,产生黏结磨损,也影响铣刀耐用度。

(3)铣刀几何角度对铣刀耐用度的影响　铣刀前角太大,刀齿脆弱;铣刀前角过小,切削中金属将发生剧烈的变形,切削力和切削温度都要随着增加,因而降低了铣刀的耐磨性,加快了铣刀的磨损速度,铣刀的使用寿命降低。因此,铣刀前角必须选用得适宜。

铣刀后角的大小,直接影响到刀齿后面与工件已加工面的接触长度;后角越小,接触长度就越长,那么刀齿后面的磨损也就越厉害。

(4)切削液及其对铣刀耐用度的影响　切削液主要用来冷却和降低切削温度,从而提高铣刀的耐用度,所以必须正确地选择和使用切削液;同时,切削液还有润滑的作用,因为在切削液中含有一定成分的油性物质,它渗透到工件表面和铣刀的微小间隙中,形成一层润滑性薄膜,这层薄膜减小了铣刀的磨损和铣刀、工件与切屑三者之间的摩擦,也改善了工件的表面质量。

切削液可以分为两大类,一类是以冷却为主的水溶切削液,属于这一类的有肥皂水、乳化液等液体。该类切削液比热大、流动性大,可以吸收大量的热量,对降低切削温度有利,它一般用于粗加工。另一类是以润滑为主的油类切削液,属于这一类的有矿物油(如硫化油、煤油)、植物油(如豆油、菜油)。这类液体比热差,但润滑性能好,能减少摩擦和降低工件表面粗糙度,一般用于精加工。

铣削加工(包括车削、磨削、钳工套螺纹或攻螺纹等)广泛使用的是乳化液,它适用于一般钢材、铸钢、铜件、硅铝合金等材料的粗铣和半精铣加工。

使用切削液应注意以下事项:

①铣削中,产生的切削热主要分布在切屑和铣刀齿上,切屑中的温度最高。铣削速度越高,留在切屑中的热量越多。切屑中的温度并不都一样,在靠近铣刀齿刀尖附近的一层切屑变形大,不易散热,又加上摩擦力大,此处的温度特别高。使用切削液时,注意浇注在温度特别高的地方,即切削液要喷注在铣刀刀齿和工件接触点的地方,如图2-97所示,不应只喷在铣刀或工件上。

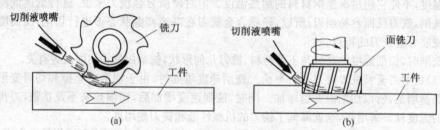

图 2-97　切削液使用方法
(a)卧式铣床上切削　(b)立式铣床上切削

②切削脆性材料(如铸铁)时,由于形成的碎切屑在铣刀前刀面的滑移距离很小,没有充分时间得到塑性变形,因此产生的切削热要少得多;另外,为防止脆性材料所形成的碎细切屑和切削液混合粘接在一起而影响加工,切削脆性材料一般不使用切削液。

③开始铣削就立即供给,并且要充分。

④使用硬质合金铣刀切削,一般不用切削液,以防止合金刀片出现裂纹和损坏。

3. 背刀对提高铣刀耐用度的作用

背刀就是使用油石研磨铣刀刀齿的切削刃部分,使铣刀刀齿光滑平整,刃口光洁锋利。及时地背刀,可以减缓刀齿磨损,延长铣刀使用寿命。

如图2-98所示是用油石背研铣刀齿前刀面和后刀面的情况。背刀时,要检查刀齿刃口上是否有毛刺和细微的缺口,是否有粘接在刀齿上的残渣。要把铣刀使用中出现的和还不够明显的缺陷认真清理掉;如果刀齿前刀面有白痕,就用油石沿刀齿前面贴平,均匀推磨,直到白痕消失为止。背刀时应注意保持刀齿原来的形状,不可将刃口背低或背的刀刃高而后面低,不要伤害附近的刀齿刃口。

新铣刀使用一段时间后,在没有明显变钝前,应该用油石进行一次背刀,将前刀面和后

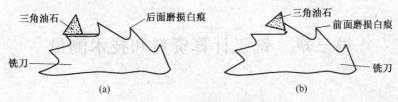

图 2-98　使用油石背刀

(a)背刀齿后刀面　(b)背刀齿前刀面

刀面研磨光洁,然后再接着使用,这样可提高铣刀的耐用度,其背刀方法如图 2-99 所示。

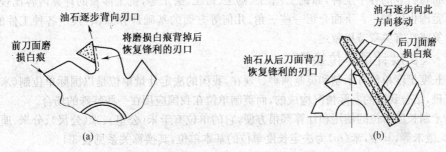

图 2-99　油石背刀方法

(a)刀齿前刀面研磨方法　(b)刀齿后刀面研磨方法

思 考 题

1. 卧式升降台铣床和万能升降台铣床有什么区别?

2. 卧式升降台铣床与立式升降台铣床各有什么特点?

3. 卧式升降台铣床有哪几个主要部件?

4. 为什么要对铣床进行润滑? 怎样鉴别润滑油的黏度和工作性能?

5. 铣床日常维护包括哪几项内容?

6. 铣床上使用夹具有什么好处? 装夹工件时,为什么要使用特形钳口?

7. 使用压板螺栓装夹工件应注意哪些事项?

8. 常用铣刀有哪几种? 主要用途是什么?

9. 高速钢材料有什么特点?

10. 铣削用量包括哪些要素? 怎样计算铣削速度?

11. 硬质合金材料有什么特点? 它的牌号按用途可分为哪几种?

12. 硬质合金铣刀上有哪几个主要角度? 各有什么作用? 怎样进行选择?

13. 怎样防止硬质合金刀片产生裂纹?

14. 举例说明在卧式铣床上安装铣刀的方法。

15. 铣刀为什么会磨损? 怎样辨认铣刀已经磨损?

16. 影响铣刀耐用度有哪几个主要因素?

17. 铣削中怎样正确使用切削液?

第三章　铣工计算资料和技术测量

第一节　铣工基础计算

机械行业的各个工种，如铣工、车工、刨工、钳工、磨工等，铣工涉及的计算内容比较多，计算范围也比较广。下面介绍一些三角、几何等方面的基础计算知识，其他各种工件的加工计算将在有关章节里叙述。

一、长度计量单位换算

长度量度单位有米制和英制两种。现在，我国的法定计量单位是以国际单位制（米制）为基础，结合我国的实际情况构成的，而英制单位在我国应用在一些特殊的场合。

米制长度单位的使用和计算都很方便，它的单位有千米（公里）、米（公尺）、分米、厘米、毫米、微米等，其中，米（m）为法定长度单位的基本单位，其换算关系见表 3-1。

表 3-1　长度法定计量单位及其进位关系

单位	符号	进位关系	与基本单位的关系
千米（公里）	km	1km＝1000m	10^3(1000)m
米	m	1m＝10dm	基本单位
分米	dm	1dm＝10cm	10^{-1}(0.1)m
厘米	cm	1cm＝10mm	10^{-2}(0.01)m
毫米	mm	1mm＝1000μm	10^{-3}(0.001)m
微米	μm	1μm＝0.001mm	10^{-6}(0.000001)m

注：工厂实际测量中常用的计量关系为：1mm＝10 丝米＝100 忽米＝1000 微米。

二、三角函数及其计算

1. 直角三角形及其六种三角函数

三角形用符号"△"表示，它是由三条线段组成的封闭几何图形，如图 3-1 所示。三角形相邻两边所组成的角为三角形内角。三角形三个内角的大小不一定相等，但三角形内角的和总是等于 180°。

在如图 3-1(a)所示的直角三角形中，$\angle A$ 和 $\angle B$ 互为余角，$\angle A + \angle B = 90°$。直角所对的边 c 叫斜边。对锐角 A 来说，a 边是角 A 的对边，b 边是角 A 的邻边；但对 $\angle B$ 来说，a 边是 $\angle B$ 的邻边，而 b 边是 $\angle B$ 的对边。在直角三角形中，斜边永远对着直角，而邻边和对边是相对变化的，所以，计算中要先确定锐角 $\angle A$ 或 $\angle B$，然后找出三角函数的关系。

由于函数本身的意义就是互相依赖的变量，它在直角三角形中则是某角的应变数，它随角度的变化而变化。一个直角三角形，如果知道了其中的任意两个边，那就可以知道锐角 $\angle A$ 或 $\angle B$ 的角度大小；同理，如果知道任意一个锐角和一条边，也可以得到其他两条边

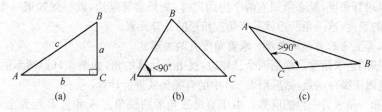

图 3-1 三角形的种类

(a)直角三角形 (b)锐角三角形 (c)钝角三角形

的长短尺寸。

在直角三角形中,它的三角函数有六种,其定义和计算公式见表 3-2。计算时,正弦、正切和正割的函数值随角度的增大而增大,但不和角度成正比例关系,也就是说,角度增大一倍,函数值不是增加一倍;相反,余弦、余切和余割的函数值随角度的增大而减小,同样,也不成比例关系,就是说角度增加一倍,函数值不是相应减小一倍。

表 3-2 直角三角形函数的定义和计算公式

名称	代号	定义	函数通则	A 角的函数公式	B 角的函数公式
正弦	sin	对边和斜边之比	角的正弦 = $\dfrac{对边}{斜边}$	$\sin A = \dfrac{a}{c}$	$\sin B = \dfrac{b}{c}$
余弦	cos	邻边和斜边之比	角的余弦 = $\dfrac{邻边}{斜边}$	$\cos A = \dfrac{b}{c}$	$\cos B = \dfrac{a}{c}$
正切	tan	对边和邻边之比	角的正切 = $\dfrac{对边}{邻边}$	$\tan A = \dfrac{a}{b}$	$\tan B = \dfrac{b}{a}$
余切	cot	邻边和对边之比	角的余切 = $\dfrac{邻边}{对边}$	$\cot A = \dfrac{b}{a}$	$\cot B = \dfrac{a}{b}$
正割	sec	斜边和邻边之比	角的正割 = $\dfrac{斜边}{邻边}$	$\sec A = \dfrac{c}{b}$	$\sec B = \dfrac{c}{a}$
余割	csc	斜边和对边之比	角的余割 = $\dfrac{斜边}{对边}$	$\csc A = \dfrac{c}{a}$	$\csc B = \dfrac{c}{b}$

从表 3-2 可知:

$$a = c\sin A \ , \ c = \frac{a}{\sin A}$$

$$b = c\cos A \ , \ c = \frac{b}{\cos A}$$

$$a = b\tan A \ , \ b = \frac{a}{\tan A}$$

$$b = a\cot A \ , \ a = \frac{b}{\cot A}$$

在实际应用中,只要记住正弦、余弦、正切的函数公式就可以了,因为正弦和余割、余弦和正割、正切和余切互为倒数关系。

2. 应用三角函数计算直角三角形的一般方法

利用表 3-2 中三角函数的公式进行计算,必须具备三个元素,即直角三角形的某角和两个边,如果求算角度,就必须知道两个边的尺寸,如果求算某边,就必须知道一个角的度数和一个边的长度,这一角两边就是直角三角形的计算元素。

(1)求算直角三角形的角度 求算角度有两种形式。

①已知两边求角度。根据两个已知边,找出要计算的角,如图 3-1(a)所示的角 A 或角 B,看它是属于哪种函数,然后用表 3-2 中的有关公式进行计算。

②已知一角求另一角的度数。由于直角三角形两锐角 $\angle A$ 和 $\angle B$ 互为余角,$\angle A + \angle B = 90°$,所以,$\angle A = 90° - \angle B$,$\angle B = 90° - \angle A$。

(2)求算直角三角形的边长

①已知一角一边求算另一边。根据已知边和角,找出它们和要计算的边属于哪种函数关系,然后从表 3-2 中找出有关公式进行计算。

如图 3-1(a)所示,已知 $\angle B$ 和 a 边,需求算 c 边。从表 3-2 中查出:$\dfrac{a}{c} = \cos B$,这时,$c = \dfrac{a}{\cos B}$。

②已知两边求算另一边。这种类型的计算有两种方法,一种方法是利用三角函数,这时,先求出角度,然后利用一角一边的方法算出另一边;另一种方法是利用几何定理中的勾股弦定理。勾股弦定理计算将在本节"三、1.(1)"中介绍。

(3)通过角和线间的关系组成直角三角形 实际工作中,遇到的图形或形状有圆形或多边形等,往往不是现成的直角三角形,这在计算中就需要利用几何图形中的角和线间的关系,通过画各种辅助线(平行线、垂直线、对角线、分角线、切线等)的方法组成直角三角形,然后进行计算。常用的方法有以下几种。

①应用计算元素组成直角三角形。如图 3-2 所示,已知正方形边长 a,求算对角线 AB 长。这时,连接 AB 得到直线 c,组成直角三角形 ABO,再进行计算。

如图 3-3 所示的燕尾槽镶条,已知宽度 a 和角度 α,要求计算法向厚度 b。这时,连接 AC,组成直角三角形 ABC,再进行计算。

②平分对称图形得到直角三角形。如图 3-4 所示是等腰三角形的对称图形,已知 d 和 L,求算锥角 α。这时,从顶点画一条垂直平分线,平分对称图形得到一个直角三角形,再进行计算。

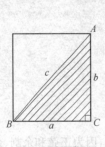

图 3-2 正方形

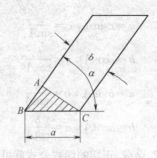

图 3-3 燕尾槽镶条

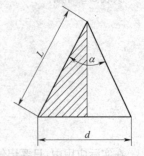

图 3-4 等腰三角形对称图形

如图 3-5 所示是一个正六边形,已知边长 S 和角度 α($\alpha = \dfrac{360°}{6} = 60°$),要求算出外

接圆半径 R 。因为局部几何图形 ABO 不是直角三角形，而是一个对称图形。这时，同样通过平分而得到一个直角三角形，已知数 $\frac{S}{2}$ ， $\frac{\alpha}{2}$ 和未知数 R 组成了这个三角形的计算元素，这样计算就比较方便。

③画已知边和未知边的平行线组成直角三角形。如图 3-6 所示的截锥体，已知高 l ，斜高 L ，求算斜角 α 。如果从 A 点画 l 的平行线 AC ，就得到直角三角形 ABC ， $\angle BAC = \alpha$ 。已知数 l 和 L 及未知数 α 组成了这三角形的计算元素。

④画辅助线并计算未知数（或计算已知数）组成直角三角形。如图 3-7 所示，已知 a ， b 和 h ，要求算 α 。因 a ， b ， h 是一个等腰梯形，为了组成直角三角形，可画辅助线并计算已知数。由 A 点作垂直线 AC ，得到直角三角形 ABC ；但是，这个三角形 ABC 只有一个已知数 h 和未知数 α ，要进行计算，还缺少一个已知边。这时，可将已知数计算而使它成为一个已知边 $BC = \frac{1}{2}(b-a)$ ，这样就可以进行计算了。

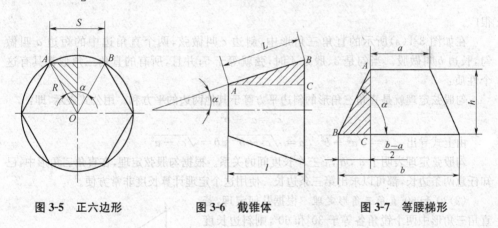

图 3-5　正六边形　　　　图 3-6　截锥体　　　　图 3-7　等腰梯形

⑤利用圆（圆弧）的切线和半径组成直角三角形。凡是遇到有圆或圆弧组成的图形，可以应用切线和过切点的半径相垂直的几何定理［图 3-8(a)］，把切线和切点处半径连成直角三角形，如图 3-8(b)所示。已知 S 和 R ，求算 α ；这时，可连接切点处半径 OB 组成直角三角形 ABO ，再进行计算。

以上五种组成直角三角形的方法是典型的例子，实际工作中遇到的几何图形往往比这些图形复杂，但一般来说都是可以应用这些典型方法来组成直角三角形，或用以上几种方法的组合来找出直角三角形，这样就容易进行计算了。

三、常用几何定理及其在铣削加工中的一般应用

几何定理和三角函数一样，都是机械加工以及技术测量过程中最常用到的计算。实际计算时，又往往出现这样的情况，就是在用三角函数计算的同时，又要结合几何定理去求解；或者在用几何定理进行求解的同时，常常要用三角函数去计算，两者虽然计算方法不同，但都是互相依存的统一体。因此，熟悉和掌握并使两者联系起来，找出计算规律和计算途径，以便灵活地进行种种计算，都是需要解决的问题。

1. 计算长度的几何定理

(1)勾股弦定理　勾股弦定理也叫勾股定理，是几何中一个非常重要的定理，应用

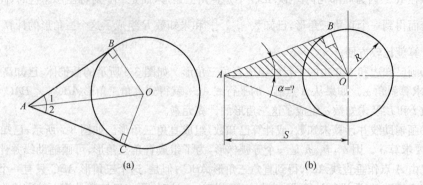

图 3-8　切线性质和组成的计算图形
(a)切线性质定理　(b)切线和圆组成的计算图形

很广。

在如图 3-1(a)所示的直角三角形中,斜边 c 叫做弦,两个直角边中的短边 a 叫做勾,长边 b 叫做股。当勾是 3、股是 4 时,弦就等于 5;并且,所有的直角三角形都具有这个性质:

勾股弦定理就是直角三角形的斜边平方等于其他两边的平方和。用公式表示,即:

$$c^2 = a^2 + b^2$$

由上式导出　$c = \sqrt{a^2 + b^2}$, $a = \sqrt{c^2 - b^2}$, $b = \sqrt{c^2 - a^2}$

勾股弦定理表明了 a , b , c 三个长度间的关系。根据勾股弦定理,在直角三角形中,已知任意两条边长,都可以求出第三条边长。使用这个定理计算长度非常方便。

(2)30°和 60°直角三角形定理　根据几何定理,若直角三角形中两个锐角各等于 30°和 60°,则斜边长度为最短边的两倍;反之若斜边长度为最短边的两倍,则两锐角各为 30°和 60°。

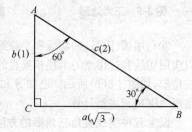

如图 3-9 所示,若 $\angle A = 60°$, $\angle B = 30°$,则 $c = 2b$ 。根据勾股弦定理可以求得:若 $b = 1$, $c = 2$,则 $a = \sqrt{3}$;即:

$$a : b : c = \sqrt{3} : 1 : 2$$

图 3-9　30°和 60°直角三角形定理

2. 应用几何定理求算尺寸的一般方法

利用几何方法求算长度,勾股弦定理用得最多。应用勾股弦定理进行计算,也需要先组成一个直角三角形,其计算和用三角函数中的方法大致相同。

(1)应用几何计算组成直角三角形　如图 3-10 所示是个截圆形,已知直径 d 和平面间厚度 h ,求平面部分的宽度 b 。这时,从 A 点到 B 点和从 A 点到 C 点作辅助线,这样,d , b 和 h 为直角三角形 ABC 的三条边,可进行计算。

如图 3-11 所示,已知带圆角工件的 R 和 H ,求算 L 。这时,利用计算已知数($R - H$)、R 及要求算的 L 组成直角三角形 ABC ,进行计算。

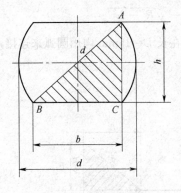

图 3-10 截圆形工件

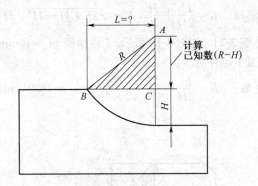

图 3-11 带圆角工件

如图 3-12 所示,已知弓形工件长 S 和弓形半径 R ,求算弓形高 b 。这时,可利用计算未知数 h 、已知数 $\dfrac{S}{2}$ 与 R 组成直角三角形 ABO ,当求出 h ,则求算 $b = R - h$ 。

(2)应用几何定理计算示例

①截圆形尺寸互算。如图 3-13 所示是截圆形工件,D 是圆的直径,A 是平面部分的宽度,B 是两平面对边距离。计算长度和距离时,根据勾股弦定理得到下式:

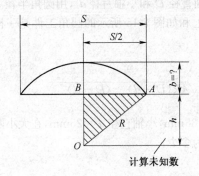

图 3-12 弓形工件

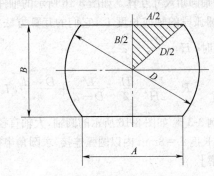

图 3-13 截圆形工件

$$\left(\frac{D}{2}\right)^2 = \left(\frac{A}{2}\right)^2 + \left(\frac{B}{2}\right)^2$$

公式简化后得 $D^2 = A^2 + B^2$

于是 $D = \sqrt{A^2 + B^2}$, $A = \sqrt{D^2 - B^2}$, $B = \sqrt{D^2 - A^2}$

[例 3-1] 如图 3-14 所示,有一工件直径 $D = 30\text{mm}$,平面部分的宽度 A 要求为 22mm,问对边距离 B 是多少?

[解] $B = \sqrt{D^2 - A^2} = \sqrt{30^2 - 22^2} = 20.4(\text{mm})$ 。

②凹圆弧尺寸互算。如图 3-15 所示,圆弧半径为 R ,圆弧高度是 H ,圆弧部分长度是 L 。在阴影直角三角形中,根据勾股弦定理可得下式:

$$R^2 = L^2 + (R - H)^2$$

解得 $R=\dfrac{L^2}{2H}+\dfrac{H}{2}$，$L=\sqrt{2R\cdot H-H^2}$，$H=R-\sqrt{R^2-L^2}$

[例3-2] 如图 3-15 所示，工件槽深 $H=10\text{mm}$，要在长 $L=15\text{mm}$ 内用圆弧来连接，问圆弧半径 R 为多少？

[解] $R=\dfrac{L^2}{2H}+\dfrac{H}{2}=\dfrac{15^2}{2\times10}+\dfrac{10}{2}=16.25(\text{mm})$

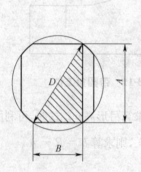

图 3-14 方截圆形工件

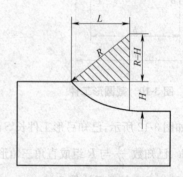

图 3-15 带凹圆弧工件

③轴圆角尺寸互算。如图 3-16 所示的轴件，大轴直径 D 和小轴直径 d，用圆角半径 R 连接，圆弧段的轴向长度 L，它们的互算方法实际上和如图 3-15 所示的圆角工件是一样的。这时，$H=\dfrac{D-d}{2}$：

$$R=\dfrac{L^2}{2H}+\dfrac{H}{2}=\dfrac{L^2}{D-d}+\dfrac{D-d}{4}，L=\dfrac{1}{2}\sqrt{4R(D-d)-(D-d)^2}$$

[例3-3] 如图 3-16 所示的圆轴，大轴直径 $D=35\text{mm}$，小轴直径 $d=25\text{mm}$，在大小两轴间的长度 $L=8\text{mm}$ 内以圆弧连接，求圆角半径 R 为多少？

[解]

$$R=\dfrac{L^2}{D-d}+\dfrac{D-d}{4}=\dfrac{8^2}{35-25}+\dfrac{35-25}{4}=8.9(\text{mm})$$

[例3-4] 某工件的大小圆轴间的圆弧半径 $R=8\text{mm}$，大轴直径 $D=40\text{mm}$，小轴直径 $d=32\text{mm}$，问圆弧部分的轴向长度 L 为多少？

[解] $L=\dfrac{1}{2}\sqrt{4R(D-d)-(D-d)^2}=\dfrac{1}{2}\sqrt{4\times8\times(40-32)-(40-32)^2}=6.93(\text{mm})$

④正三角形和它的内切圆外接圆尺寸互算。如图 3-17 所示，正三角形边长 S，内切圆直径 d，外接圆直径 D。在直角三角形 OAB 中，因 $\angle OAB=\dfrac{1}{2}60°=30°$，$\angle BOA=60°$，同样根据 30° 和 60° 直角三角形定理(图 3-9)得：

$$\dfrac{D}{2}:\dfrac{S}{2}:\dfrac{d}{2}=2:\sqrt{3}:1$$

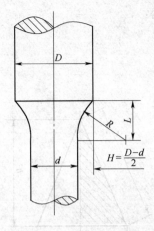

图 3-16 带圆弧半径的轴件

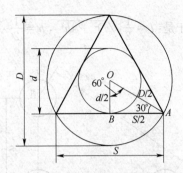

图 3-17 正三角形和它的
内切圆外接圆类工件的互算

即

$$D : S : d = 2 : \sqrt{3} : 1$$

因 $\dfrac{D}{S} = \dfrac{2}{\sqrt{3}}$，所以：

$$D = \frac{2}{\sqrt{3}}S = 1.1547S \ , S = \frac{\sqrt{3}}{2}D = 0.866D$$

因 $\dfrac{d}{S} = \dfrac{1}{\sqrt{3}}$，所以：

$$d = \frac{1}{\sqrt{3}}S = \frac{\sqrt{3}}{3}S = 0.57735S \ , S = \sqrt{3}d = 1.732d$$

[例 3-5] 要加工一个正三角形冲模的冲头，三角形边长是 30mm，如果用圆形工具钢来加工，问该用多大直径的圆料(注：不考虑加工余量)？

[解] $D = 1.1547S = 1.1547 \times 30 = 35$(mm)。

⑤孔距的计算。如图 3-18 所示，两个孔中心纵向距离是 a，横向距离是 b，两孔中心斜距离为 c，计算两孔中心距的公式可利用几何定理中的勾股弦定理，即：

$$c^2 = a^2 + b^2 \ , c = \sqrt{a^2 + b^2}$$
$$a = \sqrt{c^2 - b^2} \ , b = \sqrt{c^2 - a^2}$$

如图 3-19 所示的三孔距离尺寸，同样可用以上三个公式来计算。

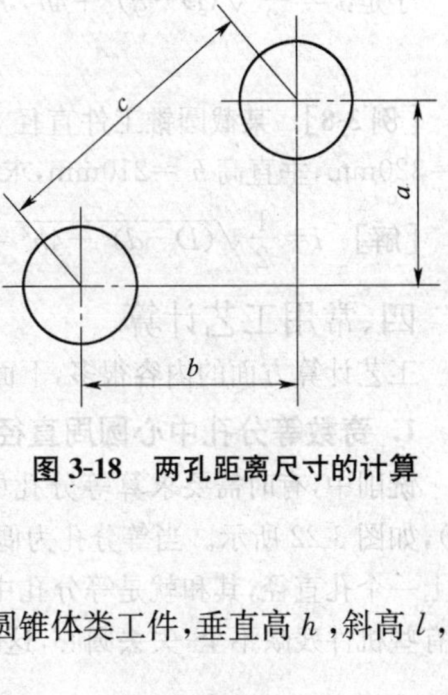

[例 3-6] 如图 3-18 所示的两孔距离 $c = 80$mm，横向距离 $a = 50$mm，求算纵向距离 b 为多少？

图 3-18 两孔距离尺寸的计算

[解] $b = \sqrt{c^2 - a^2} = \sqrt{80^2 - 50^2} = 62.45$(mm)

⑥圆锥体垂直高和斜高互算。如图 3-20 所示是个圆锥体类工件，垂直高 h，斜高 l，底

圆直径 D 。在阴影直角三角形中,根据勾股弦定理可得:

$$l^2 = \left(\frac{D}{2}\right)^2 + h^2$$

于是: $l = \frac{1}{2}\sqrt{D^2 + 4h^2}$, $h = \frac{1}{2}\sqrt{4l^2 - D^2}$

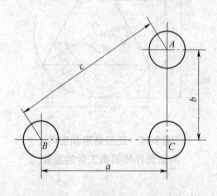

图 3-19 三孔距离尺寸的计算

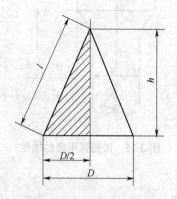

图 3-20 圆锥体类工件

[例 3-7] 某工件圆锥体底圆直径 $D = 100\text{mm}$,垂直高 $h = 140\text{mm}$,问斜高 l 为多少?

[解] $l = \frac{1}{2}\sqrt{D^2 + 4h^2} = \frac{1}{2}\sqrt{100^2 + 4 \times 140^2} = 148.66(\text{mm})$

⑦截圆锥体垂直高和斜高互算。如图 3-21 所示的截圆锥体中,上直径为 d ,下底直径为 D ,垂直高 h ,斜高 l ,在阴影直角三角形中,根据勾股弦定理可得:

$$l^2 = \left(\frac{D-d}{2}\right)^2 + h^2$$

于是: $l = \frac{1}{2}\sqrt{(D-d)^2 + 4h^2}$, $h = \frac{1}{2}\sqrt{4l^2 - (D-d)^2}$

[例 3-8] 某截圆锥工件直径 $d = 200\text{mm}$,下底直径 $D = 320\text{mm}$,垂直高 $h = 210\text{mm}$,求算它的斜高 l 为多少?

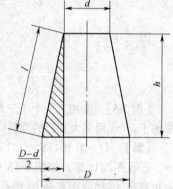

图 3-21 截圆锥类工件

[解] $l = \frac{1}{2}\sqrt{(D-d)^2 + 4h^2} = \frac{1}{2}\sqrt{(320-200)^2 + 4 \times 210^2} = 218.4(\text{mm})$

四、常用工艺计算

工艺计算方面的内容很多,下面举几例。

1. 奇数等分孔中心圆周直径计算

铣削中,有时需要求算等分孔中心的圆周直径(即等分圆直径,该圆周直径是个无形圆),如图 3-22 所示。当等分孔为偶数时,只要量出等分孔相对的两孔内壁之间的距离,再加上一个孔直径,其和就是等分孔中心的圆周直径。如果工件上有若干个奇数等分孔,甚至有些机件残缺不全,失去圆心,这时要想知道等分孔中心所通过的等分圆直径,可采用如

图 3-23 所示的方法，先使用游标卡尺量出距离 S_1 和孔的直径 d，然后用下式计算：

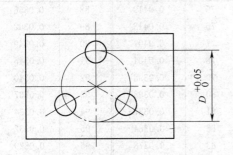

图 3-22 奇数等分孔和无形圆

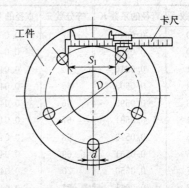

图 3-23 计算奇数等分孔无形圆直径

$$D = \frac{S_1 + d}{\sin\frac{180°}{n}}$$

如果将 $\sin\frac{180°}{n}$ 简化为系数 K，上式就成为：

$$D = \frac{S_1 + d}{K} \qquad\qquad （式 3-1）$$

式中　D —— 等分孔中心的圆周直径（mm）；

　　　S_1 —— 相邻孔内边缘距离（mm）；

　　　d —— 等分孔直径（mm）；

　　　n —— 工件等分数；

　　　K —— 等分系数，$K = \sin\frac{180°}{n}$

计算中，等分系数 K 可从表 3-3 中查得。

表 3-3　等分圆周系数表

等分数 n	直径的系数 K	等分数 n	直径的系数 K	等分数 n	直径的系数 K	等分数 n	直径的系数 K
—	—	13	0.2394	25	0.1253	37	0.0848
—	—	14	0.2224	26	0.1204	38	0.0825
3	0.8660	15	0.2079	27	0.1161	39	0.0805
4	0.7071	16	0.1951	28	0.1121	40	0.0785
5	0.5878	17	0.1837	29	0.1080	41	0.0764
6	0.5000	18	0.1737	30	0.1045	42	0.0747
7	0.4339	19	0.1645	31	0.1011	43	0.0730
8	0.3827	20	0.1564	32	0.0982	44	0.0712
9	0.3420	21	0.1490	33	0.0950	45	0.0698
10	0.3090	22	0.1423	34	0.0924	46	0.0683
11	0.2818	23	0.1363	35	0.0898	47	0.0669
12	0.2588	24	0.1305	36	0.0872	48	0.0653

续表 3-3

等分数 n	直径的系数 K	等分数 n	直径的系数 K	等分数 n	直径的系数 K	等分数 n	直径的系数 K
49	0.0640	62	0.0506	75	0.0419	88	0.0358
50	0.0628	63	0.0497	76	0.0413	89	0.0352
51	0.0616	64	0.0491	77	0.0407	90	0.0349
52	0.0605	65	0.0483	78	0.0401	91	0.0346
53	0.0593	66	0.0477	79	0.0398	92	0.0340
54	0.0581	67	0.0468	80	0.0393	93	0.0337
55	0.0570	68	0.0462	81	0.0387	94	0.0334
56	0.0561	69	0.0457	82	0.0384	95	0.0332
57	0.0550	70	0.0448	83	0.0378	96	0.0329
58	0.0541	71	0.0442	84	0.0375	97	0.0323
59	0.0532	72	0.0436	85	0.0369	98	0.0320
60	0.0523	73	0.0430	86	0.0366	99	0.0317
61	0.0515	74	0.0425	87	0.0361	100	0.0314

2. 等分圆周计算

等分圆周的计算实例很多,例如,需在圆周上钻若干个等距离孔、正多边形划线等。如图 3-24 所示,S 是直线距离,是圆周上的弦长(不是弧长),所以不能用等分圆周长度的办法来计算。也就是说计算 $S = \dfrac{\pi \cdot D}{n}$ 是不对的,应该用三角方法进行计算。

在直角三角形 ABO 中:$\sin\dfrac{180°}{n} = \dfrac{AB}{AO} = \dfrac{S/2}{D/2} = \dfrac{S}{D}$,故得:

$$S = D \cdot \sin\frac{180°}{n}$$

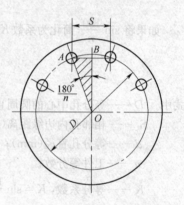

图 3-24   圆周上的等距离孔

式中 S——相邻两孔中心直线距离(mm);

D——等分圆直径(mm);

n——工件等分数。

[例 3-9]   在直径 $D = 80\text{mm}$ 的圆周上钻出 31 个等距离孔,问相邻两孔间的直线距离是多少?

[解]

$$S = D \cdot \sin\frac{180°}{n} = 80\sin\frac{180°}{31} = 8.09(\text{mm})$$

等分圆周,使用表 3-3 圆周等分系数表时,可利用下式进行计算:

$$S = D \cdot K$$

式中 S——相邻两孔中心直线距离(mm);

D——等分孔中心的圆周直径(mm);

K——等分系数。

3. 圆周长和弧长计算

整个圆的圆周长 C 与半径 R 之间有如下的关系：

$$C = 2\pi R$$

上式代表了圆心角 α 所对的弧长。如图 3-25(a)所示，弧的长度和弧所对的圆心角 α 大小成正比，所以，1°的圆心角所对的弧长为：$\dfrac{2\pi R}{360°} = \dfrac{\pi R}{180°}$。于是，在半径为 R 的圆中，圆心角为 α 时所对的弧长 l 用下式计算：

$$l = \frac{\alpha}{360°} \cdot 2\pi R = \frac{\alpha \pi R}{180°}, \quad l = 0.017453R\alpha$$

式中　R——工件圆弧半径(mm)；

　　　α——工件圆心角(°)。

如图 3-25(b)所示的 $\overset{\frown}{AB}$ 对直角的圆弧长 l 为：

$$l = \frac{\pi R}{2}$$

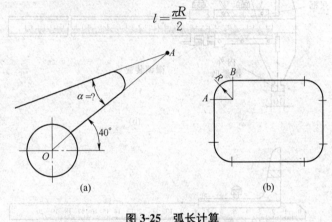

图 3-25　弧长计算

(a)锐角弧长计算　(b)直角弧长计算

圆心角的度数和它所对的弧的度数相等，但在同一个圆上，圆心角不等于圆周角，一条弧所对的圆周角等于它所对圆心角的一半。

弧长还用弧度进行计算，角度和弧度之间有如下关系：

$$1\,\text{rad}(弧度) = 57.296° = 57°17'44.8''$$

利用弧度计算弧长 l 采用下面公式：

$$l = R \times 弧度数$$

式中　R——工件圆弧半径(mm)。

第二节　铣工常用量具和测量

量具是检测工件铣削质量是否合乎要求的工具。铣工常用量具有游标卡尺、千分尺、百分表、万能角度尺和极限量规等。

一、游标卡尺

根据工件的加工要求和测量部位，游标卡尺做成不同的结构和形状，如图 3-26 所示。

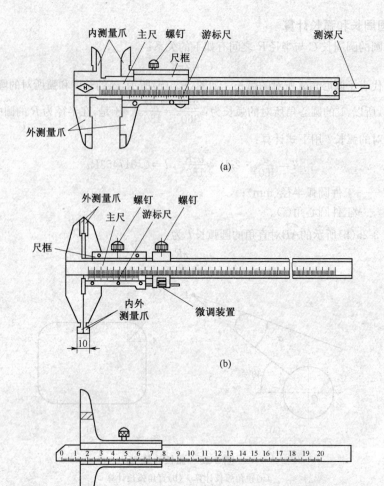

图 3-26 游标卡尺

(a)三用游标卡尺 (b)不带测深尺型游标卡尺 (c)深度游标卡尺

三用游标卡尺的用途最广,可用于测量工件的长度[图 3-27(a)]、沟槽的宽度[图 3-27(b)]、直径[图 3-27(c)],还可测量深度[图 3-27(d)]和高度;不带测深尺型游标卡尺除了测量工件的长度、宽度等尺寸外,下部的测量爪还可测量工件的内孔直径和孔距尺寸(图 3-28),其上部外测量爪是测量角度类沟槽尺寸(如螺纹小径等)时用的;深度游标卡尺用于测量孔和槽的深度(图 3-29)以及台阶高度等。

1. 游标卡尺的刻度原理和读法

游标卡尺的刻度精度代表了它的测量精度,其刻度值有 0.02mm,0.05mm 和 0.1mm 三种。虽然游标卡尺的形状和结构有多种形式,但它的刻度原理和各种刻度值的读数方法是一致的,只是刻度精度有所区别。

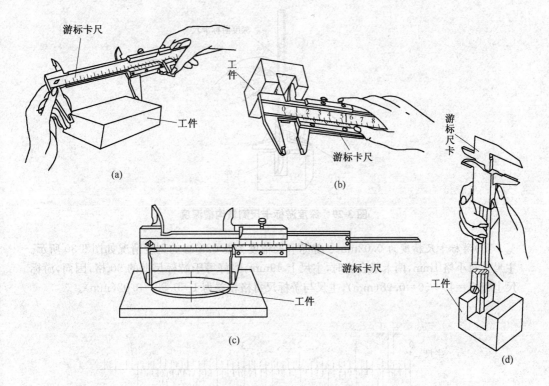

图 3-27 三用游标卡尺测量工件
(a)测量长度 (b)测量沟槽宽度 (c)测量直径 (d)测量深度

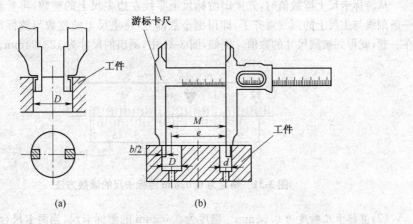

图 3-28 不带测深尺型游标卡尺测量工件
(a)测量孔径 (b)测量孔距尺寸

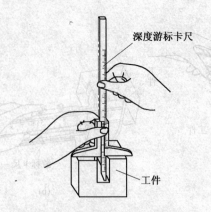

图 3-29 深度游标卡尺测量沟槽深度

(1)游标卡尺精度为 0.02mm 游标卡尺精度为 0.02mm 的刻度情况如图 3-30 所示。主尺上每小格 1mm,两卡爪合拢时,主尺上 49mm,刚好等于游标尺上的 50 格,因而,游标尺上每格=49÷50=0.98(mm),主尺与游标尺每格相差为 1—0.98=0.02(mm)。

图 3-30 精度为 0.02mm 游标卡尺的刻度原理

从游标卡尺上读数值时,先读出游标尺上零线左边主尺上的整数,再看游标尺右边哪一条刻线与主尺上的刻线对齐了,即得出小数部分,将主尺上的整数与游标尺上的小数加在一起,就得到被测尺寸的数值。例如,图 3-31 中,测出的尺寸为 123.24mm。

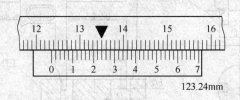

123.24mm

图 3-31 精度为 0.02mm 游标卡尺的读数方法

(2)游标卡尺精度为 0.05mm 精度为 0.05mm 的游标卡尺,当两卡尺合拢时,主尺上的 19mm 等于游标尺上的 20 格,因而,游标尺上每格=19÷20=0.95(mm)。主尺与游标尺每格相差为 1—0.95=0.05(mm)。

如图 3-32(a)所示,游标尺零线右边的第 9 条线与主尺上的刻线对齐了,这时的读数为 $9\times0.05=0.45$(mm);如图 3-32(b)所示测出的尺寸为 55.35mm。

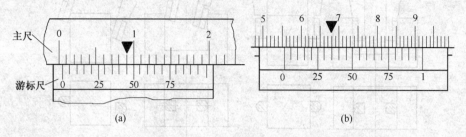

图 3-32　精度为 0.05mm 游标卡尺的读数方法

(a)读数为 0.45mm　(b)读数为 55.35mm

(3)游标卡尺精度为 0.1mm　精度为 0.1mm 游标卡尺的刻度原理和读数方法与前两种是一致的,其主尺上 9 小格(9mm)相当于游标尺上 10 格的长度,游标尺上每 1 小格的长度为主尺的 9/10,即 0.9mm。当游标尺上第一格与主尺上的第一格对齐时,两零线间出现 0.1mm 的距离。如图 3-33 所示,测出的尺寸为 2.3mm。

图 3-33　精度为 0.1mm 游标卡尺的读数方法

2. 游标卡尺的正确使用

正确使用游标卡尺要做到以下几点:

①测量前,先用棉纱把卡尺和工件上被测量部位都擦干净,然后对量爪的准确度进行检查。当两个量爪合拢在一起时,主尺和游标尺上的两个零线应对正,两量爪应密合无缝隙。使用不合格的卡尺测量工件,会出现测量误差。

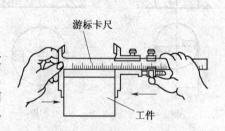

图 3-34　对游标卡尺的手推力不要过大

②测量时如图 3-34 所示,量爪和工件的接触力量要适当,不能过松或过紧,并应适当摆动卡尺,使卡尺和工件接触好。

③测量时,要注意卡尺与被测表面的相对位置,量爪不得歪斜;否则,会出现测量误差。如图 3-35 所示。

测量带孔工件时,应找出它的最大尺寸,要在孔径中心线处进行测量,如图 3-36 所示;但测轴件或矩形类工件的外尺寸时,应找出它的最小尺寸。要把卡尺的位置放正确,然后再读尺寸;或者测量后量爪不动,将游标卡尺上的螺钉拧紧,把卡尺从工件上拿下来后再读测量尺寸。

④为了得出准确的测量结果,在同一个工件上,应进行若干次测量。

⑤看卡尺上的读数时,眼睛位置要正,偏视往往出现读数误差。

⑥使用三用游标卡尺测量孔深度时,要将卡尺位置放正,如图 3-37 所示。

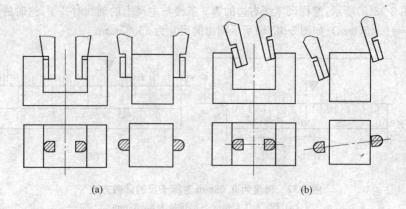

图 3-35   卡尺量爪的测量位置
(a)正确   (b)不正确

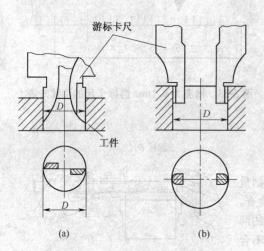

图 3-36   测出孔径的最大尺寸
(a)使用三用游标卡尺   (b)使用不带测深尺游标卡尺

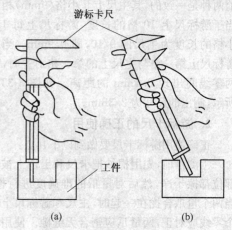

图 3-37   三用游标卡尺测量孔深度
(a)卡尺放正——正确   (b)卡尺倾斜——不正确

⑦如图 3-26(b)所示的不带测深尺型游标卡尺,用其内外测量爪测量孔或槽类工件的内尺寸时,应将从卡尺上读得的尺寸加上量爪的厚度才是被测工件尺寸。

二、千分尺

千分尺是一种测量精度较高的量具,其精度为 0.01mm。

这类量具主要包括外径千分尺、内径千分尺、深度千分尺、内测千分尺等,如图 3-38 所示。外径千分尺用于测量精密工件的外径、长度和厚度尺寸,如图 3-39 所示;内径千分尺用于测量精密工件的内径和沟槽宽度,如图 3-40 所示;内测千分尺主要用于测量工件的内径和沟槽的宽度,如图 3-41 所示;深度千分尺用于测量孔、槽和台阶等精密工件的深度和高度。

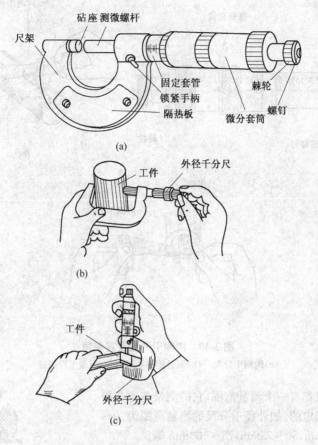

图 3-38　外径千分尺及其使用

(a)外径千分尺　(b)测量工件外径　(c)测量工件厚度或长度

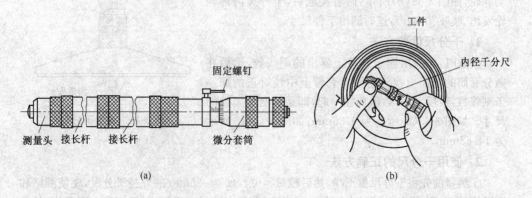

图 3-39　内径千分尺及其使用

(a)内径千分尺　(b)测量工件孔径

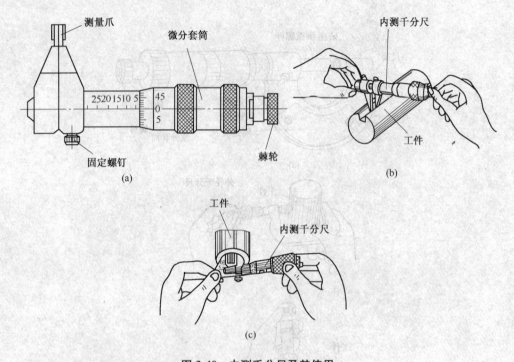

图 3-40 内测千分尺及其使用

(a)内侧千分尺 (b)测量键槽宽度 (c)测量工件内径

每种千分尺都有一个测量范围,它的测量范围是根据结构情况来确定的,如外径千分尺的测量范围为:0～25mm,25～50mm,50～75mm,75～100mm 等。

使用千分尺测量工件,先转动微分套筒,如图 3-42 (a)所示;当测微螺杆与工件相距 0.5～1mm 时开始转动棘轮,如图 3-42(b)所示,两者接触后,千分尺内部棘轮发出"吱吱"的响声,这时测出工件尺寸。

1. 千分尺读数方法

读数时,先找出固定套管上露出的刻线数,然后在微分套筒的锥面上找到与固定套管上中线对正的那一条刻线数,最后,将两数值加在一起,即是被测量工件的尺寸。如图 3-43(a)所示为 9.35mm,如图 3-43(b)所示为 14.68mm。

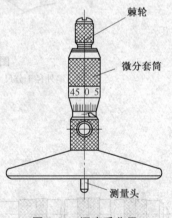

图 3-41 深度千分尺

2. 使用千分尺的正确方法

①测量前先将千分尺擦干净,然后校对零位。如 0～25mm 的外径千分尺,要使测砧和测微螺杆面(测砧端面)接触在一起,这时的读数值应该对正零位,如果不能对正零位,其差数就是量具的本身误差。

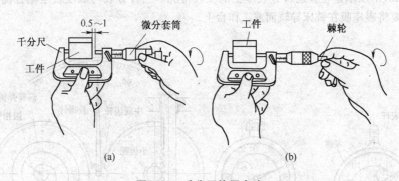

图 3-42　千分尺使用方法

(a)先转动微动套筒　(b)然后转动棘轮

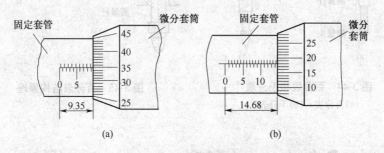

图 3-43　千分尺读数示例

(a)示例Ⅰ　(b)示例Ⅱ

②测量时,转动测力装置和微分套筒,当测微螺杆和被测量面轻轻接触而内部发出棘轮"吱吱"响声,这时就可读出测量尺寸。

③测量时把千分尺位置放正,量具上的测量面(测砧端面)要在被测量面上放平放正。

④加工铜件和铝件一类材料时,它们的线膨胀系数较大,切削中遇热膨胀而使工件尺寸增加。所以,要用切削液先浇后再测量;否则,测出的尺寸易出现误差。

⑤千分尺是一种精密量具,不宜测量粗糙毛坯面。

⑥使用如图 3-40 所示内测千分尺测量键槽宽度和孔径时,需注意内测千分尺的刻线方向与外径千分尺相反,但测量方法两者基本相同。

三、百分表

百分表如图 3-44(a)所示,它的测量精度为 0.01mm;当测量精度达到 0.001mm 时,要使用千分表,如图 3-44(b)所示。

百分表主要在检验和校正工件中使用,当测量头和被测量工件的表面接触,遇到不平时,测量杆就会直线移动,经表内齿轮齿条的传动和放大,如图 3-45 所示,变为表盘内指针的角度旋转,从而在刻度盘上指示出测量杆的移动量。

使用百分表时将其安装在表架上,如图 3-46(a)所示是在磁性表座上安装百分表情况,如图 3-46(b)所示是在普通百分表座上的安装情况。当百分表与磁性表座配合使用时,可根据需要将表座吸在铣床导轨面或工作台上。

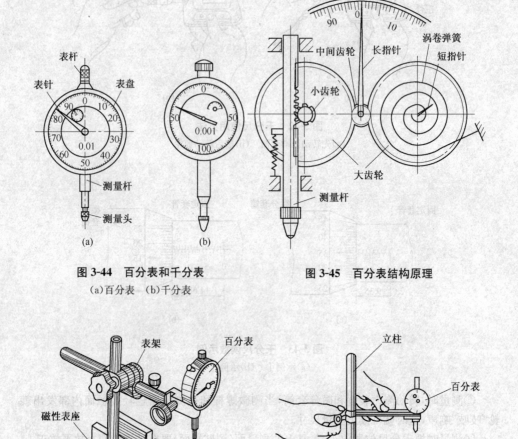

图 3-44   百分表和千分表

(a)百分表   (b)千分表

图 3-45   百分表结构原理

图 3-46   百分表安装在表座上

(a)安装在磁性表座上   (b)安装在普通表座上

百分表除了以上结构形式外,还有如图 3-47 所示的内径百分表和如图 3-48 所示的杠杆百分表等。

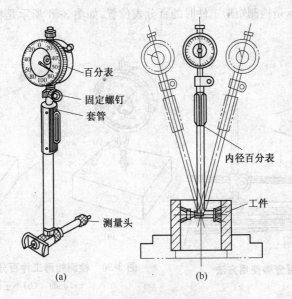

图 3-47 内径百分表及其使用

(a)内径百分表 (b)测量内径

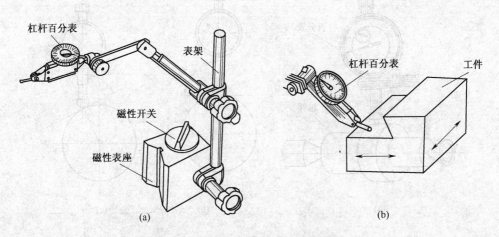

图 3-48 杠杆百分表及其使用

(a)杠杆百分表 (b)检验工件情况

1. 使用百分表应注意事项

使用百分表检验和校正工件,应注意以下几点:

①测量时,当测量头与被测表面接触后,应使测量头向表内压缩 1～2mm,然后转动表盘,使表针对正零线,再将表杆上下提几次,如图 3-49 所示,待表针稳定后再进行测量。

②百分表和千分表都是精密量具,严禁在粗糙表面上进行测量。

③测量时测量杆和被测量表面的接触尽量呈垂直位置,这样能减少误差,保证测量准确。

如图 3-50 所示是检测矩形工件时的百分表位置,如图 3-51 所示是检测轴类工件时的百分表位置。

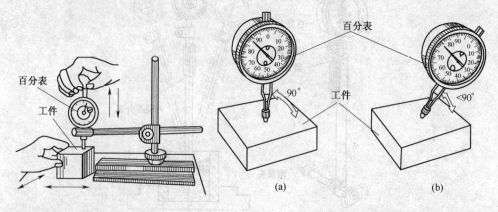

图 3-49　百分表使用方法

图 3-50　检测矩形工件百分表位置比较
(a)正确　(b)不正确

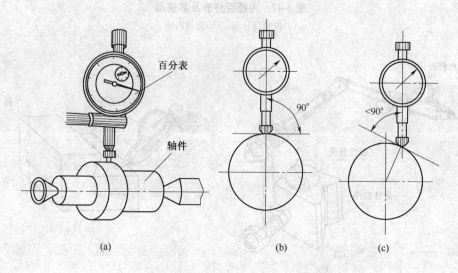

(a)　　　　　　　　　　　　(b)　　　　　　　(c)

图 3-51　检测轴类工件百分表位置比较
(a)检测轴类工件情况　(b)百分表位置正确　(c)百分表位置不正确

但使用杠杆百分表检测工件时,百分表的正确位置则应是测量头轴线最好与被测平面平行,如图 3-52(a)所示;若测量头轴线与被测平面间的夹角过大,如图 3-52(c)所示,会增大测量误差。

④百分表测量杆上不要沾上油污,因油液进入表内会形成污垢,而影响百分表的灵敏度。

⑤百分表应尽量减少振动,要防止物体撞击测量杆。

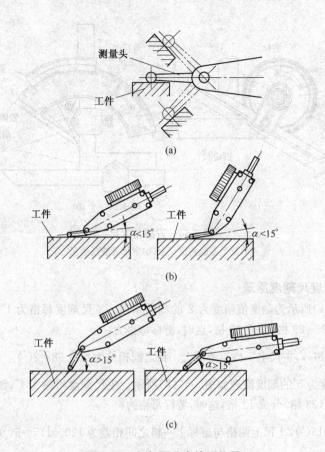

图 3-52　杠杆百分表检测位置
(a)检测情况最佳　(b)两者夹角可行　(c)两者夹角过大

2. 百分表准确度的检验方法

百分表准确度最简单的检验方法和装置如图 3-53 所示。千分尺 6 固定在一个夹具上,百分表 1 固定在支架上端,用螺钉 10 固好。检测时,百分表 1 的触头和千分尺 6 量杆的测头面接触,并都对正零位,转动千分尺旋钮(测力装置),百分表指针转动,根据千分尺和百分表的读数值是否相同,可检验出百分表的准确度。

四、万能角度尺

万能角度尺是测量角度类工件时使用的量具。

万能角度尺也称万能量角器,它有两种形式,如图 3-54(a)所示是圆形万能角度尺,如图 3-54(b)所

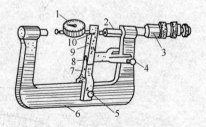

图 3-53　检验百分表准确度
1. 百分表　2. 量杆　3. 微分套筒
4,5. 支架螺钉　6. 千分尺　7. 支架下端
8. 销子　9. 支架上端　10. 螺钉

示是扇形万能角度尺。它们的刻度值精度有 2′和 5′两种,其读法与游标卡尺相似。

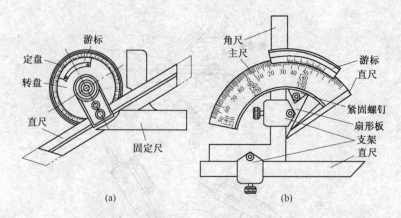

图 3-54 万能角度尺

(a)圆形万能角度尺　(b)扇形万能角度尺

1. 万能角度尺刻度原理

如图 3-55(a)所示为刻度值精度为 $2'$ 的刻度原理。主尺刻度每格为 $1°$,游标上的刻度是把主尺上的 $29°$(29 格)分成 30 格,这时,游标每格为:

$60 \times \dfrac{29}{30} = 58(')$,主尺上一格与游标上一格之间相差为 $60 - 58 = 2(')$。

刻度值精度为 $5'$ 的刻度原理如图 3-55(b)所示。主尺刻度每格为 $1°$,游标上的刻度是把主尺上的 $23°$(23 格)分成 12 格,这时,游标每格为:

$60 \times \dfrac{23}{12} = 115(')$,主尺上两格与游标上一格之间相差为 $120 - 115 = 5(')$。

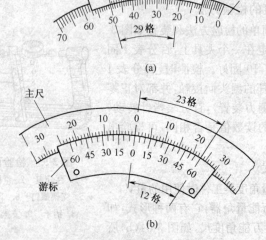

图 3-55 万能角度尺刻度原理

(a)精度为 $2'$ 刻度原理　(b)精度为 $5'$ 刻度原理

2. 万能角度尺读数方法

使用时,先从主尺上读出与游标尺零线左边最接近的刻度线数值,该数值即为被测量工件的整角度数;再从游标尺上读出与主尺刻线对齐的那条刻度线的数值,该数值即为被测角度的"分"数值;然后将两数值相加得到被测角度的数值。

例如,读如图 3-56(a)所示的万能角度尺的数值时,主尺上与游标尺零线左边最接近的刻度线数值为 69,即该角度整度数为 $69°$;游标尺上与主尺刻线对齐的那条刻线的数值为 42,即该角度的"分"数为 $42'$;所以被测量工件的角度为 $69°42'$。

利用同样方法,可知如图 3-56(b)所示的读数值为 $34°58'$。

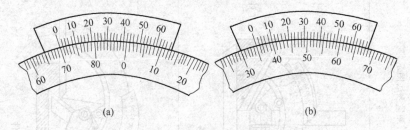

图 3-56   万能角度尺上读数

(a)读数为 $69°42'$ (b)读数为 $34°58'$

3. 万能角度尺使用方法

如图 3-57 所示为圆形万能角度尺,使用方法比较简单。

扇形万能角度尺由主尺、角尺、直尺、扇形板等构成,它通过几个组件之间的相互位置变换和不同的组合,以及调整直尺与 $90°$ 角尺之间的位置,可以测出 $0°\sim320°$ 范围内的角度值,其情况见表 3-4。

五、极限量规

极限量规是一种没有尺寸刻线的专用量具。使用它不能具体地量出尺寸数值,只是鉴别被加工工件是合格还是不合格。极限量规结构简单,使用快捷,适于大批量加工中使用。

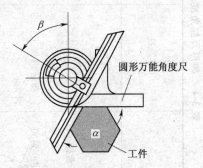

图 3-57   圆形万能角度尺的使用

极限量规用来检验直线尺寸,它分为两种:一种是卡规,用于测量外径、长度、宽度和高度尺寸;一种是塞规,用于测量内径和沟槽的宽度等尺寸。

1. 卡规

卡规也称轴用极限量规,如图 3-58 所示。在卡规上都做出通端和止端两个测量面。卡规的通端是按照被测工件的上极限尺寸制造的,止端是按照工件的下极限尺寸制造的;这样,工件的合格尺寸介于通端与止端之间,即通端在被测量处能通过去而止端不能通过去,如图 3-59 所示,被测量工件为合格。若在测量中都不能通过,说明还有一定的加工余量;若都能通过,说明工件被加工小了,应报废。

表3-4   扇形万能角度尺使用方法

万能角尺度组合角度	组合情况图示	工件测量	测量方法图示	说　明
0°~50°	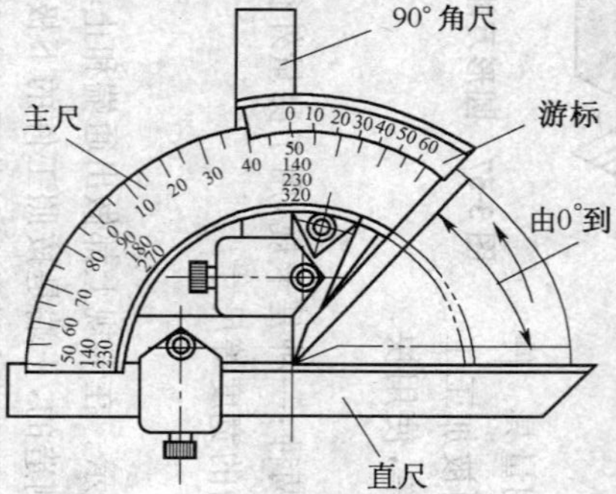 90°角尺　游标　主尺　直尺　由0°到50°	测量斜度工件的外角α	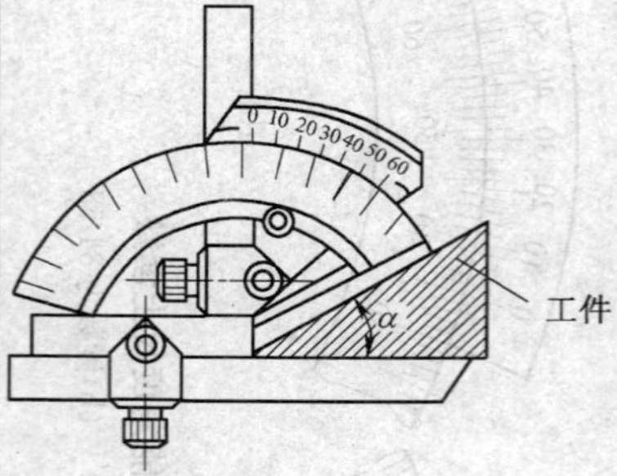 工件　α	根据主尺上最上面第一排刻度读所测工件的角度数
50°~140°	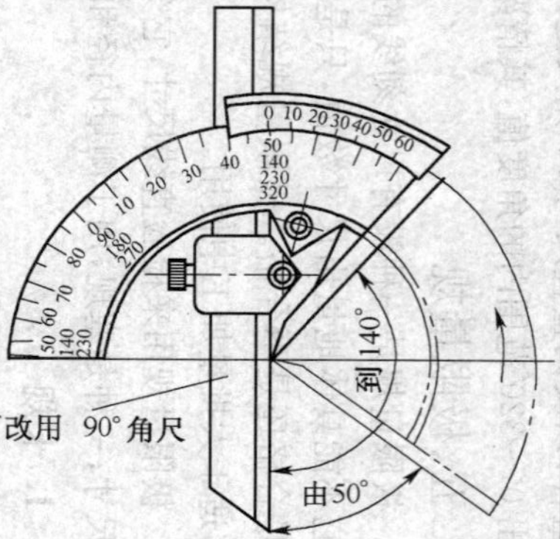 余140°　此直尺也可改用90°角尺　由50°	测量燕尾槽工件的外角α	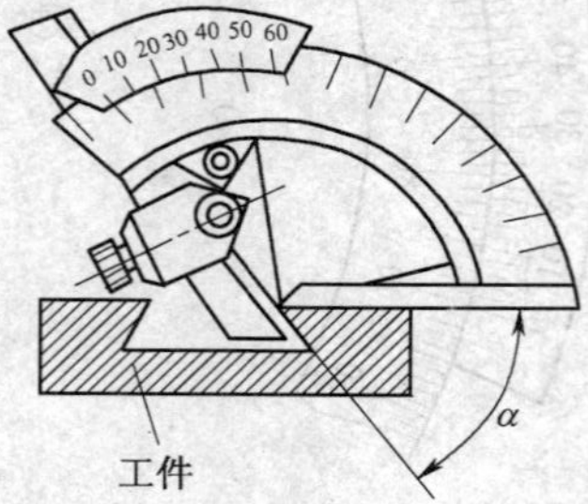 工件　α	根据主尺上第二排刻度读所测工件的角度数

续表 3-4

万能角度尺组合角度	组合情况图示	工件测量	测量方法图示	说　　明
140°～230°	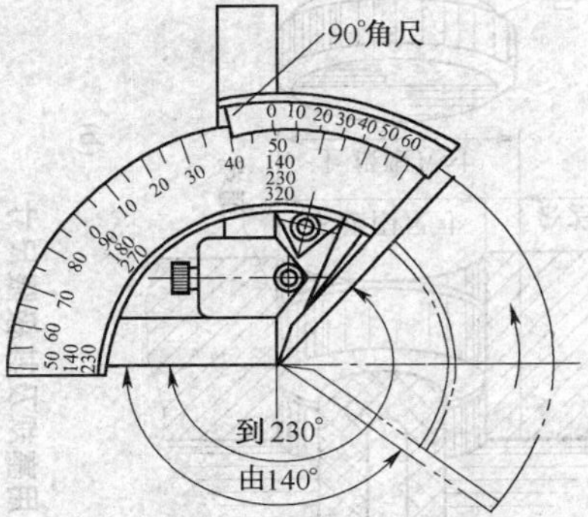 90角尺　由140°到140°	测量工件的内角α	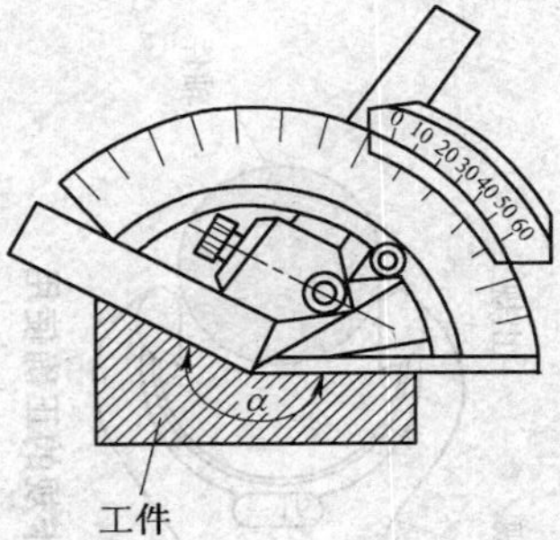 工件　α	根据主尺上第三排刻度读数所测工件的角度数
230°～320°	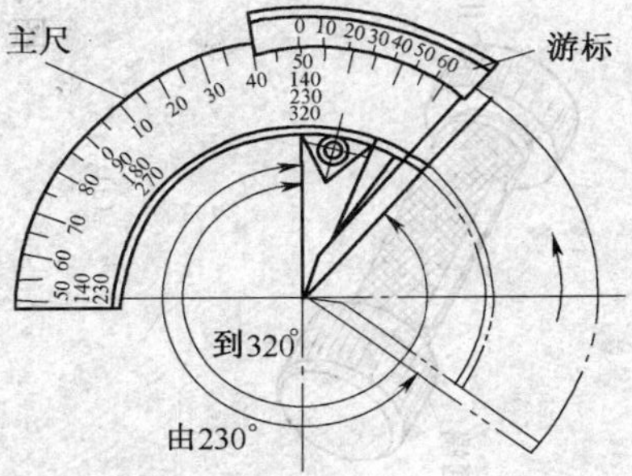 游标　主尺　由230°到320°	测量燕尾槽工件的内角α	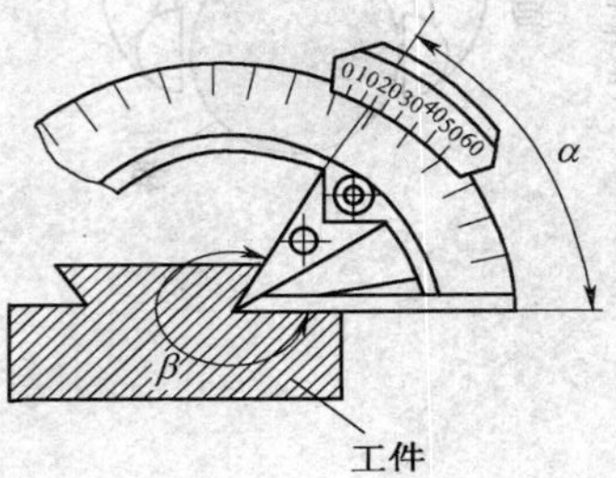 工件　α　β	根据主尺上第四排刻度读数所测工件的角度数（注：是β，360°−β = α）

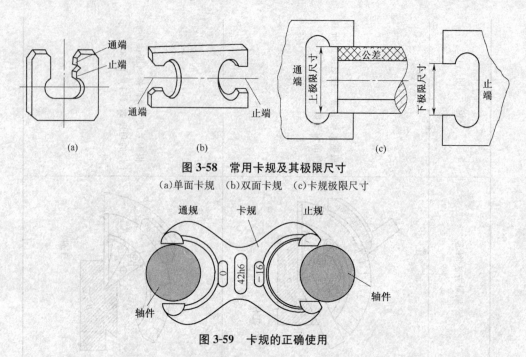

图 3-58 常用卡规及其极限尺寸

(a)单面卡规 (b)双面卡规 (c)卡规极限尺寸

图 3-59 卡规的正确使用

2. 塞规

常用塞规如图 3-60 所示。在每个塞规上,同样做出两个测量面,即通端和止端。塞规的通端是按照被测工件尺寸的下极限尺寸制造的,而止端是按照上极限尺寸制造的;这样,工件的合格尺寸介于通端与止端之间。如图 3-61 所示,在测量中若通端在被测量处能通过,而止端不能通过去,被测量工件即为合格。若通端不能通过,说明被测量处还有加工余量;用止端测量如果能顺利通过,说明加工过量,被加工工件已成为废品。

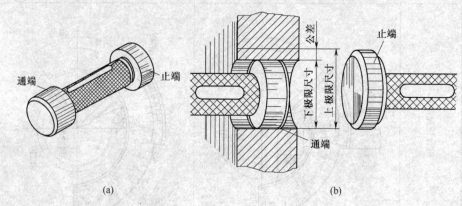

图 3-60 常用塞规及其极限尺寸

(a)塞规 (b)塞规极限尺寸

根据铣削加工中的需要,极限卡规还常做成其他形式,如图 3-62 所示是使用另种结构形式的单面卡规测量工件宽度尺寸的情况,从图中可看出,通端已通过被测量处,而止端不能通过,这时,加工面是合格的。

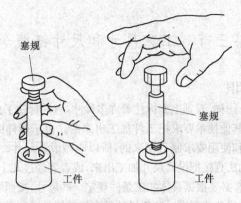

图 3-61　塞规的正确使用

(a)塞规通端能通过工件的孔　(b)塞规止端不能通过工件的孔

　　如图 3-63 所示是使用卡规测量台阶的高度,将卡规的内面 A 放在工件端面上,这时,通端从工件加工面处通过,而止端左移时不能通过,所以加工尺寸合格。

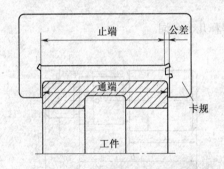

图 3-62　单面卡规检测工件宽度

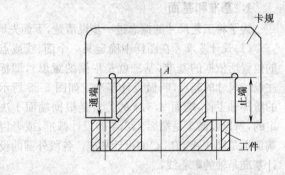

图 3-63　单面卡规检测台阶高度

　　大批量加工中测量沟槽深度时,也常使用如图 3-64 所示的方法,将制有通端和止端的界限量规,用两个螺钉固定在一块精度很高的平板上,量规的宽度比工件上的沟槽窄一些,平板宽度和工件外宽度相一致,同时,严格地校正通端和止端的高度,并使通端的长约等于工件上的沟槽长度。检验时,将工件长槽向下倒扣在平板上,使槽的顶面紧紧地跟平板贴好,然后把工件向着界限量规推动,如果工件上的槽能够穿过通端并跟止端相碰,被检验工件就是合格的。

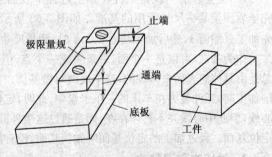

图 3-64　极限量规检测沟槽深度

　　使用极限量规时,应凭量规本身的重量,让量具滑入。水平位置测量时,要顺着工件的轴线,把量规轻轻地送入,切不可用力推置或加力旋转。

第三节 工艺尺寸和尺寸链概念

一、工艺尺寸知识

铣削加工时,当打开图样,看到上面标注着许多尺寸,有的标注了公差,有的未注公差,铣工就是按照这些尺寸和其他技术要求把工件加工出来的。由于图样中的这些尺寸是设计人员根据产品的零件结构和使用要求制订出来的,所以叫做设计尺寸。但是,在加工中经常出现这样的事情,铣削时无法直接把设计尺寸加工出来,或者要经过几个工序或工步,最后才能得到设计尺寸,这样,就有必要根据具体加工条件规定一些尺寸,按照所规定的这些尺寸进行加工,使之最后达到设计尺寸的要求。这些尺寸是在加工工件时所需要的,叫做工艺尺寸。

在检验工件尺寸时,也会遇到类似的情况,就是不能直接按图样上的设计尺寸进行检验,而要另外算出一个尺寸,这种尺寸也叫做工艺尺寸。换句话说,凡是在工件图样上没有注出,而在加工过程中要用到的尺寸,或者在检验时需要测量的尺寸,都叫做工艺尺寸。

1. 基准和基面

为了将工艺尺寸的概念进一步说清楚,下面先解释几个名词。

(1)设计基准 在图样中确定某一个面、线或点的位置所依据的基准(基准就是根据的意思),即标注设计尺寸的起点,叫做设计基准。如图 3-65 所示的阶梯轴工件,端面 2,3,4 的位置是根据端面 1 决定的,所以端面 1 是端面 2,3,4 的设计基准,或者说端面 1 是尺寸 A,B,C 的设计基准。各段外圆的设计基准是轴的中心线。

(2)定位基准 就是工件加工过程中装夹工件定位时所使用的基准。

(3)度量基准 就是工件在加工过程中或加工完毕后测量某一尺寸所用的基准。如图 3-65 所示,先加工好端面 1,然后加工端面 2,3,4 时,测量尺寸 C,B,A 都用端面 1 做度量基准。

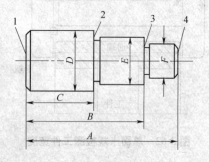

图 3-65 阶梯轴工件

作为基准,可以是一个面,一条线或一个点,但是作为定位基准或度量基准的线或点,总是由具体的表面来体现的,这个表面叫做基面。如图 3-65 所示的阶梯轴,当在车床上车削加工时,工件装夹在车床的三爪卡盘中,此时,定位基准是三爪卡盘所夹持工件外圆的中心线,但此中心线并不具体存在,而是通过这个外圆表面来体现的,所以这个外圆表面就是定位基面。经过加工的定位基面叫做精基面,没有加工过的定位基面叫做粗基面。

2. 试切法和调整法

工件在铣床上或车床上进行加工时,为了达到图样中设计尺寸的精度,常采用试切法或调整法。

(1)试切法 如图 3-66(a)所示,在普通车床上加工一个轴的外圆,为了按规定精度车出直径为 d、长度为 l 的一段表面,先在轴的端部一小段上进行试切;每试切一次后,度量一次直径,等到直径尺寸符合公差要求,即可做纵向自动或手动走刀。当车到台肩 T 附近时,停止走刀,又进行多次试切,直到长度 l 符合公差要求为止。这种方法叫做试切法。除了车床上车削之外,在铣床上铣削或其他各种加工方法中都可采用试切法。试切法生产率低,主要用于单件小批生产。

(2)调整法 所谓调整法,就是按规定的尺寸预先调整好机床(铣床或车床等)、夹具、刀具(铣刀或车刀等)及工件的相对位置和运动,然后进行工件的加工。如图 3-66(b)所示,加工轴的外圆时,预先将车刀按规定尺寸 d 装在一定位置。在加工一批工件的过程中,不再作横向进刀而只作纵向走刀;自动纵向走刀时,走刀长度由挡块控制,挡块的位置按尺寸 l 调整。这样,就能保证轴在加工后得到规定的尺寸 d 和 l 。大批量生产中,在各种类型的机床上广泛采用调整法进行加工。

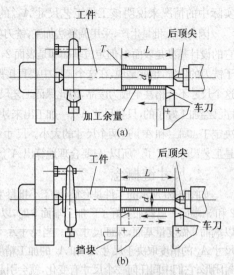

图 3-66 试切法和调整法
(a)试切法 (b)调整法

3. 工艺尺寸示例

如图 3-67 所示为带凹槽的工件,h 为凹槽的设计尺寸,但直接按照 h 是无法进行加工和测量的,而需要用尺寸 $\frac{1}{2}a$ 加上 h 得出尺寸 m ,这时,尺寸 m 就是加工和测量凹槽深度时所需换算出的工艺尺寸。

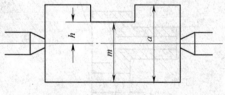

图 3-67 工艺尺寸示例(一)

如图 3-68(a)所示台阶工件属于大批量生产。使用圆柱铣刀加工它的台阶时,是用底面和侧面做定位基面,如图 3-68(b)所示,符号 ⌐ 表示装夹时的定位支承。尺寸 $50, 100_{-0.2}^{0}$ 和 $40_{-0.15}^{0}$ 已经在前面的工序中加工出来了,本工序用调整法加工。当调整工件相对于铣刀的位置时,需要用到两个尺寸 $A_{0}^{+\delta}$ 和 $30_{0}^{+0.35}$,但 $A_{0}^{+\delta}$ 在图样上是没有的,所以属于工艺尺寸。对比一下图 3-67 中的 a 和 h,就可发现,这个工艺尺寸是由于改变了图样上的尺寸注法而形成的。为什么要改变呢? 因为是调整机床的需要,或者说是由于工艺要求。尺寸 $10_{0}^{+0.3}$ 的设计基准是表面 1,可是现在的定位基准却是表面 2,所以就不能按原来的设计尺寸来调整机床了。

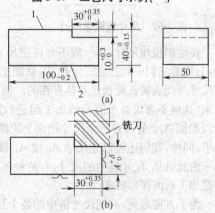

图 3-68 工艺尺寸示例(二)
(a)台阶工件 (b)工艺尺寸的确定

如果采用试切法加工,就不需要这个工艺尺寸 $A_{0}^{+\delta}$ 了,可以直接保证设计尺寸 $10_{0}^{+0.3}$ 。

4. 工艺尺寸的基本计算和确定

如图 3-68 所示,由于工艺要求,改变了图样上的尺寸注法而形成工艺尺寸,下面用生产实际中的情况来说明该工件工艺尺寸 $A_0^{+\delta}$ 的基本确定和计算。

因为是大批量生产,采用调整法加工,铣刀必须预先调整到一定的位置。对于尺寸 $10_0^{+0.3}$ 来说,它的设计基准是表面1,但定位基面却是表面2,只能按工艺尺寸 $A_0^{+\delta}$ 来调整夹具上定位支承点相对于铣刀的位置,也就是说,在这个工序中要直接保证尺寸 $A_0^{+\delta}$。至于尺寸 $10_0^{+0.3}$,如果不管它,将会使这个尺寸不合格甚至成为废品,因此保证工艺尺寸 $A_0^{+\delta}$,就要管住尺寸 $10_0^{+0.3}$。尺寸 $40_{-0.15}^0$ 是上道工序已经加工好了的,只要尺寸 $A_0^{+\delta}$ 一加工出来,尺寸 $10_0^{+0.3}$ 也就自然地出现了,至于它的数值大小,就决定于 $40_{-0.15}^0$ 和 $A_0^{+\delta}$ 这两个尺寸的大小。尺寸 $40_{-0.15}^0$ 是已经确定的,那么,决定尺寸 $10_0^{+0.3}$ 的大小就是工艺尺寸 $A_0^{+\delta}$ 了。所以,只要合理地算出 $A_0^{+\delta}$ 的数值,就间接控制尺寸 $10_0^{+0.3}$。

二、尺寸链概念

如图 3-69 所示的工件是套筒,属于小批量生产,可采用试切法加工。工件装夹好后,加工端面2和3,端面1已经加工好了。加工端面3时,以端面1做度量基面,保证尺寸 A_1。加工端面2时,以端面3做度量基面,保证尺寸 A_2。当尺寸 A_1 和 A_2 被加工出来后,尺寸 A_Δ 就随着确定了。显然,尺寸 A_Δ 的精度取决于尺寸 A_1 和 A_2 的加工精度。这样一组尺寸,它们互相连接,构成一个完整的封闭形;它们中间任何一个尺寸有变化,就会引起其他尺寸的变化,这种尺寸关系叫做"尺寸链"。

如图 3-70 所示的阶梯轴,由三段不同直径的外圆组成,每段的长度分别为 A_1,A_2,A_3,总长为 A_4。这四个尺寸构成一个完整的封闭形,所以也是一个尺寸链。

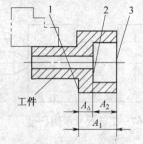

图 3-69　尺寸链概念(一)

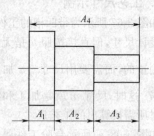

图 3-70　尺寸链概念(二)

在绘制机械图样时,一般不允许把尺寸标注成这种封闭的尺寸链的形式,因为在加工时,只需要它们中间任意三个尺寸,就能把三个阶梯的长度按照要求加工出来。但是这四个尺寸所代表的长度都是具体存在的。例如,根据 A_1,A_2,A_3 三个尺寸把这个阶梯轴加工出来(这里不考虑各个直径的加工问题),加工完了以后,总长尺寸 A_4 就自然地形成了;也可以根据 A_4,A_1,A_2 三个尺寸把这个阶梯轴加工出来,加工完了以后,尺寸 A_3 就自然地形成了;同样,我们还可以让尺寸 A_2 或 A_1 最后自然地形成。

由此可见,尺寸链中的尺寸,有两种不同的类型,一种是加工时直接保证的尺寸,另一种是加工后间接形成的尺寸。

为了方便起见,就把尺寸链中的各个尺寸都叫做"环",加工时直接保证的尺寸叫做"组成环";加工后间接形成的尺寸叫做"封闭环",因为是它,才使尺寸链封闭起来。一个尺寸链只有一个封闭环,而组成环可以有两个或更多。

如果把构成尺寸链的这些尺寸画成一个专门的图,这个图叫做尺寸链简图,如图 3-70 所示的阶梯轴的尺寸链简图如图 3-71 所示。

根据尺寸链简图,可绕此尺寸链的封闭轮廓,依次把各个尺寸写下来,并标上正负号,当改变方向时就改变符号,这样便可列出尺寸链方程式。

下面来写如图 3-71 所示的尺寸链的方程式。如图 3-72 所示，从 A_1 开始向右写，A_2，A_3 都和 A_1 同方向，都标上正号；写到 A_4 时，就是向左回行了，方向与前面的相反，所以应该标上负号。于是得到如下的尺寸链方程式：

$$A_1 + A_2 + A_3 - A_4 = 0$$

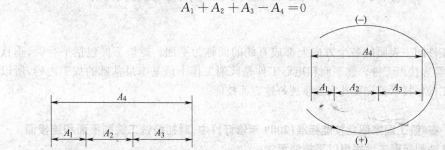

图 3-71　尺寸链简图

图 3-72　尺寸链方程式写法(一)

如图 3-73 所示的尺寸链方程式为：

$$A_1 + A_2 + A_3 - A_5 - A_4 + A_\Delta - A_7 - A_6 = 0$$

尺寸链方程式充分表达了各个组成环和封闭环之间的尺寸关系，研究尺寸链的目的，就是研究尺寸链中封闭环与组成环的公称尺寸、极限尺寸以及公差等之间的关系。

公称尺寸可以很容易地根据尺寸链方程式计算出来。

如图 3-71 所示，假定在加工时直接保证 A_1，A_2 和 A_4，则 A_3 是加工后自然形成的，是封闭环。设 $A_4 = 50\text{mm}$，$A_1 = 10\text{mm}$，$A_2 = 20\text{mm}$，那么封闭环 A_3 就可求出：

$$A_3 = A_4 - A_1 - A_2 = 50 - 10 - 20 = 20 \ (\text{mm})$$

由此可以得到一个结论：

封闭环的公称尺寸等于各个组成环的公称尺寸的代数和。

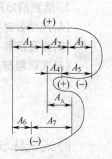

图 3-73　尺寸链方程式写法(二)

思　考　题

1. 我国目前采用哪种长度计量单位？它以什么为基本单位？其进位关系是怎样的？

2. 在直角三角中，有哪六种三角函数？

3. 举例说明三角函数的计算关系。

4. 什么是勾股弦定理？怎样用公式表示？

5. 举例说明勾股弦的计算关系。

6. 游标卡尺有几种精度？其刻度原理是怎样的？

7. 怎样正确使用千分尺？

8. 使用百分表应注意哪些事项？

9. 精度 $2'$ 与精度 $5'$ 的万能角度尺的刻度原理有什么区别？举例说明万能角度尺的读数方法。

10. 卡规和塞规各有什么作用？怎样正确使用它们的"通端"和"止端"？

11. 什么叫做工艺尺寸？举例说明。

12. 什么叫尺寸链？

13. 什么是尺寸链中的组成环和封闭环？怎样写出尺寸链的方程式？

第四章 平面和矩形工件的铣削技术

在工件同一表面的各个方向上都成直线的面称为平面。矩形工件包括平行面、垂直面、台阶等连接面工件。铣平面和矩形工件是铣削工作中最基本最基础的加工内容,所以学习铣工操作技术首先要扎实地掌握好这方面技能。

在《铣工国家职业技能标准(2009 年修订)》中,对初级铣工铣削平面和连接面及其铣削矩形工件提出以下技能要求:
1. 能使用铣床通用夹具装夹工件。
2. 能铣削矩形工件、连接面,并达到以下要求:
(1)尺寸公差等级:IT9;
(2)垂直度和平行度:7 级;
(3)表面粗糙度:$Ra3.2\mu m$。

第一节 平面的铣削方法

一、卧式铣床铣平面的基本形式和操作提示

1. 卧铣平面的基本形式

在卧式铣床和万能铣床上铣平面有两种基本形式,一是使用圆柱铣刀进行周铣,二是使用面铣刀进行端铣。

(1)圆柱铣刀周铣平面 如图 4-1 所示,周铣就是利用圆柱铣刀的圆周切削刃进行铣削,它犹如圆柱体在一个物体平面上滚动。利用这种方法铣出的平面质量(包括平面度、表面粗糙度等),与铣刀本身的直线度以及铣刀切削刃的刃磨和背刀(研磨刃口)质量有直接关系。

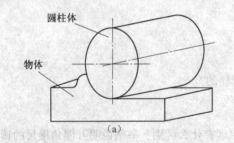
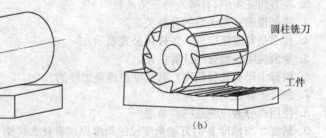

图 4-1 圆柱铣刀周铣平面

(a)周铣平面原理 (b)铣刀和工件相对位置

周铣平面如图 4-2 所示,使用长铣刀杆安装铣刀。由于长铣刀杆较细,切削时容易产生

颤动。所以加工时应根据工件情况，选择使用一个支架或两个支架如图 4-3 所示。

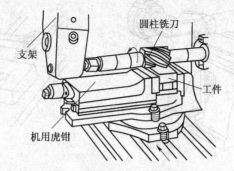

图 4-2 圆柱铣刀周铣平面情况

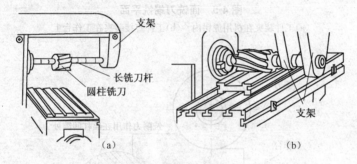

（a） （b）

图 4-3 长铣刀杆使用支架

（a）使用一个支架 （b）使用两个支架

（2）面铣刀端铣平面 在长度较大工件上端铣平面，若按照图 4-4 所示的安装方法很不稳定，这时，常采用如图 4-5 所示的面铣刀端铣平面的方法。

端铣平面是指用面铣刀端面上的切削刃，并结合圆周面上的切削刃进行铣削，这时，将前面已介绍过的装面铣刀的铣刀杆直接安装在铣床主轴前端，并使用拉紧螺杆在铣床床身后面将面铣刀拉紧（防止铣削过程中铣刀脱落）。

2. 卧铣平面中的操作提示

（1）卧铣平面时的顺铣和逆铣 按照圆柱铣刀和工件相对运动方向，以及圆柱铣刀和工件开始接触时切屑厚度的不同，卧铣平面有逆铣和顺铣两种不同的铣削方式。

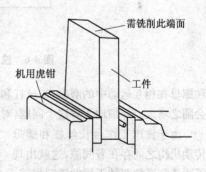

图 4-4 不宜采用的装夹方法

如图 4-6 所示是铣削过程中，铣床工作台长丝杠与螺母传动示意图，这时，如果用双手顺着工作台运动的 f 方向用力一推，发现工作台会向 f 方向窜动一小段距离，这个窜动距离等于工作台丝杠和螺母间的配合间隙。如果朝与 f 相反的方向推，工作台就不会窜动。丝杠在螺母中沿 f 方向前进时，是依靠丝杠螺纹的左侧面和螺母螺纹的右侧面进行斜面滑移而向前运动的，所以间隙产生在丝杠螺纹的右侧面和螺母螺纹的左侧面之间。由于丝杠

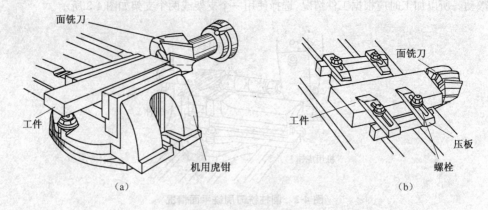

图 4-5   面铣刀端铣平面

(a)工件装夹在机用虎钳内   (b)工件直接装夹在工作台上

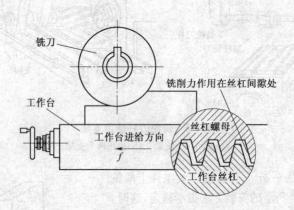

图 4-6   铣床工作台丝杠和螺母传动

和螺母在相互运动中的磨损,长丝杠和螺母间的间隙将逐渐扩大,因而,工作台的窜动量也会随之增大。详细地了解这个问题,对于学习和掌握铣削工作的规律有着重要的意义。

由于铣床工作台长丝杠和螺母传动机构之间存在着间隙,这就出现了顺铣和逆铣两种不同的铣削形式。如图 4-7(a)所示,当铣刀旋转方向与工作台进给方向相同,称顺铣法;如图 4-7(b)所示,当铣刀旋转方向与工作台进给方向相反,称逆铣法。这两种铣削方式对铣平面影响很大,工作中要认真注意把握好。

表 4-1 为顺铣和逆铣说明表,操作中可根据铣削情况去判断。

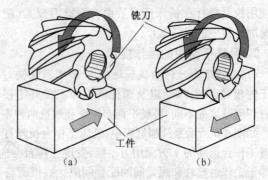

图 4-7   顺铣和逆铣

(a)顺铣   (b)逆铣

表 4-1 顺铣和逆铣说明表

图　示	铣削情况 / 铣削种类	主轴旋转方向	工作台进给方向
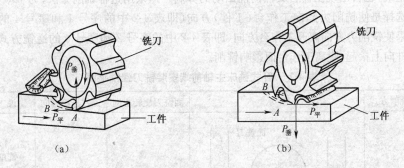	顺　铣	顺时针	由右向左
		逆时针	由左向右
	逆　铣	顺时针	由左向右
		逆时针	由右向左

如图 4-8(a)所示,逆铣时刀齿由 A 点切入,到 B 点后离开工件,这时铣削力垂直方向的分力 $P_垂$ 是向上的,有把工件向上抬起的趋势,容易把工件从夹具中带起来。如图 4-8(b)所示,顺铣时铣刀齿由 B 点切入到 A 点后离开工件,铣削中的垂直分力 $P_垂$ 是向下的,刀齿始终把工件压向工作台,所以,如果没有工作台丝杠和螺母间的间隙影响的话,这时的切削工作是较为理想的,不但能减少振动,也能提高工件表面质量。

图 4-8 逆铣和顺铣对加工的影响
(a)逆铣 (b)顺铣

逆铣开始切削时切屑较薄,切屑厚度由零逐渐增厚,这样,刀齿要先在被加工表面挤压和滑行一段后才开始切削,在滑行过程中,不仅会产生很大的热量,也使加工表面形成硬化层,使铣刀磨损加剧,对切削不利。而顺铣刀齿是向下切入工件,切削刃一开始就切入工件,刀齿不产生滑动,因此,刀齿的后刀面磨损就小,切削时发热也少,所以,顺铣法可以提高铣削速度。

逆铣法和顺铣法各有优缺点,实际操作时可参考以下原则进行选择。

①顺铣过程中,工作台会产生突然向前窜动现象,而造成铣刀折断或在被加工表面出现深啃槽(图4-9)而影响表面质量。但逆铣时,在切削力作用下,工作台长丝杠与螺母总是保持紧密的接触,工作台不会突然向前窜动,上述的不利于铣削的情况就不会出现。

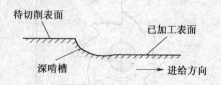

图4-9　被加工表面出现深啃槽

②工件表面有硬质层、积渣或工件硬度不均匀情况下,应采用逆铣法。若采用顺铣法,刀齿一开始就和工件表面硬质层切入,刀齿受到很大的冲击负荷,铣刀变钝较快;而逆铣时切屑由薄到厚,刀齿从已加工表面切入对铣刀的使用有利。

③工件表面凹凸不平较显著时应采用逆铣。

④铣刀旋转时如果摆差大,加工时不是全部刀齿进行切削,而只是某几个齿能切削,为减轻冲击负荷,应采用逆铣。

⑤使用锯片铣刀等厚度较薄的铣刀时,它在切削中产生的铣削力相对较小,一般情况下可采用顺铣。

⑥逆铣时,垂直方向的分力趋向把工件向上抬起,这在加工不易装夹或易变形的工件(如薄板等)时,由于不能夹持得那么牢固,所以应尽量采用顺铣。

需采用顺铣法时,必须调整工作台长丝杠与螺母之间的间隙,这个间隙可控制在0.01~0.04mm之间。若铣床陈旧且传动部件磨损严重,实现上述调整会有一定的困难,这时,还必须采用逆铣法。

在卧式铣床主轴前端安装面铣刀端铣平面时,同样存在顺铣和逆铣问题,加工中如果选择不正确,也会出现工作台突然向前窜动的弊病。但采用这种铣削方法,为了减少振动,理想的选择是使铣削力趋向工作台(工件)方向(即表4-2中的序号1和序号4的顺铣方式);如果使铣削力方向离开工作台方向(即表4-2中的序号2和序号3的逆铣方式),容易造成工件向上抬起,脱离工作台而影响铣削。

表4-2　卧式铣床主轴前端安装铣刀端铣平面

序号	铣削方式	图示	面铣刀旋转方向	工件进给方向	说　明
1	顺铣		逆时针	由左向右	铣削力方向趋向工作台,宜采用这种铣削方法

续表 4-2

序号	铣削方式	图示	面铣刀旋转方向	工件进给方向	说　明
2	逆铣	面铣刀　工作台——工件	顺时针	由左向右	铣削力方向离开工作台，容易带动工件向上飞起，造成切削不稳定，不宜采用这样的铣削方法
3		面铣刀　工作台——工件	逆时针	由右向左	
4	顺铣	面铣刀　工作台——工件	顺时针	由右向左	铣削力方向趋向工作台，宜采用这种铣削方法

　　采用表 4-2 中的顺铣形式，当工件的加工余量较大，采用大吃刀量进行粗加工时，为了防止工作台猛然向前窜动，可采取适当升高工作台的办法，使工件的切削位置朝接近铣刀中心线处抬高些或置于超过铣刀的中心线处。但最好不采用使工件的宽度中心与铣刀中心相重合的位置，否则，切削时的切削力就集中在垂直方向，容易引起切削振动。

　　(2)加工前工件的正确安装　铣平面时，工件在铣床上的安装，除了第二章第二节中介绍过的使用机用虎钳和螺栓压板一般性方法外，下面再介绍两种批量铣平面时，较大尺寸工件和较小尺寸工件的安装情况。

　　如图 4-10 所示是利用楔块将工件直接安装在工作台上。楔块内开有矩形沟槽，当拧紧螺母时，楔块沿支撑块的斜面向下移动，将工件夹紧。如图 4-11 所示是较大尺寸工件铣上平面时，为了保证切削稳定，在工件下面顶以辅助支承，可有效地防止加工中振动现象的发生。

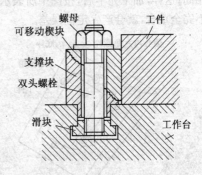

图 4-10　较大工件安装示例(一)

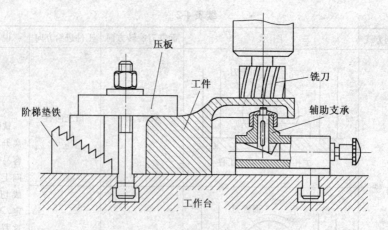

图 4-11 较大工件安装示例(二)

如图 4-12 所示是铣削较薄较小工件平面时利用三个定位销定位,当拧转不同位置的三个偏心内六角螺栓,可把板形工件夹紧。三个定位销和三个偏心内六角螺栓一起位于同一个底座上,底座夹持在机用虎钳内或直接固定在铣床工作台上。由于这类工件加工中的铣削力较小,用这样的安装方法能够保证切削需要。这类夹持工件的方法,适于多件加工中使用。

工件安装之前,必须要选择好定位基准。所谓定位基准,就是工件定位时,作为根据的点、线、面。定位基准选择的正确与否,将直接影响工件的加工精度和生产率。定位基准确定之后,根据工件的尺寸、形状和加工部位等方面的具体情况来选择安装方法,并且使工件在铣床中占有正确的位置。

以毛坯表面做的定位基准称粗基准,以加工过的表面做的定位基准称精基准。在选定位基准时,应尽可能使定位基准与设计基准、测量基准重合。如图 4-13 所示的工件,需要加工 A,B,C 面,若按图 4-14 所示选择定位基准,当加工完毕,检验尺寸 b 和尺寸 H 时以 A 面为基准,这样,定位基准与设计基准和测量基准重合,不会产生定位误差。若按图 4-15 所示选择定位基准,虽然铣 B 面时,定位方法与前相同,但铣 A,C 面时的定位方法,却与前不相同;这样,加工完毕后,按图中所表示的尺寸检验时,由于定位基准、设计基准和测量基准不完全重合,就会产生定位误差。

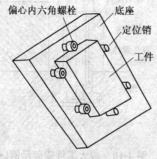

图 4-12 安装较薄较小工件

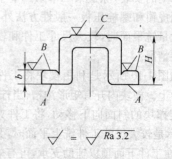

图 4-13 工件被加工面 A,B,C

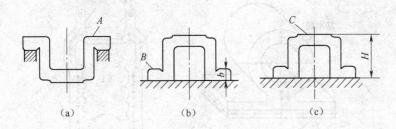

图4-14 安装工件中基准重合

(a)铣平面A时装夹定位 (b)铣平面B时装夹定位 (c)铣平面C时装夹定位

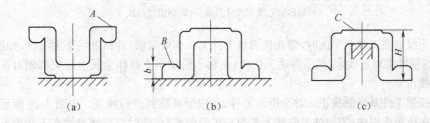

图4-15 安装工件中基准不重合

(a)铣A面时装夹定位 (b)铣B面时装夹定位 (c)铣C面时装夹定位

选择定位基准面时,还应注意以下几点:

①选择不需加工的表面作为粗基准面。如果工件上好几个表面都不需进行加工,就选用其中与加工表面之间位置精度要求较高的表面作为粗基准面,这样不但可以保证工件上加工表面与不加工表面之间的偏差最小,并且还可保证一定的位置精度。

②工件表面需要全部加工的,应选用加工余量最小的表面作为基准面,这样可保证一定的加工余量。

③选用粗基准面的表面,应尽可能平整和光洁,这样可以减少定位误差。

④选作粗基准面的表面,应与其他加工表面之间的偏移是最小的,并需有足够大的面积。

⑤作为精基准面的表面应先加工。在选择粗基准面时,要为以后的加工提供光洁的定位基准面,以减少定位误差。

⑥工件上全部表面加工,除第一道工序外,尽可能选用同一个表面作为精基准面。

(3)铣削前工件位置的找正 切削前,对工件进行找正是非常重要的,尤其是半精加工和精加工时,更要保证工件安装位置的正确。

找正前首先应该了解被加工工件的加工形式和技术要求,以及安装方法等方面的具体情况,然后确定找正方法。下面介绍几种常用找正的方法。

①按照线印找正工件。这种方法常用于尺寸较大而且形状复杂或不规则的工件。粗加工中,工件表面一般允许划线,如图4-16所示。这时,在工件表面划上线印,安装中按线印找正。

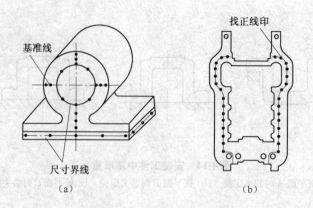

图 4-16　工件上划出线印

(a)划出中心线和尺寸界线　(b)划出校正线

找正线划在工件上平面时,常在铣刀齿上抹上一小块黄油,并粘上一个大头针,如图 4-17 所示,使针尖对正线印,然后移动工作台(主轴不转动),在线印全长上针尖都能对正,工件即已找正。

②按照工件基准面找正。对于矩形工件,常按照基准面进行找正。如图 4-18 所示,工件安装在机用虎钳中,需要使工件的上平面和水平面平行,这时将划线盘放在工作台上,工件轻轻夹紧,然后,移动划线盘,使划针尖与平面间的缝隙在各处都一样,平面就与水平面平行了。当发现哪处的缝隙小,就轻微向下敲击工件表面,以进行调整。

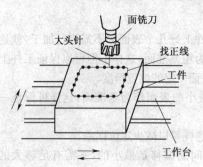

图 4-17　找正工件平面上线印

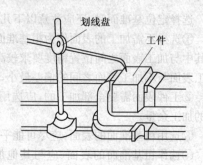

图 4-18　用划线盘找正上平面

需使工件基准面与工作台面垂直,可用 90°角尺找正,在图 4-19(a)中,基准面 1 和基准面 2 是已加工面,上平面是未加工面,需要铣削上平面和沟槽。工件找正时,90°角尺放在工作台面上,使垂直尺边与工件基准面 1 接触,并用纸片或铜片在垫铁 A 处或 B 处调整高度,当接触后无缝隙(或稍微离开后缝隙一致)就可以了。基准面 1 找正后,再用同样方法在基准面 2 处进行找正,这时,调整工件高度,垫高垫铁 1 或 2。

图 4-19(b)是工件安装在机用虎钳上进行找正的情况,90°角尺放在虎钳导轨面上,并与工件侧面(工件侧面为找正基准面)接触。若上下缝隙不一致时,轻轻敲击工件,直至 90°角尺和工件微微接触后,上下缝隙一致为止。

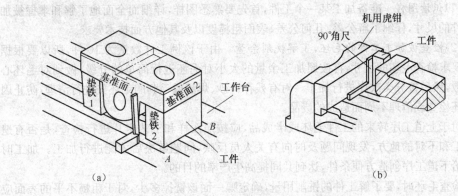

图 4-19　按照基准面找正工件

(a)工件安装在工作台上　(b)工件安装在机用虎钳上

③精加工时的找正。精铣时,工件表面一般是
已经过粗铣和半精铣,这时常使用百分表进行找正。
当工件的基准面与工作台某一进给方向平行或垂直
时,可利用铣床工作台面与主轴相互位置关系进行
找正。如图 4-20 所示是用百分表按工件基准面找正
的情况。图中,所要求找正的基准面与垂直进给方
向平行,这样,将百分表磁性底座吸附在铣床的垂直
导轨上,移动垂直进给工作台进行找正;需要基准面

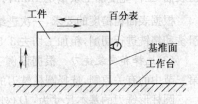

图 4-20　百分表按基准面找正工件

与工作台横向进给方向平行时,就移动横向进给工作台进行找正;需要基准面与工作台纵
向进给方向平行时,就移动纵向进给工作台进行找正。

3. 卧铣平面主要加工步骤和要点

下面以如图 4-21 所示的长方板工件为例进行介绍。

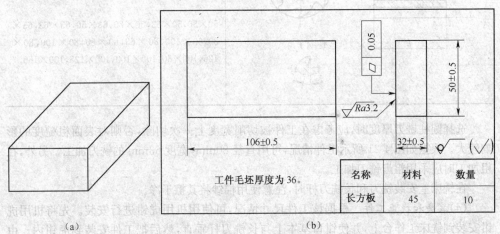

工件毛坯厚度为36。

名称	材料	数量
长方板	45	10

(a)　　　　　　　　　　　　(b)

图 4-21　长方板工件

(a)立体图　(b)机械图样

(1)识读图样 准备加工某一个工件,首先要熟悉图样,详细而全面地了解和掌握被加工工件的尺寸,仔细了解公差、几何公差、表面粗糙度以及其他方面技术要求。

(2)检查被加工工件的毛坯,了解铣削余量 由于该例工件数量为 10 件,所以要根据图样要求检查毛坯的尺寸,再按照加工余量的大小对毛坯进行简单的分级,做到对毛坯心中有数,然后按分类次序进行加工。对有残存铸砂、焊渣或毛刺的毛坯先进行清理,防止因对毛坯检查或清理不周而造成的废品。

对于上道工序转来的工件毛坯或半成品,应按照图样和工艺卡片进行检查,是否有遗留加工和不对的地方,发现问题及时向有关人员反映,问题解决后才能进行加工。加工时尽量给下道工序创造方便条件,达到共同提高生产率的目的。

检查毛坯时,要了解工件的铣削用量,确定哪一面该铣掉多少,对于粗糙不平的表面应多铣去些,较平整表面应少铣去些。

从图 4-21(b)所示可知,工件材料是 45 钢,只加工有一个表面粗糙度符号 $\sqrt{Ra3.2}$ 的加工表面,工件宽度加工余量是 4mm,其他表面不需进行铣削。

根据表面粗糙度的要求,一次进给切掉 4mm 而达到 $\sqrt{Ra3.2}$ 是比较困难的,因此必须分粗铣和精铣进行切削,粗加工切去 3.5mm,精加工切去 0.5mm。

(3)选择和安装铣刀 根据该例工件情况,确定使用圆柱铣刀进行周铣。按照第二章第三节中的有关原则,选择圆柱铣刀的直径、齿数等,并将其安装到铣刀杆上。

圆柱形铣刀的基本尺寸为:D(外径)$\times L$(厚度),其外径 D 有 50mm,63mm,80mm 和 100mm 等几种尺寸,见表 4-3。

表 4-3 圆柱铣刀基本尺寸

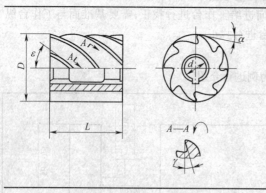

	基本尺寸 $D \times L$
	50×50,50×63,50×80,63×50,63×63,63×80,63×100,80×63,80×80,80×100,80×125,100×80,100×100,100×125,100×160

选择圆柱铣刀厚度时,应考虑在工件被切削宽度上一次切除,否则对表面粗糙度的影响较大。根据如图 4-21 所示工件情况,可用直径 80mm,宽度 63mm 的铣刀加工。另外,在粗加工时应采用粗齿铣刀加工。

在铣床上安装铣刀和长铣刀杆时,注意使用棉纱将其擦干净。

(4)装夹和找正工件 根据该工件尺寸情况,可使用机用虎钳进行安装。先将机用虎钳安装到铣床工作台上,并使钳口基本上与长铣刀杆垂直,然后把工件安装到虎钳内。由于该工件加工余量总共是 4mm,所以,应使工件高出钳口约 6mm 如图 4-22 所示,一般不超过 8mm。

当工件高度尺寸不大时,可在工件下面垫放适当厚度的平行垫铁,垫铁各表面要光洁。为了使工件紧密靠在平行垫铁上,可使用铜锤或木锤轻轻敲击工件,如图 4-23 所示,以用手不能推动平行垫铁为宜。

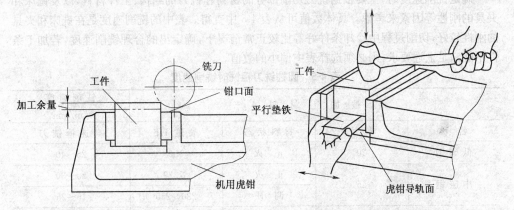

图 4-22 工件伸出钳口一定高度   图 4-23 使工件底面与平行垫铁接触好

对工件进行找正时,按照前面已介绍过的方法。

另外,在使用机用虎钳装夹工件时,为了保证切削稳定可靠,注意使基准面贴住固定钳口;选择进给方向时,还应该使铣刀的铣削力方向趋于固定钳口,如图 4-24 所示,为此,可通过将机用虎钳转过 180°(或 90°)的方法来解决。

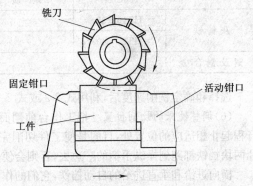

(5)选择和确定铣削用量 根据工件材料、加工余量、表面粗糙度的要求以及铣刀等条件,来确定铣削用量。选择顺序为:当背吃刀量确定后,再选择进给量,最后确定铣削速度。

图 4-24 铣刀铣削力方向趋于固定钳口

粗加工时,进给量的大小,主要取决于铣刀刀齿强度、铣床和夹具的刚性,以及铣床动力的大小。选择进给量时,先确定每齿进给量,然后以每齿进给量为单位,去确定铣床每分钟进给量的大小。每齿进给量具体数值可参考表 4-4。

表 4-4 圆柱铣刀粗铣时每齿进给量   (mm)

铣床刚性	夹具和工件的刚性	被加工材料	
		钢	铸铁
中上等刚性	刚性好	0.10~0.25	0.15~0.40
	刚性差	0.06~0.15	0.10~0.25
一般刚性	刚性好	0.06~0.20	0.08~0.30
	刚性差	0.04~0.10	0.06~0.20

该例利用机用虎钳装夹工件,工件材料为45钢,其工艺系统属于一般刚性,因此,每齿进给量可采用 $f_z = 0.06 \sim 0.08 \text{mm/z}$ 。

确定铣削速度时,主要根据铣刀切削部分的材料和铣刀的结构、工件材料,以及铣床和夹具的刚性等因素来考虑。具体数值可从表 4-5 中查得。表中的铣削速度是在铣床和夹具的刚性较好,切削过程中冷却条件好等比较正常情况下,确定出的合理铣削速度,若加工条件不能满足上述要求,则必须选择表中偏小的数值。

表 4-5　圆柱铣刀粗铣时铣削速度

被 加 工 材 料				铣削速度 /m/min
名　　称	牌　号	材料状态	硬 度/HB	高速钢铣刀
低碳钢	20	正　火	156	25~40
中碳钢	45	正　火	≤229	20~30
		调　质	220~250	15~25
合金结构钢	40Cr	正　火	179~229	20~30
		调　质	200~230	12~20
	38CrSi	调　质	255~305	10~15
灰铸铁	HT15—33		163~229	20~30
	HT20—40		163~229	15~25
铜及铜合金	—	—	—	50~100

选择和确定铣削速度后,利用式 2-2 或式 2-3 计算铣刀(铣床主轴)转速。

(6)调整铣床的切削位置　把工作台前侧面槽内的两块自动停止挡铁,安置在与工作行程起止相适应的位置处,目的是使工件切削完毕后,进给运动能自动停止(应注意,不要让这两块挡铁都跑到操纵手柄的一边去,否则会使自动进给不能终止而损坏铣床)。

横向进给和垂直进给的自动挡铁,它们的作用与纵向的完全一样。如果工作台在较长时间内不需要自动进给时,应将挡铁放在工作台的最大行程位置上,以免无意之中损坏进给机构。

(7)起动铣床进行粗铣　开始时,先使工件刚刚接触铣刀或者在工件被铣削表面贴上一张薄纸,如图 4-25 所示,铣刀旋转使铣刀刚好擦破纸片,然后退出工件,以此为起点,按照背吃刀量升高工作台(工作台的升高量用手柄处的刻度盘进行掌握),接着进行铣削。

如果不小心把刻度盘多转了一些,在反转刻度盘时,要防止仅仅把刻度盘倒退到预定的刻度线上。由于丝杆和螺母之间的间

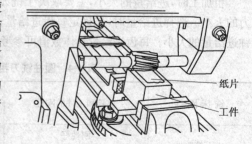

纸片

工件

图 4-25　铣平面对刀方法

隙,倒转只是使丝杆在螺母与丝杆的间隙内空转,而工作台仍在错误的位置没有倒退。正

确的方法是：把手柄倒转一整圈左右，把丝杠与螺母的配合间隙消除后，再仔细地将刻度线转到所规定的位置上。

粗加工中，采用的进给量较大时，一般都是先用手动进给，使铣刀慢慢地切入工件后再机动进给，以防止工件和铣刀突然接触，使切削力猛然增加而出现事故。

粗铣中要把工件表面的黑皮全部铣去，对于带有砂眼、凹坑等缺陷的表面或不规则的表面，在不影响尺寸的情况下，可多铣去些，平整的表面可少铣些。要注意不要把某一个表面铣得太多，以防止在铣其他表面时没有加工余量，在被切削面上仍然带有黑皮等缺陷而造成废品。粗铣时要能基本保证工件的正确形状，铣削较薄工件时，要注意防止工件变形，因为工件粗铣后的变形，在精铣时很难纠正。

铣削钢件时要正确地使用切削液。

粗铣中把毛坯上大部分多余金属切掉，并留出精铣加工余量。

(8)精铣　该例 10 个长方体工件全部粗铣结束后，接着就进行精铣。精铣中要保证工件达到图样各项技术要求。

在批量加工中，不要采用粗铣完第一个工件，紧接着就进行精铣；再粗铣完第二个工件，又紧接进行精铣的这种粗铣精铣交叉进行的方式，因为粗精交叉进行铣削会影响生产效率。

精铣时选择直径较大的细齿铣刀。为了提高工件表面质量，应使用百分表对圆柱铣刀的径向跳动量进行精确的检查和校正。如图 4-26 所示，使百分表测量头与铣刀刀齿垂直地接触，然后用扳手扳动长铣刀杆或铣床主轴，使铣刀逆刀齿方向慢慢反转，观察每一个刀齿经过百分表测量头时，百分表上指针所指出的数值，并记录最大和最小的两个数值，这两个数值的差就是圆柱铣刀的径向跳动量（用此方法同样可检查面铣刀和三面刃铣刀的跳动量）。

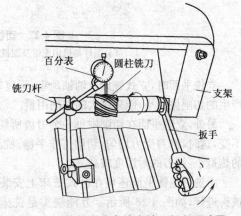

图 4-26　使用百分表检查铣刀径向跳动量

精加工时，圆柱铣刀的跳动量一般不得超过 0.03mm，否则要拆下铣刀和长铣刀杆进行重装，或者使用油石对铣刀刀齿认真地进行研磨。

精铣选择铣削用量时，一般都采用较高的铣削速度、较小进给量和较小的背吃刀量，但选用的进给量和背吃刀量不能过小，否则，刀齿在铣削时不是切削而是刮削被加工表面。精铣时的铣削速度可比粗铣时提高 30% 左右。

进给结束后，工作台快速返回时，首先要降低工作台，防止铣刀在刚加工过的表面上划出印痕而损坏表面质量。

另外在纵向进给过程中，应将横向进给工作台和垂直进给升降台的制动手柄刹紧，以增加其刚性。

(9)检测工件　铣削过程中和铣削完毕后，随时使用游标卡尺对工件认真地进行检测，以保证被加工表面尺寸的准确性。

二、立式铣床铣平面和操作提示

1. 立铣平面的基本形式

如图 4-27 所示是立式铣床上将工件装夹在机用虎钳内端铣平面的情况。

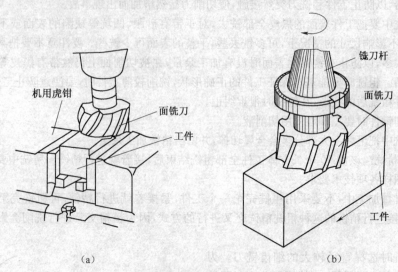

（a）   （b）

图 4-27　面铣刀端铣平面

（a）工件与机用虎钳及面铣刀相对位置　（b）铣削情况

立铣平面时，立式铣床主轴轴颈粗，强度高，所使用的铣刀杆比较短，刚性好；因此，所产生的切削振动小，能采用大的铣削用量。

另外，立铣平面在切削中每一个刀齿所切下的切屑厚度几乎不变，因此切削力也几乎不变，这时，铣刀受力均匀，切削工作平稳；铣刀和工件接触后没有什么滑移现象，因此产生的热量小，铣刀的耐用度较高。

面铣刀端铣平面还可在卧式铣床上安装万能铣头进行，如图 4-28 所示。万能铣头是铣床上的一个重要附件，用于扩大卧式铣床（或万能铣床）的功能，它使用四个螺栓将其固定在卧式铣床主轴前端的垂直导轨上；其上的大铣头可以绕铣床主轴轴线转动 360°，而小铣头又能绕大铣头的轴线转动 360°。面铣刀安装在小铣头主轴的锥孔内，根据加工需要，面铣刀能与工作台台形面成任意角度，进行立式铣床所能完成的铣削工作。由于万能铣头上小铣头主轴的轴颈较细，因此只能使用小直径面铣刀进行轻力度切削。

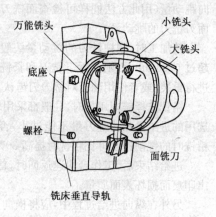

图 4-28　面铣刀安装在万能铣头上

2. 立铣平面中的操作提示

（1）立铣平面时的顺铣和逆铣　立式铣床上端

铣平面的顺铣和逆铣,与卧式铣床主轴前端安装面铣刀的顺铣和逆铣,两者的原理是相似的。

如图 4-29 所示的铣削方法为顺铣法。在铣削中产生的圆周切削力的大部分分力,沿着工件进给方向,仅少部分分力向着垂直方向,这在进刀过程中就容易拉动工作台,造成切削不稳定。如图 4-30 所示的铣削方法为逆铣法。当铣刀和工件接触后,工作台不会出现上述被拉动情况,使切削平稳;并且,刀齿切入时的切屑先薄后厚,铣刀切削刃所受到的冲击较小,可提高铣刀耐用度。所以,立铣平面多采用逆铣法。

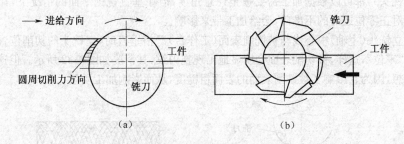

图 4-29　立式铣床工件顺铣法

(a)工件与铣刀相对位置Ⅰ　(b) 工件与铣刀相对位置Ⅱ

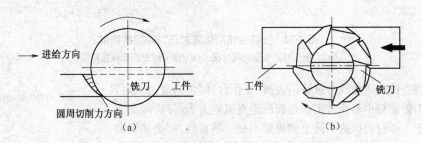

图 4-30　立式铣床工件逆铣法

(a)工件与铣刀相对位置Ⅰ　(b) 工件与铣刀相对位置Ⅱ

当工件中心线重合于铣刀中心线时称为对称铣削法,如图 4-31 所示。这时,刀齿对工

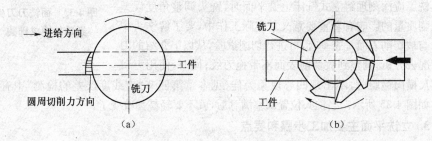

图 4-31　立式铣床对称铣削法

(a)从左向右进刀　(b) 从右向左进刀

件的圆周切削力,在开始切入的前半边与进给方向是相反的,而在后半边与进给方向是一致的;所以,前半部分是逆铣,后半部分是顺铣。这样,工作台在进给方向不会产生突然拉动现象;但作用在工作台横向进给方向上的分力较大,会使工作台沿横向产生突然拉动,因此,铣削前必须紧固横向移动的工作台。另外,这种对称铣削方法的被切削面处于铣刀中心处,铣削力就集中在进给方向,而这个方向的断面力量最弱,容易引起切削不稳定甚至产生振动,因此,一般不采用这种铣削方法。

(2)铣头调整误差对铣平面的影响　立式铣床上的铣头(或在万能和卧式铣床上安装的万能铣头),都可以根据加工需要扳至任意角度,但在垂直铣削平面的情况下,如果铣头位置没对正零位或对的不准确,会给加工带来影响。

当立铣头(主轴)中心线与被铣削表面(工作台)严格垂直时,立铣头的切削位置准确地对正了"零位",这样,被切削表面会明显地出现拖刀纹,其情况如图 4-32 所示。但这种现象并不理想,因为它影响了被铣削表面的表面粗糙度,从而影响加工质量。

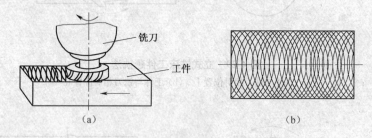

图 4-32　立铣头切削位置对正"零位"的铣削
(a)立铣头对正零位铣削情况　(b)在工件表面出现拖刀纹

当立铣头中心线与被铣削表面(工作台)倾斜角度过大时,面铣刀的旋转中心线与工作台面的垂直偏差太大,刀齿端面在垂直于工作台表面的平面上的投影不是一条直线,而是椭圆曲线,如图 4-33 所示,铣出的表面会出现凹心弧状,其凹心面就是椭圆曲线轮廓的一部分,而在铣刀旋转中心处深一些,铣刀旋转中心的附近处浅一些;并且,立铣头主轴倾斜角 θ 越大,这种现象越严重,如图 4-34 所示。

**图 4-33　面铣刀刀尖
运动轨迹成椭圆**

铣工应深刻理解立式铣床上铣平面时,铣头调整角度误差对铣削质量的影响有着重要意义。实际工作中,要了解铣头中心线与被切削表面是否垂直,可进行切削试验,从以上介绍的刀纹情况去分析,调整到被切削表面不带拖刀纹;同时,使用刀口形直尺横向检验时,不出现凹心现象为佳(见本章第四节"直线度误差的检测"中有关介绍),如图 4-35 所示。当铣头位置调整满意后,就不要轻易去改变了。

3. 立铣平面主要加工步骤和要点

使用面铣刀在立式铣床上铣平面与卧式铣床上铣平面时的加工步骤是一致的,下面仅介绍不同之处。

(1)选择和安装铣刀　面铣刀以铣刀外径为标注主参数,其规格系列有:40mm,50mm,

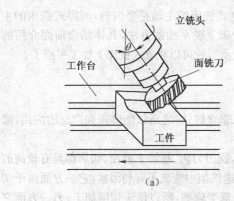

立铣头

工作台

面铣刀

工件

θ

（a）

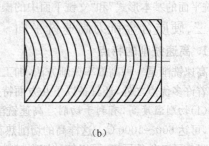

（b）

图 4-34 立铣头中心线倾斜角太大造成的弊病

(a)切削情况 (b) 在工件表面切出的刀纹

63mm,80mm,100mm,125mm,160mm。

面铣刀的外径,以等于工件宽度的 1.2～1.5 倍为合适。在立式铣床上安装面铣刀时,利用前面介绍的方法,通过拉紧螺杆将其固定在主轴锥孔内。

(2)选择和确定铣削用量 铣削用量的选择原则也与卧铣中使用圆柱铣刀时基本相同。

面铣刀精铣时,为了降低表面粗糙度,在确定面铣刀进给量时,每齿进给量的数值,应

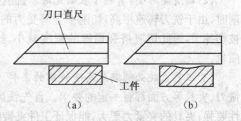

刀口直尺

工件

（a）

（b）

图 4-35 检查被铣削表面平直情况

(a)被切削表面不带凹心 (b)被切削表面带凹心

比用圆柱铣刀铣削时略小。因为在相同的每齿进给量数值下,用圆柱铣刀铣出的切屑较薄,而面铣刀切出的切屑较厚,在要求达到相同的表面粗糙度时,每转进给量的数值,用面铣刀铣削要比用圆柱铣刀铣削小。如图 4-36(a)所示是用圆柱铣刀铣削,所采用的是圆柱面滚切,它的波纹的高低相差小;如图 4-36(b)所示是用面铣刀铣削,它是用刀齿尖处切削,所以波纹高低相差大。为了减小波纹的高度,在不改变铣刀几何形状情况下,必须减少进给量的数值。

圆柱铣刀刀齿

f_z

工件

（a）

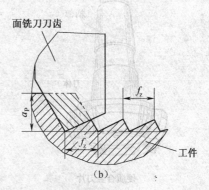

面铣刀刀齿

f_z

a_p

f_z

工件

（b）

图 4-36 圆柱铣刀和面铣刀的进给量放大后情况

(a)圆柱铣刀进给量的影响 (b)面铣刀进给量的影响

（3）调整铣床的切削位置进行铣削 由于立式铣床的主轴是竖向的，而卧式铣床的主轴位置是水平的，实际操作时，可参照在卧式铣床上铣平面的方法，具体结合前面介绍的"立铣平面的基本形式"和"立铣平面中的操作提示"，就可以在立式铣床上加工平面了。

三、硬质合金铣刀高速铣平面

1. 高速铣削的特点

高速铣削是一种高效率铣削方法，加工效果非常好；它之所以能够得到广泛的应用，除了有着许多优点之外，还具备以下几方面特点：

（1）切削温度高，有利于切削 高速铣削中，铣刀刀齿、被加工表面、切屑都具有较高的温度，可达 $600 \sim 1000 ℃$。这样高的切削热在高速铣削中变成了有利因素，它一方面由于切削热降低了工件的硬度，可以使被切削材料的局部变软些，所以便于切削加工；另一方面它还可以为性质脆的硬质合金刀具增加韧性，使其不易崩裂。从这个意义来讲，使用硬质合金刀具进行普通速度的切削是得不偿失的事情。

（2）切屑变形小，有利于表面光洁 铣削的过程，也是金属变形和受力的过程。高速铣削时，由于铣刀转速很高，切削中金属受力的时间短，切屑变形小，甚至有时来不及变形就被切掉了，因此切屑挤裂崩碎的程度减小，这种情况有利于被切削表面光洁和保证加工质量。

（3）工艺系统必须满足高速铣削的条件 为了保证高速铣削能够优质、高效，对铣床、铣刀、夹具等方面都有一定的要求。首先铣床功率要能满足加工需要，铣床的刚性和抗振性要强；夹具的夹紧力要大，能保证工件夹持的牢固可靠。

高速铣削中使用的硬质合金刀具，要根据加工条件、工件材料等因素，正确地选择硬质合金刀片的牌号。

2. 高速铣削使用的硬质合金铣刀和铣削用量

在第二章第三节中曾介绍过硬质合金铣刀的材料、角度和刃磨方法，硬质合金铣刀除了如图 2-64 所示，使用螺钉或楔铁将铣刀杆固定在刀体上的结构形式外，使用更多的还有可转位铣刀，如图 4-37 所示。可转位铣刀使用螺钉、楔块和刀垫将硬质合金刀片固定在刀体上，如图 4-38 所示，使之具有很高的刚性，并且，调换刀片时非常方便。

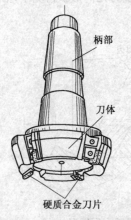

图 4-37 硬质合金可转位铣刀

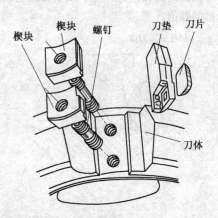

图 4-38 可转位铣刀的组成

硬质合金铣刀高速铣削可以在立式铣床上进行,如图 4-39(a)所示;也可以将其安装在卧式铣床主轴前端进行铣削,如图 4-39(b)所示。

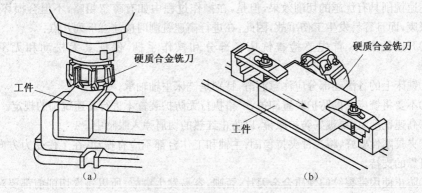

图 4-39 硬质合金铣刀进行高速铣削

(a)在立式铣床上铣削　(b)在卧式铣床上铣削

当被铣削平面的高度尺寸较大,一次进给不能把全部高度铣出来时,为了防止多次走刀在接刀处出现接刀印,可采用如图 4-40 所示的专用铣刀盘进行加工。铣削时,将焊有硬质合金刀片的小刀杆放入铣刀盘的长槽内,用螺钉固紧。铣刀盘是自制的,两小刀杆间的距离要大于被切削面的高度。

使用硬质合金铣刀铣平面时的铣削速度,可按表 4-5 中数值的 4～5 倍进行选择,其铣床主轴转速和每分钟进给量,推荐数值见表 4-6。

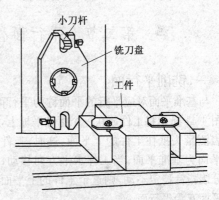

图 4-40 使用特制铣刀铣大平面

表 4-6 硬质合金面铣刀主轴转速和每分钟进给量推荐表

(端铣刀齿数 $Z=8～10$)

铣刀直径/mm	主轴转速/r/min	工件材料							
		中低强度碳钢				普通灰铸铁			
		粗铣	半精铣	精铣		粗铣	半精铣	精铣	
		每分钟进给量 f_u/mm/min				每分钟进给量 f_u/mm/min			
200	235	235～475	118～235	60～118	47.5～60	23.5～47.5	118～235	60～118	47.5～60	23.5～47.5
160	300	300～600	150～300	75～150	60～75	30～60	150～300	75～150	60～75	30～60
125	375	375～750	190～375	95～190	75～95	37.5～75	190～375	95～190	75～95	37.5～75
100	475	475～950	235～475	118～235	95～118	47.5～95	235～475	118～235	95～118	47.5～95
80	600	600～1180	300～600	150～300	118～150	60～118	300～600	150～300	118～150	60～118

3. 高速铣削应注意事项

高速铣削具有优越的切削效果,但是,在操作过程中如有疏忽粗略,不但会损坏铣刀,工件报废,而且容易发生工伤事故,因此,在进行高速铣削时应注意下列几点:

①开始铣削时,首先要检查铣床各部分和操作手柄,保证其无松动和无不灵活现象。

②铣床上的各滑动部分应注意润滑,特别是铣床主轴轴承。

③不要将铣床上的防护装置卸掉,严格执行无防护装置不进行高速铣削的规定。

④高速铣削时,要戴好防护眼镜,以防止红热的切屑弹入眼睛中。

⑤夹具刚性要好,将工件夹持稳固;主轴和工作台都不应有振动,在工件受力方向顶端应有可靠的支持。

⑥防止使用带裂纹的硬质合金刀片,否则,容易发生事故;所以每次切削前都要对铣刀进行检查。

⑦要先使工件离开铣刀后再停止铣刀转动,否则会损坏铣刀。

第二节 平行面和垂直面的铣削方法

一、铣削平行面

与基准平面对应平行的平面称为平行面。如图 4-41 所示将工件放在一个标准平板上,百分表测量头抵住工件的上平面,这时,工件的下平面为基准平面;当工件水平方向移动,若百分表指针稳定不动,则这个工件的上平面和下平面互为平行面。

铣平面过程中,要注意掌握好操作要点,使铣出的上下对应平面能达到图样要求的平行度等级。

图 4-41 平行面的确定

1. 卧式铣床上铣平行面

铣削平行面的一个操作要点,是要先铣出或确定出基准平面,然后以基准平面为依据,去铣削相对应的平行面。

卧式铣床主轴前端安装铣刀铣平行面时,应使用百分表先将被铣削表面的相对应基准面 A 找正,如图 4-42 所示,找正时将百分表磁性表座吸附在铣床垂直导轨上,纵向移动工作台进给,当 A 面与工作台纵向进给方向平行后进行铣削,铣出的平面与基准平面 A 是平行的。

如图 4-23 所示,机用虎钳的导轨面与铣床工作台面及机用虎钳的底面都是互相平行的,都可以作为基准平面。放在机用虎钳上,装夹工件用的平行垫铁的上下面也是互相平行的。当工件的底面为基准平面,装夹工件时,用手锤轻轻敲击工件后,平行垫铁不松动,工件的下平面即与平行垫铁贴紧了,这时铣出工件的上平面和下平面是平行的。

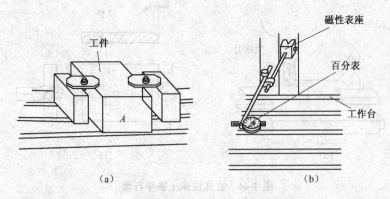

图 4-42　铣平行面前需先找正 A 面
(a)工件上的 A 面　(b)找正 A 面的方法

批量加工时,可使用平行挡铁进行定位的方法,如图 4-43 所示,将标准平行挡铁固定在铣床工作台上,并使其内侧面与工作台纵向进行方向平行。安装工件时,使工件的基准平面与标准定位挡铁的内侧面接触好,然后将工件固定,即可进行铣削。

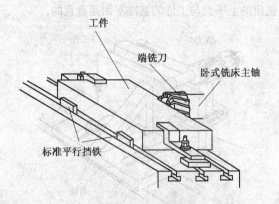

图 4-43　利用平行挡铁定位铣平行面

2. 立式铣床上铣平行面

立式铣床上铣平行面时使用立铣刀,其情况如图 4-44 所示。铣削时,工作台纵向进给,当铣完一个侧平面后,再铣削与其相对应的平面。

铣削时,要注意立铣头主轴轴线与工作台相垂直,否则,将会出现如图 4-44(b)所示的不良后果,这时,工件侧面的斜度 α 等于铣头的倾斜度。

二、铣削垂直面

垂直面是被铣削表面相对于基准平面而说的,所以,铣垂直面的操作要点同样是要以工件上的一个基准平面为依据,以保证被铣削平面与相邻基准平面相交成 90°。铣削过程中,要把握好方法,保证工件达到垂直度等级。

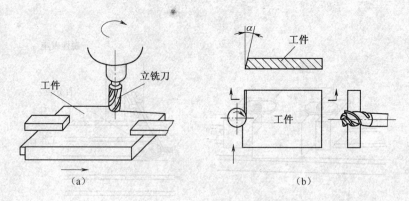

图 4-44　立式铣床上铣平行面

(a)铣削情况　(b)铣头不垂直造成的不良后果

1. 垂直面基本铣削方法

　　有些夹具本身的制造精度是很高的,工件安装夹紧后,利用夹具自身的定位基准面就可以保证工件加工后的垂直度。如图 4-45 所示工件装夹在角铁上,角铁上的立面是定位基准面,它与工作台面垂直,当工件上基准平面与角铁上的定位基准面贴合,并通过弓形夹将两者固紧在一起后,铣出的上平面与工件的基准平面是垂直的。

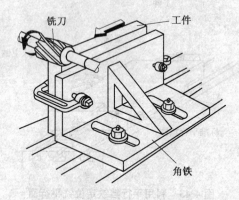

图 4-45　角铁上安装工件铣垂直面

　　机用虎钳的固定钳口面是个定位基准面,它和铣床工作台是垂直的,这样铣出的上平面也就和固定钳口面垂直。但铣削时要注意调整好立铣头的切削位置,防止立铣头的主轴轴线向任意方向倾斜。

　　使用机用虎钳装夹工件时,要注意使工件上的基准平面与机用虎钳的固定钳口面贴合好,要防止如图 4-46 所示的情况出现。为此,可采用如图 4-47 所示的方法,将一个两端直径相等的圆棒或将一个两端尺寸相同的撑板放在机用虎钳的活动钳口处,这样,当移动活动钳口将工件夹紧时,活动钳口与工件的面接触,就变成圆棒或撑板与工件的线接触,可使工件上的基准平面能与固定钳口面贴紧贴好。这种情况下铣出的平面与工件上的基准平面是垂直的。

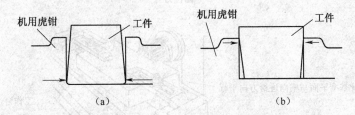

图 4-46 工件在机用虎钳内没有安装好

(a)上部有缝隙 (b)下部有缝隙

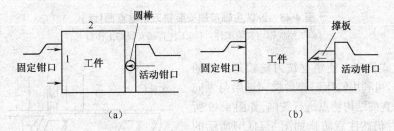

图 4-47 通过圆棒或撑板夹持工件

(a)使用圆棒辅助装夹 (b)使用撑板辅助装夹

卧式铣床主轴前端安装铣刀铣垂直面时,要先对工件安装位置进行找正,使工件上的基准平面与工作台横向进给方向呈平行,如图 4-48 所示。无论在机用虎钳内装夹工件,还是直接将工件安装在工作台上,只要保证这一点,铣出的平面与工件上的基准平面都是垂直的。

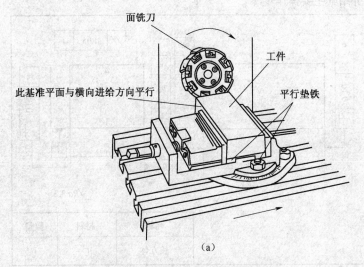

(a)

图 4-48 卧铣主轴前端安装铣刀铣垂直面

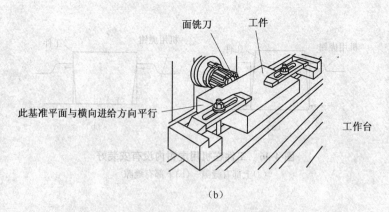

图 4-48 卧铣主轴前端安装铣刀铣垂直面(续)

(a)机用虎钳内安装工件 (b)工件直接安装在工作台上

在立式铣床上使用立铣刀铣较薄工件的垂直面时,可利用铣床工作台横向进给与纵向进给相垂直的结构特点进行铣削,如图 4-49 所示;但这时仍然注意防止如图 4-44(b)所示的后果出现。

2. 垂直面铣削示例

如图 4-50 所示为长方体垂直面工件,图中标注出尺寸要求、垂直度、平行度和表面粗糙度要求等。铣削前,要仔细了解图样中的各项技术要求。下面重点针对保证该工件垂直度方面的要求,介绍其主要操作步骤。

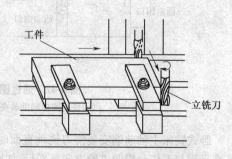

图 4-49 使用立铣刀铣垂直面

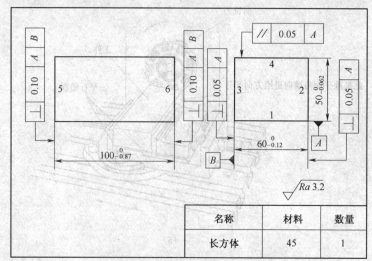

图 4-50 长方体垂直面工件铣削示例图

（1）做好必要的工艺准备工作　根据工件情况,拟使用圆柱铣刀在卧式铣床上进行加工。由于工件尺寸较小,所以使用机用虎钳装夹工件。

铣刀选择好并安装在长铣刀杆上后,应对圆柱铣刀刀齿的直线度,以及圆柱铣刀的刀齿相对长铣刀杆旋转中心线的平行度进行检查。检查圆柱铣刀刀齿直线度的目的,是为了防止在铣刀刀齿全长上有凸状或凹状方面的缺陷。其最简单检查方法是将圆柱铣刀放在一个标准平板上进行滚动,如图 4-51(a)所示,在滚动过程中目测各刀齿与标准平板接触的是否均匀一致。若某刀齿与标准平板间有缝隙,就使用适当厚度的塞尺[图 4-51(b)],塞入缝隙内进行测量,塞尺的厚度值就是圆柱铣刀的直线度误差,此时的误差值不应超过0.03mm。这是一种最方便的检查方法,需要仔细认真地进行。

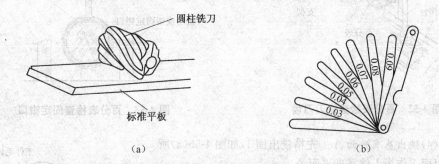

圆柱铣刀

标准平板

（a）　　　　　　　　　　（b）

图 4-51　检查圆柱铣刀直线度
(a)检查情况　(b)塞尺

检查圆柱铣刀刀齿相对长铣刀杆旋转中心线平行度的目的,是为了防止在铣刀刀齿全长上的刀齿倾斜或刀齿成锥形,其检查方法如图 4-52 所示,将百分表座放在铣床工作台上,百分表测量头抵住圆柱铣刀刀齿,使圆柱铣刀逆刀齿方向转动,分别在圆柱铣刀的两端 A,B 和中间处进行检查,每检查完一处,通过横向工作台移动,带动百分表和表座移动,从而使百分表测量头更换与刀齿的接触点的位置。该项检查的误差值不应超过 0.03mm。

如图 4-50 所示的工件确定在机用虎钳上装夹,机用虎钳的固定钳口面就是安装工件时的定位基准面;所以,机用虎钳在铣床工作台上安装好后,应对固定钳口面相对铣床工作台面的垂直度进行检查。机用虎钳的固定钳口面是垂直铣床工作台面的,但长期使用,要防止其丧失精度。检查时将百分表磁性表架吸附在铣床悬梁上,如图 4-53 所示,百分表测量头抵住固定钳口面,然后上下移动工作台,从百分表指针摆动范围可看出固定钳口的垂直度误差,该误差值不应超过 0.02mm。

（2）检查毛坯并确定工件的基准平面　根据工件图样检查毛坯的尺寸和形状,了解毛坯加工余量的大小。然后,选择和确定铣削时以工件上那个面为基准平面。

这个基准平面应先进行加工,并用其作为加工其余各面时的基准面。加工过程中,这个基准平面应靠向机用虎钳的固定钳口,以保证其余各加工面对这个基准面的垂直度、平行度要求。在本加工例中选择基准面 A 作为基准平面。

（3）安装工件毛坯和粗铣各面　本示例的工件毛坯为圆钢,将其装夹在机用虎钳上,如图 4-54 所示,接着粗铣出各表面。粗铣时留出精铣余量。

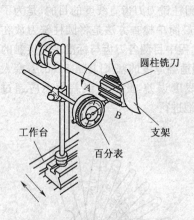

图 4-52　百分表检查铣刀刀齿

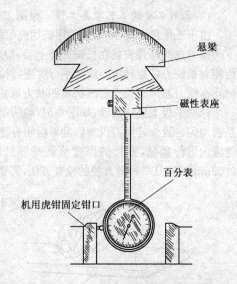

图 4-53　百分表检查固定钳口

　　(4)铣出基准平面 A　先精铣出面 1，如图 4-55(a)所示，以面 1 作为工件基准平面 A。

　　(5)精铣面 2　以面 1 为基准平面贴紧固定钳口，装夹情况如图 4-55(b)所示。

　　(6)精铣面 3　仍以面 1 为基准装夹工件，如图 4-55(c)所示。这时应主要使已铣出的面 2 与平行垫铁接触好，工件夹紧后，平行垫铁不能活动。必要时，使用手锤轻轻向下敲击工件，使面 2 与平行垫铁贴紧。

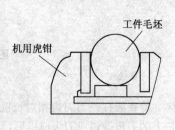

图 4-54　安装工件毛坯

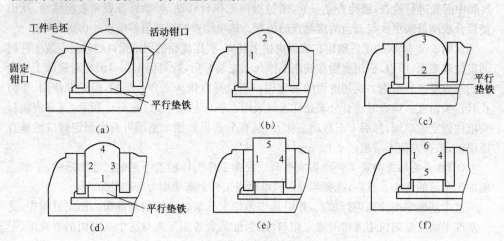

图 4-55　铣垂直面操作技能训练

(a)铣面 1　(b)铣面 2　(c)铣面 3　(d)铣面 4　(e)铣面 5　(f)铣面 6

铣面 3 时,应注意控制尺寸,面 3 至面 2 间尺寸为$60_{-0.12}^{0}$mm。

(7)精铣面 4　使面 1 贴好平行垫铁,面 2 贴紧固定钳口装夹工件,如图 4-55(d)所示。

铣面 4 时,应控制工件尺寸,面 4 至面 1 间尺寸为$50_{-0.062}^{0}$mm。

(8)精铣面 5　仍以面 1 为基准平面装夹工件,如图 4-55(e)所示,并使用 90°角尺进行校正,如图 4-56 所示,使已铣出的面 2 与钳体导轨面垂直,然后将工件夹紧。

(9)精铣面 6　仍以面 1 为基准平面贴紧固定钳口,如图 4-55(f)所示,并使 5 贴好平行垫铁,夹紧后进行铣削。

铣面 6 时,主要控制面 6 与面 5 间的尺寸,其长度为$100_{-0.87}^{0}$mm。

铣削时要注意做好去毛刺工作,防止毛刺划伤已加工表面。每次装夹工件过程中,都要认真地将固定钳口和工件被夹持表面擦干净,防止有切屑、污物等垫物而影响铣削质量,如图 4-57 所示。

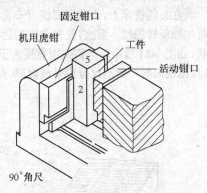

图 4-56　校正已铣出表面与钳体导轨面垂直

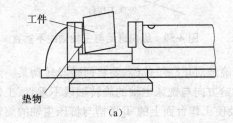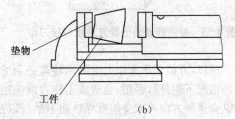

　　　　　(a)　　　　　　　　　　　　　　　(b)

图 4-57　防止钳口或工件表面有垫物
(a)垫物在下方　(b)垫物在上方

第三节　平面铣削常出现的问题和质量分析

铣削加工精度是指工件被加工后,在尺寸公差(尺寸精度)方面、形状公差方面(形状精度)方面和位置公差(位置精度)方面的实际几何参数,与理想几何参数的符合程度。实际几何参数与理想几何参数(理想几何参数可以理解为绝对准确和最佳的几何参数)的偏离程度称为加工误差。加工误差越小,铣削加工精度就越高。所以,加工精度与加工误差是一个问题的两个提法。

铣削加工中,被加工表面的加工精度取决于工艺系统中工件与铣床、铣刀、夹具的相互位置和运动关系。工件通过夹具装夹在铣床上,由铣床提供运动和动力实现切削加工。在完成任何一个工件的加工过程中,由于工艺系统中存在的各种误差,如铣床、夹具、铣刀的制造误差及磨损误差、工件的装夹误差、工艺系统的调整误差、加工中的测量误差以及各种力和热所引起的误差等,使工件与铣刀之间的关系受到破坏而产生加工误差,甚至在铣削过程中,出现一些问题或影响。关于这方面的不正常情况很多,下面列出几种现象加以说明和分析。

一、被铣削表面呈波浪状和明显的接刀印痕

这类弊病如图 4-58 所示。

在万能铣床上，当采用面铣刀安装在铣床主轴的前端，端铣平面时，如果纵向进给方向与主轴旋转轴线不垂直，铣刀刀尖的运动轨迹如图 4-59 所示，这时，铣出的平面呈内凹心形状，如图 4-34 所示。当铣削面宽度大于铣刀直径，需要分两次或多次才能将整个平面铣出时，则铣出的平面不仅分段呈波浪形，并且会在连接处有明显的接刀印。

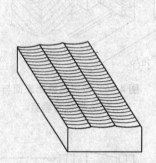

图 4-58　被铣削表面出现波浪状和接刀印

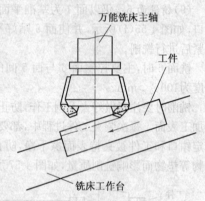

图 4-59　纵向进给与主轴轴线不垂直

所以，万能铣床床鞍上面的回转盘必须准确地对正"零"位（需要将回转盘转动某一角度的情况下例外），否则，会造成工作台纵向进给方向与铣床主轴的旋转轴线不垂直、工作台纵向进给方向与床身前壁导轨面不平行以及使工作台面上的 T 形槽与铣床主轴的旋转轴线不垂直等不良现象。

调整这项误差时，松开万能铣床床鞍回转盘处的固定螺母，校准"零"位后，重新将螺母固定好。校准"零"位时采用下面的方法：

将磁性百分表吸附在工作台上，使百分表测头与床身垂直导轨面接触，如图 4-60 所示，纵向移动工作台，观察表针变化情况。这项校准，在 100mm 的长度范围内，允差一般不超过 0.03mm。

校准万能铣床回转工作台的"零"位误差，也可以使用杠杆千分表，将磁性表座吸附在垂直导轨面上，以表测头直接抵住工作台 T

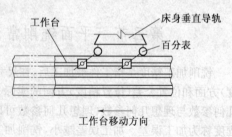

图 4-60　校准万能铣床回转台"零"位误差

形槽的内侧面，纵向移动工作台，从表针的变化情况可观察出误差情况。在工作台纵向移动全长范围内，允差为 0.025mm。

二、被铣削表面直线度误差大

铣削中，影响已加工表面直线度因素来自多方面，如铣刀刀齿旋转母线方面的误差、被加工表面出现深啃槽等，其情况如下：

1. 铣刀刀齿的旋转母线跳动误差大

铣平面中,铣刀刀齿旋转母线的一致,是保证被加工表面直线度的重要因素。

在使用圆柱铣刀或面铣刀铣削时,铣刀刀齿的跳动(即不均匀旋转),会影响加工面的质量,所以,必须把铣刀的跳动量控制在一定范围内。圆柱铣刀的径向跳动量不得超过 0.03mm;用面铣刀端面刀齿切削时,端面跳动量不得超过 0.02mm。铣刀跳动量可以用百分表进行检验,如图 4-26 所示。检验面铣刀时,使百分表测量头抵住端面刀齿,检验方法相同。

铣刀旋转中出现跳动,主要原因及处理方法如下:

(1)铣刀杆弯曲变形 出现这种情况后,应该对铣刀杆进行检查和调直。

(2)铣刀杆右端小颈与支架孔的配合间隙太大和配合太松 出现这种情况后,应该调整两者配合间隙,使两者配合间隙松紧适宜。

(3)铣床主轴跳动量大 出现这种情况后,应该调整主轴和轴承间的配合间隙。

(4)铣刀本身存在误差 这是由于铣刀刃磨质量方面原因引起的。有条件的情况下,铣刀刃磨后在使用前应该进行检验。

若发现铣刀刀齿高低不一致,即铣刀旋转跳动误差太大时,应对铣刀重新进行刃磨。

2. 被切削表面出现深啃槽

深啃槽曾在图 4-9 中介绍过。铣削中出现深啃槽,很明显影响了被切削表面的直线度,它的主要产生原因及一些处理方法如下:

①铣削中途,工作台突然停止进给,接着又开始进给;突然停止进给,工件表面会留下深啃槽。所以,要避免铣削中途停止进给。

②采用顺铣时,工作台突然向前窜动,这时会在切削表面留下深啃槽。

③铣削完毕后,要降低工作台,以免手摇动工作台退刀时,在工件表面出现多个不均匀的深啃槽。

④大走刀强力切削或精铣时,使用切削液要充分而均匀,铣削中途不要突然中断或停止,否则会使被切削表面冷热不均匀,造成收缩不一致,而在切削表面形成深啃槽。

三、铣平面中的工件折角崩裂现象

铣削铸铁工件和生铝等脆性金属,有时在工件角棱处形成碎裂缺口,甚至一部分边缘断续崩裂,这种现象的主要产生原因及一些处理方法如下:

①用钝铣刀铣削,铣削力和振动增大,当铣到工件边缘时易使工件折角。若用光洁的和锐利的铣刀铣削,将有助于防止这种情况发生。

②进给量和背吃刀量选得太大。

③铣刀的楔角太大,前角与后角太小。

④铣削方法不正确。工件折角多是在铣削到边缘时发生。铣削中,当将要铣到尽头时,将机动进给改为手动缓慢进给,则有助于防止"折角"崩裂现象发生。

⑤采用逆铣法容易出现"折角"崩裂现象,若改用顺铣,情况将得到改善。

四、铣削时产生振动

出现这类现象一般是由于以下几方面原因:

1. 应拧紧的活动部分没拧紧

如固定横梁的螺母、固定支架轴承的螺母、铣刀杆后端的拉杆,以及紧固铣刀杆上的螺母等没拧紧。铣削前应进行认真检查。

2. 活动部分的间隙太大

如升降台或工作台导轨处的间隙太大,主轴轴承严重磨损,导致主轴松动等。

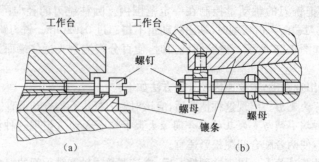

图 4-61　铣床导轨间隙调整装置
(a)横向和垂直导轨调整装置　(b)纵向导轨调整装置

　　铣床纵向、横向和垂直三个进给方向的工作台导轨都应保持适当的间隙。若间隙过大,会造成切削不稳定,甚至振动;间隙过小,工作台移动困难,同时也加重了摩擦和磨损。如图 4-61(a)所示是工作台横向和垂直方向移动时的导轨间隙调整装置。调整时,拧动螺钉,带动镶条移动,使导轨间隙变大或减小;如图 4-61(b)所示是工作台纵向移动时的导轨间隙调整装置。调整时,先松开两个螺母,再转动螺钉,使间隙增大或减少;调整合适后,再拧紧两个螺母,以防止产生松动。横向和纵向导轨调整后的间隙以不大于 0.03mm 为宜,垂直导轨调整后的间隙以不大于 0.05mm 为宜。调整导轨间隙时使用塞尺进行检查。

3. 铣床主轴轴承间隙大

　　铣床主轴轴承间隙如果偏大,会使主轴轴向窜动和径向圆跳动增大,从而引起铣削时产生振动,甚至造成加工尺寸控制不准确等弊病,这时就应进行调整。

　　如图 4-62 所示是 X6132 型万能铣床主轴结构,其调整方法和步骤如下:

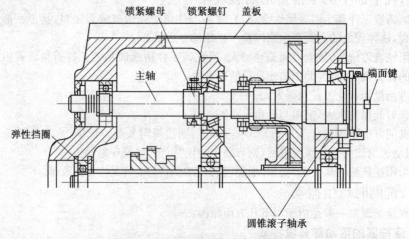

图 4-62　X6132 型万能铣床主轴结构

①拧悬梁一侧的调整螺钉如图 4-63 所示,将悬梁移至铣床床身后部;

②取下悬梁下方的盖板;

③松开锁紧螺钉,用专用勾头扳手勾住锁紧螺母,如图 4-64 所示,再用钢棍扳动主轴端面键,转动主轴从而调整两圆锥滚子轴承的内圈、滚子和外圈之间的间隙;

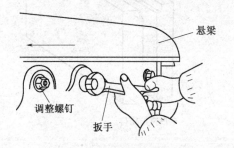

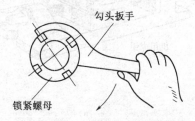

图 4-63 将悬梁移至铣床后部　　　　图 4-64 勾头扳手勾住锁紧螺母

④轴承间隙调整好后,拧紧锁紧螺钉,盖好盖板,然后使悬梁复位。

检查铣床主轴轴向窜动量时采用如图 4-65 所示方法,将千分表测量头接触主轴端面,转动主轴,千分表读数应在 0～0.015mm 范围内变动;再使机床主轴在 1500r/min 的转速下运转 1 h,轴承的温度应不超过 60℃,则说明轴承间隙合适。

4. 夹具的刚性太差,夹紧力量薄弱

例如,在铣削薄板工件的上平面,当使用机用虎钳夹持时,若采用如图 4-66 所示的方法,则容易产生振动;如果将机用虎钳上的钳口换成如图 4-67 所示的阶梯式特形钳口,将有效防止振动。

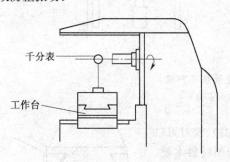

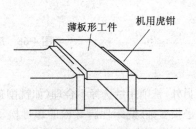

图 4-65 检测铣床主轴轴向窜动量　　　　图 4-66 工件装夹方法不合理

5. 工件装夹或加工方法选择得不正确

如图 4-68 所示是在卧式铣床上铣角铁工件时的两种装夹方法,采用如图 4-68(a)所示的方法,会引起切削不稳定;采用如图 4-68(b)所示的端铣方法,工件夹持牢靠,刚性好,切削中不易产生振动。

6. 卧式铣床铣削时,支架轴承孔与长铣刀杆小端小颈配合松动

这造成铣刀在切削过程中产生跳动和振动。这时,应将长铣刀杆小颈与支架轴承孔之间的配合间隙调整适宜,如图 4-69 所示。

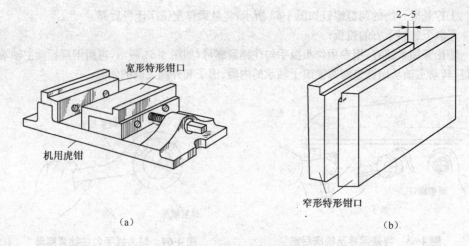

宽形特形钳口

机用虎钳

窄形特形钳口

2～5

（a）　　　　　　　　　　　　　　　（b）

图 4-67　阶梯形特形钳口

（a)虎钳装上宽形特形钳口　（b)窄形特形钳口

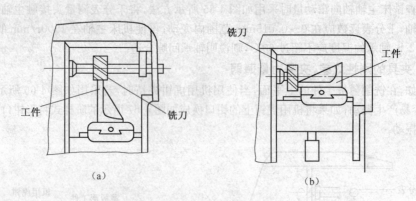

工件　　　　　　　　铣刀

铣刀　　　　　　　　工件

（a）　　　　　　　　　　　　　　（b）

图 4-68　应选择正确加工方法

（a)不正确　（b)正确

另外,铣削用量选择不合理(如铣削速度太高)、铣刀刃口严重磨损变钝、铣床地脚螺栓的螺母松动、被切削材料太硬、铣刀离铣床床头太远或安装后没做好校正工作,致使铣刀旋转时的跳摆太大,以及工件夹持的不牢固、不可靠或安装工件方法选择的不正确,如装夹长工件下部的支承不稳妥等,都会造成铣削时产生振动,实际操作中结合具体情况找出原因。

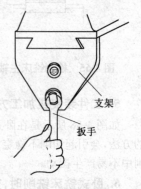

支架

扳手

图 4-69　调整支架
轴承孔间隙大小

五、工件被铣削面的表面粗糙度过大

出现这种弊病的原因是多方面的,前面介绍的被铣削表面出现深啃槽、呈波浪形或接刀印以及铣削过程中产生振动等,都会严重影响工件的表面粗糙度,此外,还应考虑以下几个方面。

1. 精铣时,铣刀刀齿上出现积屑瘤的影响

切削塑性材料时,切屑从铣刀刀齿的前刀面流出,这时切屑底层受前刀面摩擦力的作用减低了流动速度,这层流速较慢的金属形成一个滞流层,如图 4-70(a)所示。在高温高压的作用下,当摩擦力大于滞流层与切屑分子之间的结合力时,滞流层中的一小块金属就粘结在前刀面上,称它为积屑瘤,如图 4-70(b)所示。

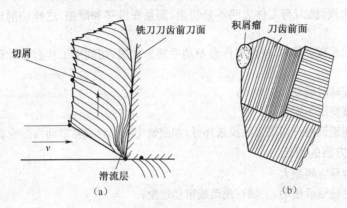

图 4-70 铣削过程中的滞流层和积屑瘤
(a)滞流层的出现 (b)刀齿上出现积屑瘤

积屑瘤对铣削时的粗铣加工是有利的,因为积屑瘤的硬度很高,约为原工件硬度的 1.5~2.5 倍,可以代替铣刀刀齿进行切削;同时积屑瘤的存在会增加刀齿前角,使得刀齿切削容易。由于积屑瘤极不稳定,时有时无,时大时小,当它积到一定高度时,就会被切屑和工件带走,并继续形成新的积屑瘤。在精铣时,随着积屑瘤的高度改变,工件的实际切削深度也发生变化,致使工件上的已加工表面高低不平,并黏附着被带走的积屑瘤,造成工件表面粗糙度值提高,加工表面不光洁。所以,精加工时不允许积屑瘤存在。

积屑瘤的产生与铣削速度有很大关系。例如切削中碳钢,当铣削速度低于 2m/min 时,一般是不会产生积屑瘤的,因为这时切屑与前刀面之间的摩擦力小于切屑分子之间的结合力。铣削速度在 15~30m/min 时,所产生的积屑瘤最大,因为这时的切削温度约为 300℃,摩擦系数最大。当铣削速度大于 60~100m/min 时,由于切削温度较高,滞流层金属呈微熔状态,这时摩擦力小于切屑分子之间结合力,所以不产生积屑瘤。因此,采用较高或较低的铣削速度,都可以减少积屑瘤的产生。

此外,增大刀齿前角、减小进给量,铣削过程中及时使用油石背光刀齿,降低刀齿前刀面的表面粗糙度,使切屑与刀齿前刀面减少摩擦以及合理的使用切削液,都可以减少积屑瘤的出现。

2. 铣刀本身的原因

①铣刀已经变钝或刀齿上有缺口或其他损坏现象。

②铣刀刃磨后,没用油石仔细认真地研磨铣刀齿或研磨得不光洁或各刀齿研磨的粗精不一致。

铣刀齿在工具磨床上刃磨后,用放大镜观察刃口可以发现不同程度的锯齿状,所以铣刀刃磨后再用油石仔细研磨,对降低被加工表面的粗糙度是十分有益的。

3. 铣削用量方面的原因

铣削用量选择不当,如进给量太大或进给不均匀。

4. 加工方面的原因

①铣削中有工件颤动现象或者在铣削时有"拖刀"现象;

②吃刀太浅,铣刀与工件之间不是切削,而是在滑移和摩擦,这样切削出的表面不会光洁;

③纵向或垂直进给时,横向工作台制动手柄未拧紧,切削中工作台移动位置和产生不稳定;

④铣刀旋转时跳动摆差太大;

⑤切削液使用不得当;

⑥顺铣和逆铣两种切削方法没选择好,如顺铣中工作台突然窜动而影响表面质量。

5. 铣床方面的原因

①工作台导轨间隙大;

②铣床主轴轴承松动,主轴有跳动或窜动现象;

③铣刀杆右端小颈与铣床支架孔的配合间隙太大,切削中,铣刀杆出现不稳定甚至跳动现象。

6. 工件材料的影响

铣削有色金属时,由于材质较软,韧性较大,因此,被切削表面不易光洁。这时,增加刀齿的前角和减小后角(硬质合金刀具),有利于获得光洁的表面。

在国家职业技能标准中,对铣工铣削平面和连接面提出尺寸公差、表面粗糙度等方面要求,实际加工中,只要认真进行质量分析,掌握以上有关技术要点,努力实践,解决操作中出现的弊病,是能够达到国家职业技能标准中提出的技能要求的。

六、铣刀迅速变钝

铣平面过程中,有时会出现新铣刀迅速变钝的现象,一般是受以下几方面因素的影响而造成的。

①铣削用量选择得不正确,例如,铣削速度太高等。铣削时,如果将铣削速度降低20%,铣刀耐用度大约增加二倍;每齿进给量降低20%,铣刀耐用度约增加50%;背吃刀量减少50%,铣刀耐用度约提高一倍。但背吃刀量若降得太小,铣刀铣削时就会在工件表面打滑,切不下金属,铣刀磨损变钝反而加快,也降低了铣削效率。

②加工前没除掉工件表面的焊渣等杂质。

③铸铁工件表面上有一硬质层,加工第一刀时的背吃刀量如果小于硬质层厚度,铣刀变钝就快。因此,开始加工时的背吃刀量要大于硬质层的厚度。

④白口铁对铣刀的磨损是很严重的,所以,对白口铁材料的工件在加工前要先作退火处理,降低其硬度后再进行铣削。

⑤铣刀在切削过程中如果碎裂损坏,换上新铣刀后,应把碎裂铣刀扎入工件中的碎刀齿粒清理干净,否则当换上新铣刀后,留在工件里的这些碎刀齿粒会促使新铣刀过快变钝。

⑥没有充分使用切削液或使用方法不正确。

⑦铣刀刃磨后的角度与几何形状不正确,例如,前角太大,后角太小等。

⑧铣刀刃磨的表面粗糙度值较大时,切削过程中切屑排除不畅,摩擦加剧,铣刀磨损就加快。因此,铣刀刃磨后应该用油石认真进行研磨。

第四节 平面和矩形工件的检验

一、平面的检验

铣削工作完成后,要按照图样中的要求进行检验测量,其检测内容除了尺寸公差、表面粗糙度外,还包括几何公差方面的技术要求。

1. 直线度误差的检验

图样中对被加工平面,在两个相交平面的棱边处或指定的直线段有直线度要求时,其误差值通常用刀口形直尺和百分表进行检验。

用刀口形直尺检验时,如图 4-71 所示,将直尺与被测处接触,并轻微摆动直尺,用眼睛观察两者接触后的透光情况,如图 4-72 所示。若透光均匀,则平直性好;如果出现如图 4-73 所示的情况,则透光不均匀。若透的光强,其直线度误差 δ 可用塞入塞尺的方法确定。

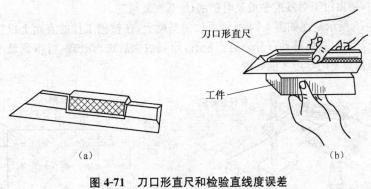

（a） （b）

图 4-71 刀口形直尺和检验直线度误差

(a)刀口形直尺 (b)检验平面的直线度误差

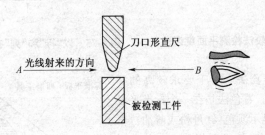

图 4-72 目测刀口直尺与工件表面的透光情况

2. 平面度误差的检验

(1)调平比较检验法 如图 4-74 所示,将被检验工件用三个小千斤顶支承在基准平板

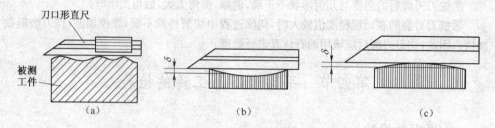

图 4-73 被检工件表面出现直线度误差

(a)多处有凸凹现象 (b)表面有凹处 (c)表面有凸处

上。这个基准平板是测量时作为依据的理想平面。接着使百分表触头抵住被测表面,在基准平板上平稳移动杠杆百分表,进行调平和比较。

调平比较时,先使被测工件表面的两根对角线平行于基准平板,就是使图 4-74 中 A 点和 C 点与基准平板等高,然后检测 B 点和 D 点,比较是否也和基准平板等高。根据杠杆百分表上的最大与最小读数之差检测工件的平面度误差。

这种检验方法要求基准平板的精度要高(平板精度是指平面度误差),当精度误差超过规定标准时,要由钳工对基准平板及时铲刮,使其恢复精度。

如图 4-75 所示是在如图 4-74 所示方法的基础上,在被测工件的表面上以"行"和"列"布出 16 个检测点,然后移动百分表逐点检查,得到数据后进行处理,可得到最小的平面度误差值。这需要专门学习才能处理。

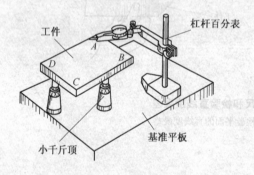

图 4-74 调平比较法检测平面度误差

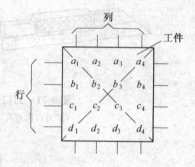

图 4-75 以"行"和"列"布点法检验平面度误差

(2)对研着色检验法 对于要求较高的平面,则用着色法检验。着色法是在一个标准平板上涂上一层极薄的显示颜色(红丹粉或蓝油),再使工件上被检测平面和标准平板扣在一起来回拖动,如图 4-76 所示,轻轻摩擦,进行对研,然后取下工件,检查经对研摩擦的着色分布情况。若摩擦痕迹均匀而细密,则工件平面的平面度精度好。

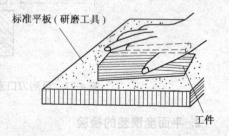

图 4-76 研磨法检测平面度误差

3. 平行度误差的检验

铣平行面时要根据要求检验平面与定位基准面的平行度误差。对于要求不高的工件,可使用千分尺在工件的四角和中部布点分段地进行测量,测出厚度尺寸的差值就是平行度误差;若各点的差值都在图样中所要求范围内,说明被检测工件合格。

对于平行度精度要求较高的工件,可使用百分表进行测量。如图 4-77 所示,将工件和百分表都放在平台或标准平板上,使百分表的测量头抵住测量面,然后上下左右均匀地移动工件,其百分表读数差值就是被测表面的平行度误差值。

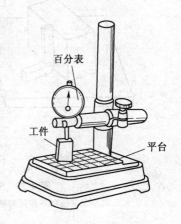

图 4-77 百分表法检验
工件平行度误差

二、矩形工件垂直度误差的检验

检验矩形工件垂直度误差时采用透光法。如图 4-78 所示,90°角尺底座的一边与工件被检测面的基准面密合,观察 90°角尺另一边与被检测面的另一边是否贴合。如果接触严密不透光,说明垂直度无误差;否则,有一定的误差。

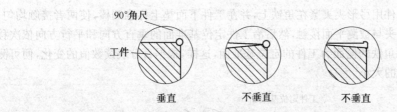

图 4-78 90°角尺检验工件垂直度误差

检验尺寸较大工件时,可将工件和 90°角尺都放在标准平板上,如图 4-79(a)所示,观察 90°角尺与工件被测量表面间的接触情况,其间隙大小使用塞尺进行测量,如图 4-79(b)所示。

如图 4-80 所示是使用 90°圆柱角尺测量垂直度的情况。将被测工件和 90°圆柱角尺都放在标准平板上,并使两者接触,根据透光和光缝的大小来判断垂直度误差,其间隙可使用塞尺进行测量。检验时,90°圆柱角尺的高度要大于被检测表面的高度。

如图 4-81 所示,检验精度较高的垂直度误差时,可将角铁放在标准平板上(标准平板在

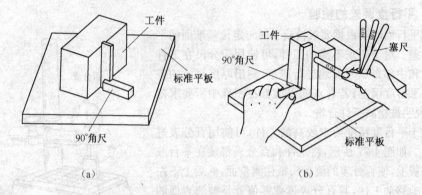

图 4-79　90°角尺检验大尺寸工件垂直度误差
(a) 90°角尺与被测表面接触　(b) 使用塞尺检测其间隙大小

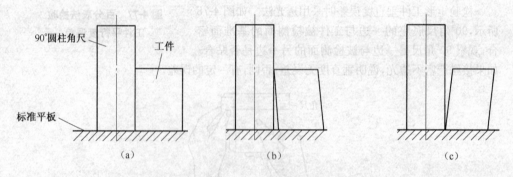

图 4-80　90°圆柱角尺检验工件垂直度误差
(a) 垂直度符合要求　(b) 工件下部有间隙　(c) 工件上部有间隙

图中未画出），工件用弓形夹夹紧在角铁上，并在工件下面垫上标准圆棒，使两者接触均匀，把百分表的测量头与被测平面接触，然后沿工件定位基准面的垂直方向和平行方向依次移动百分表。因为角铁的侧面为工件的定位基准面，这样，根据百分表读数值的变化，便可测出垂直度误差值的大小。

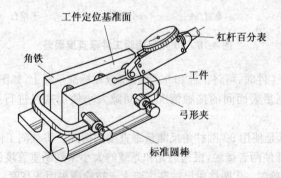

图 4-81　精度较高垂直度误差检验方法

工件呈 90°角尺一类的表面时,它的垂直度误差可采用如图 4-82 所示的方法进行检验。工件通过弓形夹夹紧在一个标准方箱的侧面上,百分表测量头抵住被测表面并缓慢移动,根据百分表指针的变化情况可得出垂直度误差值。

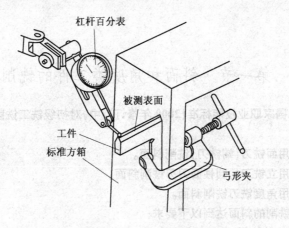

图 4-82 检验直角尺一类表面的垂直度误差

思 考 题

1. 周铣平面和端铣平面有哪些相同点和不同点?
2. 顺铣和逆铣有什么优缺点? 其选择原则是什么?
3. 立式铣床上铣平面时怎样选择顺铣和逆铣?
4. 安装工件时为什么要选择定位基准? 应注意哪几点?
5. 安装工件过程中,对工件进行找正时常用哪几种方法?
6. 立式铣床上铣平面时为什么会出现凹心现象?
7. 什么是高速铣削? 高速铣削时为什么要使用硬质合金铣刀?
8. 怎样铣平行面?
9. 怎样保证两相邻表面的垂直度?
10. 被铣削表面为什么会出现波浪状和接刀印痕?
11. 被铣削表面直线度误差大,一般有哪几个影响因素?
12. 铣削过程中工件为什么会产生振动?
13. 被加工表面粗糙度值过大,一般是由于哪几方面原因造成的?
14. 什么叫积屑瘤? 它对铣削有什么影响?
15. 检验工件平面度误差一般有哪几种方法?
16. 检验工件垂直度误差一般有哪几种方法?

第五章　斜面和台阶类工件的铣削技术

第一节　斜面和角度类工件的铣削

在《铣工国家职业技能标准(2009 年修订)》中,对初级铣工铣削斜面提出以下技能要求:

1. 能使用面铣刀(端铣刀)铣削斜面。

2. 能使用立铣刀的圆柱面刀刃铣削斜面。

3. 能使用角度铣刀铣削斜面。

4. 能使铣削的斜面达到以下要求:

(1)尺寸公差等级:IT12;

(2)倾斜度公差:$\pm 15'/100$。

和相邻基准面既不平行又不垂直的平面称作斜面。斜面工件上的一个表面虽然与另一个相邻基准面交成某种角度,但它的表面却是平面,因此,铣削斜面和铣削平面的原理是一样的。铣斜面实际上也是铣平面,只是在铣削时将工件或铣刀刀齿倾斜相应的角度。

如图 5-1 所示是一种带斜度的工件图样。对于倾斜度大的斜面,一般用度数表示;对于

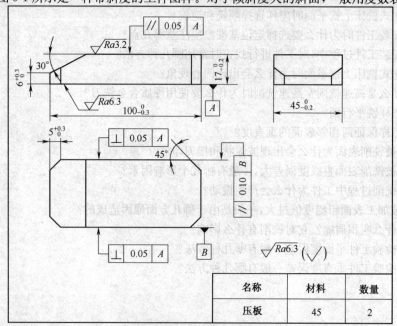

图 5-1　带斜面工件图样

倾斜度小的斜面,常用斜度来衡量,并用比值表示,如图 5-2 所示。

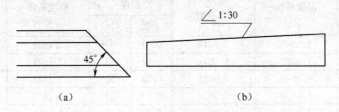

图 5-2 采用比值法标注的斜面

(a)大角度斜度表示方法 (b)小斜面表示方法

一、斜面有关计算

在图 5-3 中,θ 为斜角,和其他各部尺寸之间存在下列计算关系。

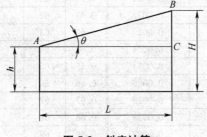

图 5-3 斜度计算

在直角三角形 *ABC* 中:

$$\tan\theta = \frac{BC}{AC} = \frac{H-h}{L}$$

由上式推导出:

$$H = h + L\tan\theta$$
$$h = H - L\tan\theta$$

设 *K* 为斜度系数,计算公式如下:

$$K = \frac{AB}{AC}$$

实际计算时,斜度系数从表 5-1 中查取。

表 5-1 斜度系数表

斜度		斜度系数	1%差数	斜度		斜度系数	1%差数
小数	(%)	K		小数	(%)	K	
0.01	1	1.0001	0.0001	0.06	6	1.0018	0.0006
0.02	2	1.0002	0.0002	0.07	7	1.0024	0.0008
0.03	3	1.0004	0.0004	0.08	8	1.0032	0.0008
0.04	4	1.0008	0.0004	0.09	9	1.0040	0.001
0.05	5	1.0012	0.0006	0.10	10	1.0050	0.001

续表 5-1

斜度		斜度系数	1%差数	斜度		斜度系数	1%差数
小数	(%)	K		小数	(%)	K	
0.11	11	1.0060	0.0012	0.51	51	1.1225	0.0046
0.12	12	1.0072	0.0012	0.52	52	1.1271	0.0047
0.13	13	1.0084	0.0014	0.53	53	1.1318	0.0047
0.14	14	1.0098	0.0014	0.54	54	1.1365	0.0048
0.15	15	1.0112	0.0015	0.55	55	1.1413	0.0048
0.16	16	1.0127	0.0016	0.56	56	1.1461	0.0049
0.17	17	1.0143	0.0018	0.57	57	1.1510	0.0050
0.18	18	1.0161	0.0018	0.58	58	1.1560	0.0051
0.19	19	1.0179	0.0019	0.59	59	1.1611	0.0051
0.20	20	1.0198	0.002	0.60	60	1.1662	0.0052
0.21	21	1.0218	0.0021	0.61	61	1.1714	0.0052
0.22	22	1.0239	0.0022	0.62	62	1.1766	0.0053
0.23	23	1.0261	0.0023	0.63	63	1.1819	0.0054
0.24	24	1.0284	0.0024	0.64	64	1.1873	0.0054
0.25	25	1.0308	0.0024	0.65	65	1.1927	0.0055
0.26	26	1.0332	0.0026	0.66	66	1.1982	0.0055
0.27	27	1.0358	0.0026	0.67	67	1.2037	0.0056
0.28	28	1.0384	0.0028	0.68	68	1.2093	0.0056
0.29	29	1.0412	0.0028	0.69	69	1.2149	0.0057
0.30	30	1.0440	0.0029	0.70	70	1.2206	0.0058
0.31	31	1.0469	0.0030	0.71	71	1.2264	0.0058
0.32	32	1.0499	0.0031	0.72	72	1.2322	0.0059
0.33	33	1.0530	0.0032	0.73	73	1.2381	0.0059
0.34	34	1.0562	0.0033	0.74	74	1.2440	0.0060
0.35	35	1.0595	0.0033	0.75	75	1.2500	0.0060
0.36	36	1.0628	0.0034	0.76	76	1.2560	0.0061
0.37	37	1.0662	0.0035	0.77	77	1.2621	0.0061
0.38	38	1.0697	0.0036	0.78	78	1.2682	0.0062
0.39	39	1.0733	0.0037	0.79	79	1.2744	0.0062
0.40	40	1.0770	0.0038	0.80	80	1.2806	0.0063
0.41	41	1.0808	0.0038	0.81	81	1.2869	0.0063
0.42	42	1.0846	0.0039	0.82	82	1.2932	0.0064
0.43	43	1.0885	0.0040	0.83	83	1.2996	0.0064
0.44	44	1.0925	0.0041	0.84	84	1.3060	0.0064
0.45	45	1.0966	0.0041	0.85	85	1.3124	0.0065
0.46	46	1.1007	0.0042	0.86	86	1.3189	0.0066
0.47	47	1.1049	0.0043	0.87	87	1.3255	0.0066
0.48	48	1.1092	0.0044	0.88	88	1.3321	0.0066
0.49	49	1.1136	0.0044	0.89	89	1.3387	0.0067
0.50	50	1.1180	0.0045	0.90	90	1.3454	0.0067

续表 5-1

斜度		斜度系数 K	1%差数	斜度		斜度系数 K	1%差数
小数	(%)			小数	(%)		
0.91	91	1.3521	0.0067	0.96	96	1.3862	0.0070
0.92	92	1.3588	0.0068	0.97	97	1.3932	0.0070
0.93	93	1.3656	0.0068	0.98	98	1.4002	0.0070
0.94	94	1.3724	0.0069	0.99	99	1.4072	0.0070
0.95	95	1.3793	0.0069	1.00	100	1.4142	—

[例 5-1] 直角三角形长直角边 AC 为 600mm,短直角边 BC 为 300mm,求斜边 AB 长度。

[解] 1. 计算斜度

$$\frac{300}{600}=0.5,即50\%$$

2. 查表 5-1 可知:斜度系数 K 为 1.118。

3. 计算斜度边长

$$AB=AC \cdot K=600 \times 1.118=670.8(\text{mm})$$

如果斜度百分数带小数,如为 49.6%,这时,可利用表中的"1%差数"计算,具体步骤如下:

①先查出斜度为 49% 时的系数为 1.1136;

②再查出斜度为 49% 的 1% 差数是 0.0044;

③斜度相差 1% 时,系数相差 0.0044;现斜度相差 0.6%,系数相差 0.6× 0.0044=0.00264;

④斜度为 49.6% 的斜度系数为:1.1136+0.00264=1.11624。

二、保证工件斜度的基本铣削方法

1. 在卧式铣床上铣削

(1)将工件切削位置倾斜相应角度 这种方法实际上是按照图样中对工件的斜度要求,倾斜地装夹工件,使切削后的表面与工件的基准平面形成要求的角度,然后就像前面介绍的铣平面方法那样进行铣削。由于工件切削位置改变了,被铣出的就是所谓斜面了,或者说就是铣角度类工件了。

将工件切削位置倾斜相应角度有多种方法。如图 5-4 所示是在机用虎钳内安装工件的情况,先按照工件的斜度要求,在工件上划出加工线印,再使用划线盘找正,然后将其夹紧进行铣削。

在工件上划线时,可采用如图 5-5 所示方法,按照图样中的斜度要求,在万能角度尺上定准相应角度后并固定,接着以工件上基准平面为依据,定好位置后使用划针在工件上划出加工线印。

此外,将工件切削位置倾斜至相应角度,还有以下方法。

①利用角度垫铁使工件切削位置倾斜。如图 5-6 所示是在机用虎钳的固定钳口和活动钳口之间放上一个角度垫铁,角度垫铁上的角度 α 等于工件角度 θ,这样,铣出的平面就与

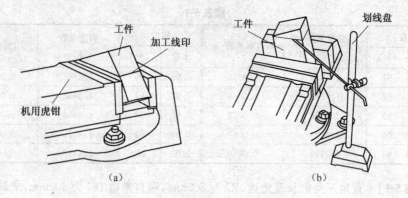

图 5-4　工件装夹在机用虎钳内铣斜面
(a)工件上划出加工线印　(b)使用划线盘进行找正

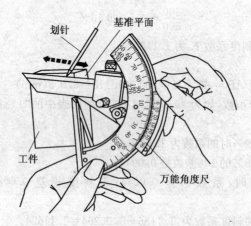

图 5-5　使用万能角度尺在工件上划线

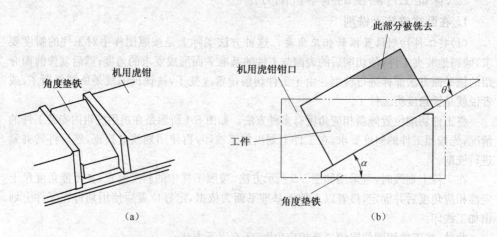

图 5-6　利用角度垫铁铣斜面
(a)角度垫铁放在机用虎钳内　(b)角度垫铁的角度

基准平面倾斜成一个角度。这种方法适于批量铣削角度类工件时使用。角度垫铁可做成多种形式,如图5-7所示是另种形状的角度垫铁,其使用方法相同。

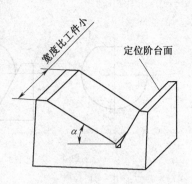

图5-7 另种形式角度垫铁

铣削斜度小并且斜度要求不太严格的工件时,常采用在工件一端垫上一定高度的垫铁的方法。垫铁高度 H 用下式计算:

$$H = M \cdot L$$

式中 M——工件斜度;

L——工件长直角边的长度(mm)。

例如,工件斜度为 $1:50$,工件长直角边的长度为150mm,角度垫铁的高度(或工件两端角度垫铁的差值)H 为: $H = \dfrac{1}{50} \times 250 = 5 \text{(mm)}$ (图5-8)。

利用角度垫铁铣斜面的原理,还可用来铣削正多边形一类工件。如图5-9所示,角度垫铁的底面是平行于机用虎钳导轨面的,而侧面做成倾斜的角度。角度垫铁的夹角等于工件夹角,如工件为六边形,角度垫铁的夹角 $\theta = 120°$;工件是八边形,角度垫铁夹角 $\theta = 135°$。下面以正六边形为例,介绍利用角度垫铁铣正多边形的操作方法和步骤。

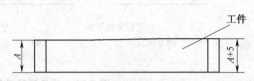

图5-8 角度垫铁 H 值计算

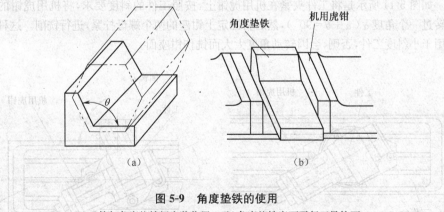

图5-9 角度垫铁的使用

(a)工件与角度垫铁间安装位置 (b)角度垫铁底面平行于导轨面

先用普通铣平面的方法,铣出工件的表面1[(图5-10(a)];将角度垫铁放在机用虎钳内的导轨面上[图5-9(b)],并使工件表面1贴紧角度垫铁的斜面,夹住工件的两端面,铣削表面3[图5-10(b)];再使表面3贴紧角度垫铁的斜面,并将它夹紧,铣削表面5[图5-10(c)];将角度垫铁去掉,依次使表面1,3和5贴紧机用虎钳导轨面或平行垫铁上,用普通铣平面的方法分别铣出表面4[图5-10(d)]、表面6[图5-10(e)]和表面2[图5-10(f)]。

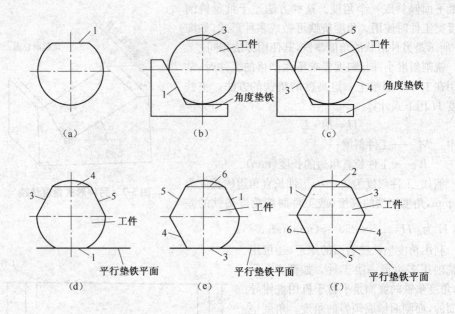

图 5-10 用角度垫铁铣正六边形步骤
(a)铣表面1 (b)铣表面3 (c)铣表面5 (d)铣表面4 (e)铣表面6 (f)铣表面2

②将夹具或铣床转动相应角度。这种方法适于在卧式铣床和万能铣床主轴前端安装面铣刀铣削时使用。

如图 5-11 所示是将工件夹紧在机用虎钳上,按照工件的斜度要求,将机用虎钳的上钳座转过一个角度 α($\alpha+\theta=90°$),然后将固定上钳座的两个螺母拧紧,进行铣削。这种方法适用于小斜度工件,否则,会因转动角度太大而铣伤钳座面。

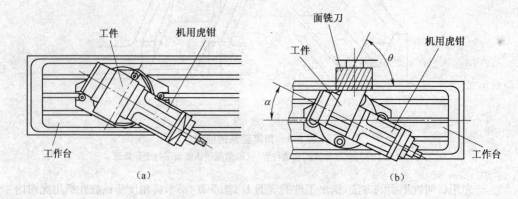

图 5-11 主轴前端安装铣刀铣斜面
(a)机用虎钳转过一个角度 (b)铣斜面情况

在万能铣床上铣大角度斜面工件时,工件的安装位置确定后,根据工件的角度要求将铣床工作台转过一定角度,如图 5-12 所示;铣 *AB* 和 *CD* 面时,工作台纵向进给,铣 *AC* 和

BD 面时,工作台作横向进给。

③铣削较大尺寸角度类斜面工件时,如图 5-13 所示,可使用压板和螺栓直接将工件装夹在工作台上,使用万能角度尺将工件的位置找正进行铣削。

(2)使用角度铣刀(或样板铣刀)铣削

如图 5-14 所示是使用角度铣刀铣角度的情况,它所选用的铣刀角度要和工件角度要一样。由于角度铣刀的刀刃宽度很有限,所以,这种方法适用于较小尺寸的工件。

工件上有两个斜面时,如图 5-15 所示,可使用两把角度铣刀进行组合铣削,所选用角度铣刀的锥面刀齿长度要大于工件的斜面宽度。

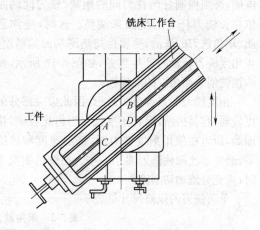

图 5-12　转动万能铣床工作台铣斜面

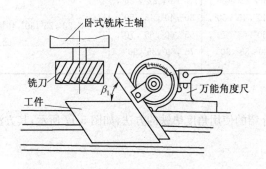

图 5-13　铣削大角度斜面工件

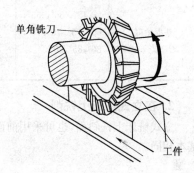

图 5-14　单角铣刀铣斜面

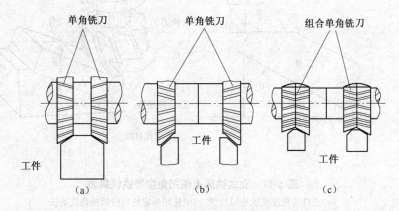

图 5-15　组合铣刀铣斜面

(a)铣同一个工件上的斜面　(b)铣两个工件上的反向斜面　(c)铣两个工件上的双向斜面

采用组合铣刀铣斜面时,为了保证切削位置的准确,必须控制好两铣刀间的距离,铣刀间的距离依靠长铣刀杆上的垫圈来调整。这时,应注意垫圈、单角铣刀的清洁,更要保持垫圈端面的精度,防止角度铣刀转动时产生摆差,如图 5-16 所示,而影响被铣削表面角度的准确性。

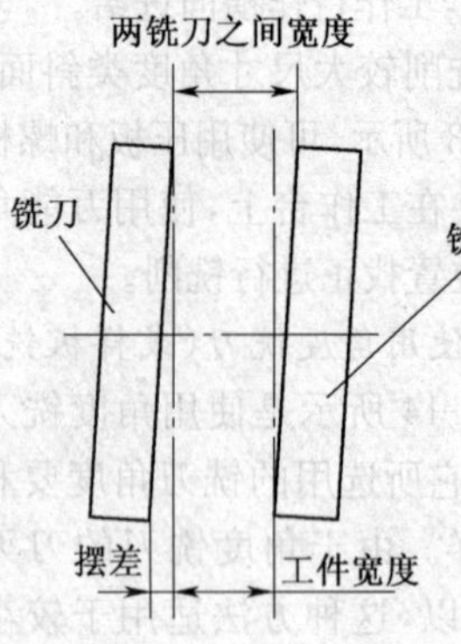

角度铣刀的刀齿呈尖角形,因此齿尖部分的强度较弱,容易折断,而且角度铣刀刀齿比较密,排屑困难,所以在使用角度铣刀时,铣削速度和进给量等,通常都比圆柱铣刀要小一些。在铣削钢类工件时,应充分施加切削液。

单角铣刀的规格尺寸见表 5-2。

图 5-16　防止角度铣刀转动时产生摆差

表 5-2　单角铣刀规格尺寸

外径尺寸/mm	50	63	80	100
基本角度	45°、50°、55°、60°、65°、70°、75°、80°、85°、90°	18°、22°、25°、30°、40°、45°、50°、55°、60°、65°、70°、75°、80°、85°、90°	18°、22°、25°、30°、40°、45°、50°、55°、60°、65°、70°、75°、80°、85°、90°	18°、22°、25°、30°、40°

2. 在立式铣床上铣削

立式铣床上铣斜面,也可采用前面介绍的使用角度垫铁的方法,如图 5-17 所示,其方法基本相同。

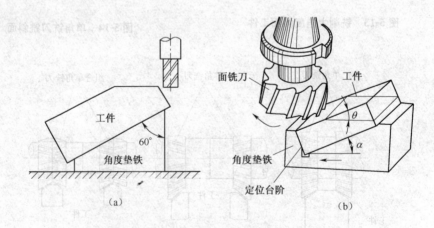

图 5-17　立式铣床上使用角度垫铁铣斜面
(a)工件与角度垫铁相对位置　(b)使用带定位台阶面的角度垫铁

如图 5-18 所示是在立式铣床上利用角度垫铁铣角度类斜面的另一种形式,通过两个螺栓将角度垫铁固定在铣床工作台上，使用压板将工件夹紧，它每次可以同时铣出两个工件上的斜面。批量加工中可采用这种装夹方式。

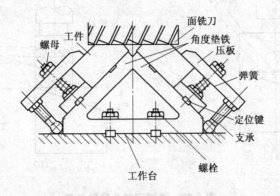

图 5-18 利用专用夹具铣斜面

在立式铣床上铣角度类斜面工件，采用更多的是转动铣头的方法。如图 5-19 所示，立式铣床铣头内部通过圆柱齿轮和锥齿轮传动，使铣头主轴带动铣刀旋转，而它的铣头部分可以绕水平轴转至所需要位置，这样，正适合了铣斜面的需要。

铣刀随立铣头转过一个角度后，用铣刀的端面齿和圆柱面上的刀齿都可以铣斜面，不过铣头所需回转的角度有所不同。如图 5-20(a)所示用铣刀的端面齿铣削时，铣头所转动的角度 θ 应与工件所要求的倾斜角 α 相同；如图 5-20(b)所示，当用铣刀的圆柱面刀刃铣削时，立铣头应该转动的角度为 $\theta = 90° - \alpha$，详细情况见表 5-3。

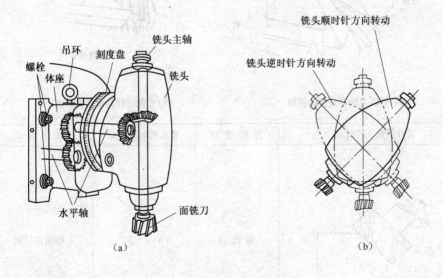

(a)　　　　　　　　　　　　　　　　　(b)

图 5-19 立式铣床铣头传动结构

(a)铣头内部齿轮传动　(b)铣头转动情况

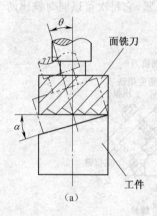
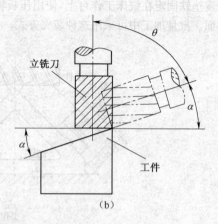

(a)

(b)

图 5-20　铣斜面铣头转动角度
(a)用端面齿切削　(b)用圆柱面刀齿切削

表 5-3　铣斜面铣头转动角度

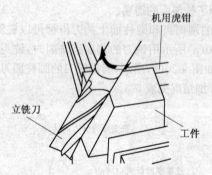
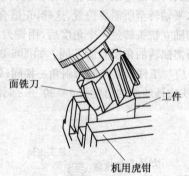

(a)面铣刀转动角度铣斜面　　　　　(b)立铣刀转动角度铣斜面

工件斜角 β 的图示	使用铣刀	铣头扳转角度 α	铣削形式
$\alpha = \beta - 90°$	面铣刀	$\alpha = \beta - 90°$	端面齿切削

续表 5-3

工件斜角 β 的图示	使用铣刀	铣头扳转角度 α	铣削形式
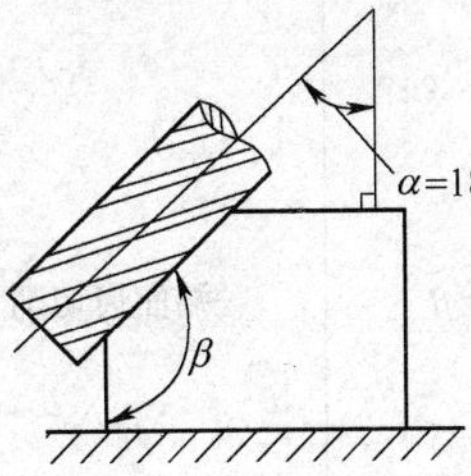 $\alpha=180°-\beta$　β	立 铣 刀	$\alpha=180°-\beta$	圆柱面刀齿切削
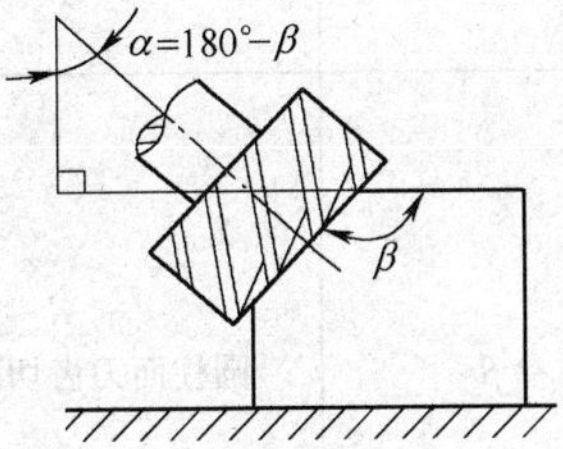 $\alpha=180°-\beta$　β	面 铣 刀	$\alpha=180°-\beta$	端面齿切削
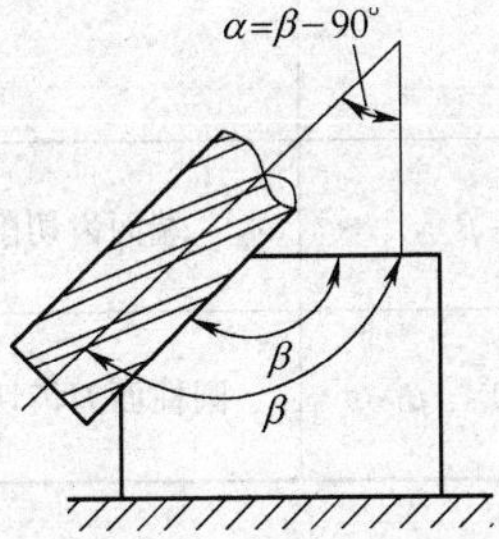 $\alpha=\beta-90°$　β	立 铣 刀	$\alpha=\beta-90°$	圆柱面刀齿切削
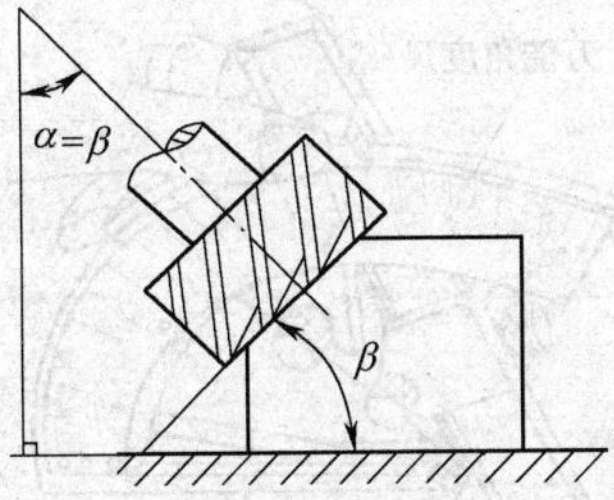 $\alpha=\beta$　β	面 铣 刀	$\alpha=\beta$	端面齿切削
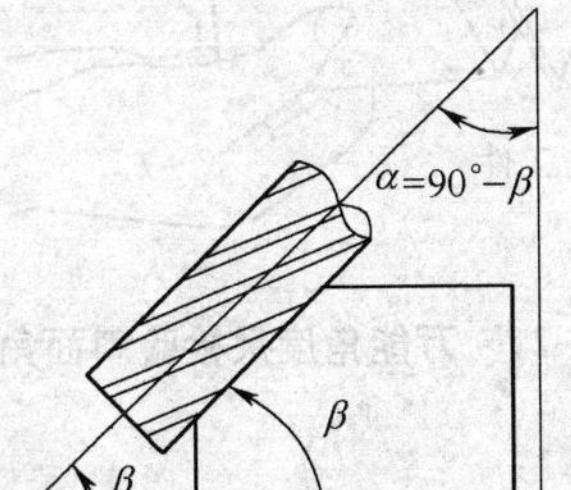 $\alpha=90°-\beta$　β　β	立 铣 刀	$\alpha=90°-\beta$	圆柱面刀齿切削

续表 5-3

工件斜角 β 的图示	使 用 铣 刀	铣头扳转角度 α	铣 削 形 式
$\alpha = 90° - \beta$ （图示：A、B、C、β、β_1）	面铣刀	$\alpha = 90° - \beta$	端面齿切削
$\alpha = \beta$ （图示）	立铣刀	$\alpha = \beta$	圆柱面刀齿切削
β （图示）	面铣刀	$\alpha = \beta$	端面齿切削
	立铣刀	$\alpha = 90° - \beta$	圆柱面刀齿切削

三、斜面角度的检验

普通精度的斜面可以使用万能角度尺进行检验，如图 5-21 所示。

检验较高精度斜面的角度时，可使用正弦规。如图 5-22(a) 所示，正弦规由一个矩形长方体和两个直径相等的精密圆柱组成，它利用正弦函数原理，能够准确地测量斜度和角度，是一种间接的测量量具。

正弦规两圆柱的中心距 L 的精度要求很高，两圆柱轴线与基板工作面的平行度要求也很高，这样，可保证很小的测量误差。

用正弦规测量工件斜度时，如图 5-22(b) 所示，使一个圆柱与平板接触，另一个圆柱用量块组垫高，用千分表测量。使被测表面与平板平行，量块组高度 h 用下式计算：

$$h = L\sin\alpha$$

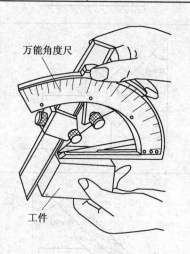

图 5-21 万能角度尺检验斜面角度

式中　　L ——正弦规圆柱的中心距(mm)；

　　　　α ——工件倾斜角度(°)。

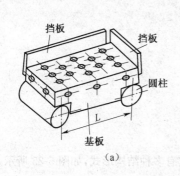 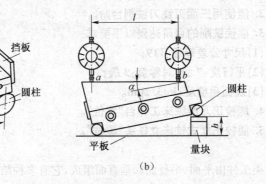

（a）　　　　　　　　　　　　　（b）

图 5-22　正弦规及其使用

（a）正弦规　（b）正弦规测量斜度

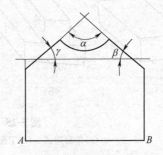

图 5-23　双斜面工件

例如，需要用正弦规检测图 5-23 中的角度 α，这时，可先测出 α 角的两边同基面 AB 的交角 β 和 γ，按三角形三个内角和等于 180° 的关系计算出 α 的角度数。

β 角和 γ 角的测量如图 5-24 所示，将 AB 面放在正弦规基板面上，通过尺寸 h 用上式计算并测量出 β 角[图 5-24(a)]，通过尺寸 h' 用上式计算并测量出 γ 角[图 5-24(b)]，而 $\alpha = 180° - \beta - \gamma$。

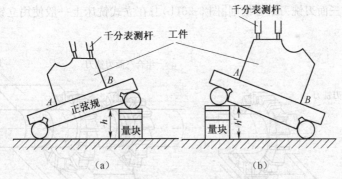

（a）　　　　　　　　　　　　　　（b）

图 5-24　正弦规间接测量斜度的角度

（a）测量 β 角　（b）测量 γ 角

第二节　台阶类工件的铣削

在《铣工国家职业技能标准(2009 年修订)》中，对初级铣工铣削台阶工件提出

以下技能要求:

1. 能使用立铣刀铣削台阶。
2. 能使用三面刃铣刀铣削台阶。
3. 能使铣削的台阶达到以下要求:

(1)尺寸公差等级:IT9;

(2)平行度:7 级,对称度:9 级;

(3)表面粗糙度:$Ra3.2\mu m$。

4. 能校正万能铣床工作台"零位"。
5. 能校正立式铣床立铣头"零位"。

台阶类工件由平面、平行面和垂直面组成,它有多种结构形式,如图 5-25 所示。

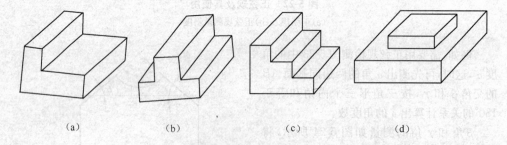

图 5-25 台阶工件结构形式

(a)单台阶式 (b)T 形键式 (c)阶梯台阶式 (d)回字式

台阶类工件可以在卧式铣床上使用一把三面刃铣刀铣削[图 5-26(a)];多件加工时,常使用两把以上三面刃铣刀组合铣削[图 5-26(b)];在立式铣床上一般使用立铣刀进行铣削(图 5-27)。

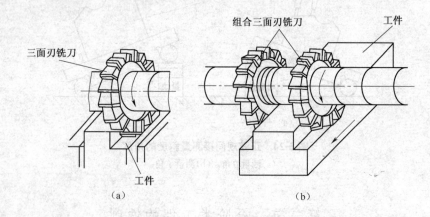

组合三面刃铣刀　工件

三面刃铣刀

工件

(a)　(b)

图 5-26 卧式铣床上铣台阶

(a)使用一把三面刃铣刀 (b)两把三面刃铣刀组合铣削

一、铣台阶类工件的操作提示

1. 铣刀的选择

选择三面刃铣刀直径时,应保证工件能从卧式铣床长铣刀杆下面通过。如图 5-28 所示,三面刃铣刀直径 D 的选择与长铣刀杆垫圈直径和工件台阶的深度有关,即:

$$D > d + 2t$$

式中　d ——长铣刀杆垫圈直径(mm);

　　　t ——工件台阶深度(mm)。

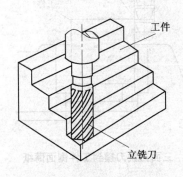

图 5-27　立式铣床上铣台阶

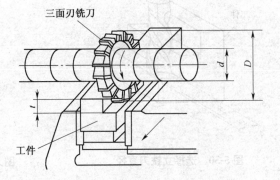

图 5-28　选择三面刃铣刀直径

铣台阶工件所使用的三面刃铣刀,应具有足够的宽度,并且在允许情况下,铣刀直径尽量小些。因为铣台阶通常只用铣刀一个侧面上的切削刃及圆柱面上的切削刃参加切削,这时,三面刃铣刀两侧面受到的切削力是不均匀的,所以,铣刀在铣削中容易朝不受力的一侧偏让(俗称"让刀")。

对于宽度较宽且较浅的台阶,常使用面铣刀在立式铣床上铣削。面铣刀铣刀杆的刚性好,铣削时切削平稳,加工表面质量好。如图 5-29 所示,选择面铣刀直径 D 时,应使直径 D 大于台阶宽度 B ,它一般可按 $D = (1.4 \sim 1.6)B$ 选取。

深度较大或宽度较小或多层级台阶,可使用立铣刀在立式铣床上铣削。由于立铣刀刚性弱,铣削时选用的切削用量比使用三面刃铣刀铣削时要小;否则,铣刀会偏离切削位置,甚至折断铣刀。如图 5-30 所示,选择立铣刀直径 D ,应保证大于台阶宽度 B ;条件许可时,应选择直径较大的立铣刀。

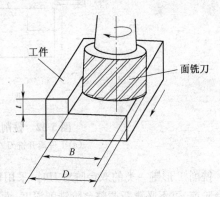

图 5-29　选择面铣刀直径

2. 铣台阶对刀工作

为了保证台阶工件尺寸的正确,铣削时必须做好对刀工作。

　　用一把三面刃铣刀铣台阶,对刀的一般方法是,使用油脂在工件侧面贴上一层薄纸,如图 5-31 所示,使旋转着的三面刃铣刀侧面刀刃擦掉薄纸后,下降工作台,使工件离开铣刀[图 5-32(a)],接着横向移动工作台,使工件朝铣刀方向移动一个工件台阶宽度的距离 B[图 5-32(b)],这时,铣刀对好了切削位置。

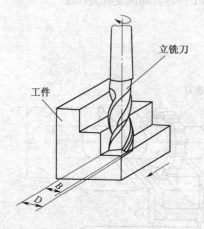

图 5-30　选择立铣刀直径

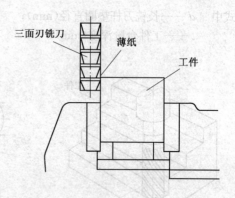

图 5-31　三面刃铣刀擦到工件侧面薄纸

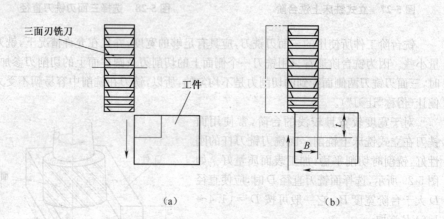

（a）　　　　　　　　　　　　（b）

图 5-32　铣削单台阶对刀工作

(a)工件离开铣刀　(b)横向移动工作台

　　铣削 T 形键一类的双台阶对刀时,采用以上方法对刀并将一侧的台阶铣好后,铣另一侧台阶前,可不必重新调整台阶铣削深度,而是将工件退出,然后使工作台横向移动距离 L[图 5-33(a)]即可,L 用下式计算:

$$L = B + C + 2\delta$$

式中　　B——三面刃铣刀宽度(mm);

　　　　C——T 形键凸台宽度(mm);

　　　　δ——三面刃铣刀旋转侧面摆动量(mm)。

工件切削位置确定后,接着可进行铣削[图 5-33(b)]。铣削精度要求较高的 T 形键时,一定要考虑三面刃铣刀旋转时侧面摆动量。

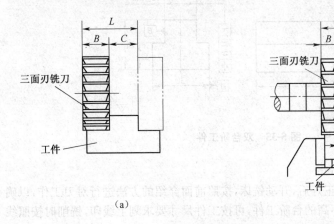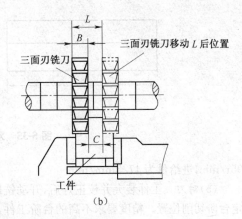

（a）　　　　　　　　　　　　　　　　　（b）

图 5-33　铣削 T 形键对刀工作

(a)工作台横向移动 L 距离　(b)工件移动 L 后情况

3. 工件的装夹

铣台阶时装夹工件的方法和形式与铣平面工件基本相同:一般工件可使用机用虎钳装夹,如图 5-34 所示;较大尺寸的工件可用压板结合螺栓装夹;形状复杂的工件或大批量生产时可使用专用夹具装夹。在机用虎钳装夹工件时,应使工件的定位基准面靠向固定钳口,并且,被铣削台阶的底面应高出钳口的上平面,以免铣刀铣伤钳口。

装夹工件前,应对机用虎钳固定钳口面(或其他夹具的定位基准面)进行找正,如图

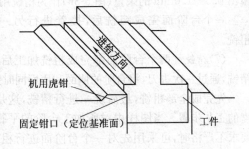

图 5-34　进给方向与固定钳口面平行

5-34 所示,使之与进给方向平行或垂直,否则,铣出的台阶面会与定位基准面歪斜成某种角度。

二、铣削台阶类工件的主要加工步骤

如图 5-35 所示是 T 形键的双台阶工件,材料为 45 钢,其主要加工步骤如下。

(1)分析图样和加工精度　了解各部尺寸、公差和表面粗糙度要求。

(2)确定工艺装备　根据工件情况,拟使用三面刃铣刀在卧式铣床上加工,并选用机用虎钳装夹工件。校正固定钳口与铣床主轴轴线垂直(与工件进给方向平行)。

(3)选择和安装铣刀　根据工件各部尺寸,选择宽度 $B = 12$mm,孔径 $d = 27$mm,外径 $D = 80$mm,齿数为 12 的三面刃铣刀。

(4)选择铣削用量　由图 5-35 可知,台阶的加工宽度为$(30 - 16) \div 2 = 7$(mm),深度为 $26 - 14 = 12$(mm),被加工表面粗糙度值为 $Ra\,3.2\mu$m,所以应分粗铣和精铣两步进行。

确定铣床主轴转速和进给量方法与铣平面时相同,根据工件情况,主轴转速可选为

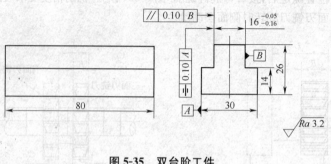

图 5-35　双台阶工件

95r/min,进给量为 47.5mm/min。

（5）对刀　工件装夹并校正好后,开动铣床,按照前面介绍的方法进行对刀工作,以确定台阶切削位置。精度要求不高的台阶工件,可按工件尺寸要求划上线印,铣削时按照线印对刀。

（6）粗铣　粗铣时切去大部分加工余量。为了防止分层粗铣时,在台阶侧壁留下接刀印,可在台阶的侧面和底面各留出 0.5～1.0mm 的余量(图 5-36)作为精铣用量。

一个台阶面完成粗铣后,接着进行另一个台阶面的粗铣。

（7）精铣　两个台阶面都完成粗铣加工后,再统一进行精铣,通过一次进刀,将台阶的侧面和底面同时铣至要求。

先完成全部粗铣,最后统一进行精铣,这是保证台阶精度的工艺步骤。当图样中对所加工台阶的平行度和对称度要求不严格时,可采用先对一个台阶面进行粗铣,紧接进行精铣;然后对另一个台阶面进行粗铣,紧接进行精铣的加工方法。

（8）检验　铣削完毕后,对台阶各部尺寸和精度进行检验。

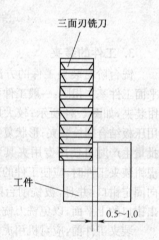

图 5-36　粗铣台阶留出
0.5～1.0mm 的精铣余量

三、组合铣刀铣台阶

多件铣削 T 形键一类工件时,常采用两把三面刃铣刀组合铣削法,这种方法不仅能提高生产效率,而且能保证加工的质量要求。

1. 组合铣刀的安装

如图 5-37 所示,采用组合三面刃铣刀铣削时,应选用两个直径尺寸完全相同的三面刃铣刀,中间用几个长铣刀杆垫圈将两把铣刀隔开,并将刀刃之间的距离调整到所需要的尺寸。

三面刃铣刀在长铣刀杆上紧固后,要用游标卡尺检查两铣刀相对切削刃内侧尺寸的间隔距离是否符合尺寸要求,如图 5-38 所示,如果略大于或小于所需要的尺寸,则应重新松开长铣刀杆上的螺母,使两把三面刃铣刀相对转动一个位置,或对垫圈换装和进行调整,然后再扳紧长铣刀杆上螺母,就可能得到所需要的组合尺寸。

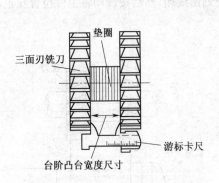

图 5-37　铣台阶组合铣刀的安装

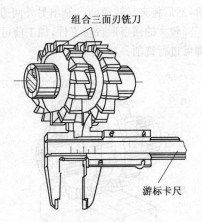

图 5-38　游标卡尺检查两铣刀内侧尺寸

用游标卡尺测量组合铣刀的中间距离时,要特别注意组合铣刀中间的尺寸绝对不能小于实际需要的尺寸,有时可比这个尺寸略大一些(一般可加大 0.1~0.3mm)。这是为了防止铣刀受旋转中跳动量(即摆差)的影响,如图 5-16,图 5-39 所示,使铣得的中间尺寸减小而成为废品。

为了保证台阶的加工质量,组合的两个三面刃铣刀应先在废料上试铣并检查试铣得到的尺寸是否在公差范围之内。铣削大批工件时,可试铣几个工件进行调整,直到连续三四个工件都质量稳定为止。在加工过程中,还必须经常抽验工件,以免加工中途由于组合尺寸变动或夹具走动等原因而使大批的工件报废。

另外,在安装组合铣刀时,应使两把三面刃铣刀错开半个齿,以减小铣削中的振幅。

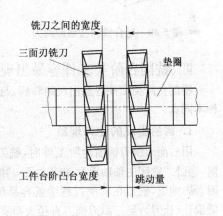

图 5-39　组合铣刀旋转时
单面出现跳动量的影响

2. 调整三面刃铣刀与工件的相对位置

组合三面刃铣刀在切削前,同样要做好对刀工作。如图 5-40 所示,台阶位置要求不严格的工件可采用线印对刀法,即先在工件铣台阶的位置上按尺寸要求划出线印,铣削中按线印对刀和进行加工。

精度要求较高的台阶,采用组合铣刀铣削对刀时可采用试铣的方法。

3. 组合铣刀铣削特形台阶

(1)铣削不等高台阶　如图 5-41 所示,组合铣刀铣削不等高台阶时,应使用两把直径不等的三面刃铣刀,并且两把铣刀直径差的一半等于两台阶面的高度差。

(2)铣削回字形台阶　回字形台阶如图 5-25(d)所示。铣这类台阶时,常采用回转夹具

(机用台虎钳或其他回转夹具)装夹工件的方法来铣削。这时,先按上述方法铣出两边的台阶,然后将夹具转动90°,铣出另外两边台阶。

较大的回字形台阶工件,加工前可先在工件上划出线印,然后按线印将工件位置找正,即可进行铣削。

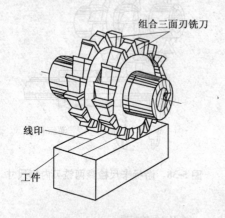

图 5-40　组合铣刀按线印对刀

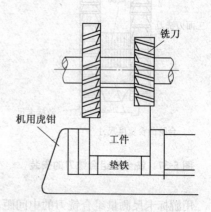

图 5-41　组合铣刀铣不等高台阶

四、铣削台阶类工件容易出现的弊病

铣削台阶类工件容易出现的弊病,与铣削平面一类工件有许多相似之处,下面介绍两种不同点。

1. 容易出现的让刀现象

用三面刃铣刀铣削台阶工件时,铣刀只有一个侧面的切削刃和圆柱面切削刃参加切削,当卧式铣床主轴轴承存在较大径向和轴向间隙,以及铣刀和长铣刀杆的刚度不够大等因素影响下,铣刀在铣削过程中就容易朝不受力的一侧偏让(让刀);当三面刃铣刀直径大而宽度小,铣刀一侧的受力又较大时,让刀现象更为显著,铣出的台阶不容易保证垂直度。为了减少三面刃铣刀让刀量,应采用直径较小、厚度较大的铣刀,或者用错齿三面刃铣刀铣削;并且在必要时,可减少铣削用量,以及调整铣床主轴轴承的间隙等措施来减少让刀量。

2. 万能铣床"零"位误差的影响

由于万能铣床工作台能通过回转盘在水平面内扳转角度,所以,在万能铣床上铣台阶类工件时,若工作台"零"位不准确,铣出的台阶两侧将呈凹弧形曲面,如图 5-42 所示,并且上宽下窄,使台阶形状和尺寸都不准确。工作台"零"位误差越大,这种不良现象越严重。

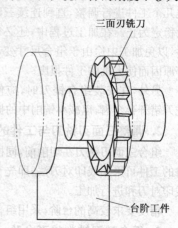

图 5-42　工作台"零"位误差对铣台阶造成的影响

校正万能铣床"零"位误差,可采用如图 4-60 所示方法。

3. 夹具"零"位误差的影响

在机用虎钳回转一类的夹具上,装夹工件铣台阶工件时,"零"位不准确,同样会出现误差。如图 5-43 所示是机用虎钳出现"零"位误差,导致固定钳口歪斜,影响台阶形状精度的情况。所以,铣削前一定要校正固定钳口位置,使之与进给方向平行或垂直。

校正机用虎钳"零"位误差,可采用如图 2-24 所示方法。

五、台阶的检验

台阶铣削后,检测宽度和深度,一般使用游标卡尺和深度游标卡尺,精密台阶可用千分尺测量。大批量加工中,常使用界限量规;如图 5-44 所示,当"通端"能通过台阶面,而"止端"不能通过时,工件为合格品。

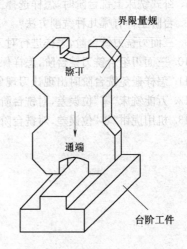

图 5-43 机用虎钳"零"位
误差对铣台阶的影响

图 5-44 界限量规检测台阶

检验台阶工件对称度时,可使用杠杆百分表,如图 5-45 所示。将工件放在标准平板上,通过杠杆百分表测量其数值;然后将工件翻转 180°,再测出数值;最后将两次测量结果进行比较,其差数即是对称度误差。

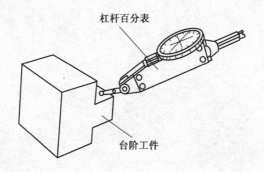

图 5-45 检验台阶工件对称度

思 考 题

1. 斜面在图样中怎样表示?
2. 举例说明斜度计算方法。
3. 卧式铣床上铣斜面时,保证工件的斜度有哪几种方法?
4. 立式铣床上铣斜面时,怎样保证工件的斜度?
5. 使用面铣刀铣斜面时,铣头怎样扳转角度?
6. 使用立铣刀铣斜面时,铣头怎样扳转角度?
7. 卧式铣床上铣台阶时,怎样选择三面刃铣刀的直径?
8. 台阶工件有哪几种铣削方法?
9. 三面刃铣刀铣台阶,怎样进行对刀工作?
10. 三面刃组合铣刀铣台阶,怎样保证两铣刀间距离?
11. 怎样避免铣台阶时出现让刀现象?
12. 万能铣床"零"位误差,对铣台阶会产生什么影响?
13. 机用虎钳"零"位误差,对铣台阶会产生什么影响?

第六章　沟槽类工件的铣削技术

沟槽类工件包括普通沟槽、轴类工件上的键槽、窄槽以及特种形状的沟槽等,这些工件虽然形状和技术要求不尽相同,但铣削方法却有许多相似之处。

第一节　90°沟槽的铣削

在《铣工国家职业技能标准(2009 年修订)》中,对初级铣工铣削 90°沟槽(直角沟槽)提出以下技能要求:

1. 能使用立铣刀铣削直角沟槽及直角斜槽。
2. 能使用三面刃铣刀铣削直角沟槽。
3. 能使铣削的沟槽达到以下要求:

(1)尺寸公差等级:IT9;

(2)平行度:7 级,对称度:9 级;

(3)表面粗糙度:Ra3. 2μm。

一、铣刀选择及其正确使用

90°敞开式沟槽常使用三面刃铣刀在卧式铣床上加工,如图 6-1(a)所示;90°半封闭和全封闭沟槽常使用立铣刀在立式铣床上加工,如图 6-1(b)和图 6-1(c)所示;宽度较大的 90°沟槽常在立式铣床上安装面铣刀进行切削。

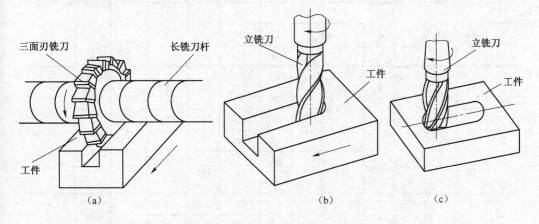

图 6-1　铣削直角沟槽

(a)三面刃铣刀铣敞开式沟槽　(b)立铣刀铣半封闭沟槽　(c)立铣刀铣封闭沟槽

使用三面刃铣刀铣 90°沟槽,要选择好铣刀的外径和宽度;三面刃铣刀的基本尺寸见表 6-1。使用立铣刀铣 90°沟槽时,要选择它的外径、齿数和全长;立铣刀的规格尺寸见表 6-2。

表 6-1　直齿三面刃铣刀基本尺寸　　　　　　　　　（mm）

基本尺寸	外径	50						63							
	宽度	4	5	6	7	8	10	4	5	6	7	8	10	12	14	16
	外径	80										100				
	宽度	5	6	7	8	10	12	14	16	18	20	6	7	8	10	12
	外径	100						125								
	宽度	14	16	18	20	22	25	8	10	12	14	16	18	20	22	25
	外径	125	160									200				
	宽度	28	10	12	14	16	18	22	25	28	32	12	14	16	18	
	外径	200														
	宽度	20	22	25	28	32	36	40								

表 6-2　立铣刀规格尺寸

直柄							莫氏锥柄						
外径/mm		齿　数			全长/mm		外径/mm	全长/mm		莫氏锥柄号	齿　数		
齿部外径	柄部外径	粗齿	中齿	细齿	标准型	长型		标准型	长型		粗齿	中齿	细齿
6	6	3	4	—	57	68	6	83	94				—
7	8	3	4	—	60	74	7	86	100				
8					63	82	8	89	108	1	3	4	5
9	10	3	4	5	69	88	9						
10					72	95	10	92	115				
11	12				79	102	11	92	115				
12		3	4	5	83	110	12	96	123	1	3	4	5
14							14	111	138				
16	16	3	4	6	92	123	16	117	148	2	3	4	6
18							18						
20	20	3	4	6	104	141	20	123	160	2	3	4	6
22							22	140	177				
25	25				121	166	25	147	192	3			
28							28						
32	32	4	4	8	133	186	32	155	208	3	4	6	8
								178	231	4			
36							36	155	208	3			
								178	231	4			

由于长铣刀杆的弯曲变形，以及铣刀安装误差等多种因素的影响，铣刀安装后在旋转

过程中,总会有些跳动或摆动,因而产生旋转摆差;所以,三面刃铣刀或立铣刀精铣90°沟槽时,应使用百分表对其圆周刀齿的径向圆跳动和端面刀齿的端面圆跳动进行检查。如图6-2所示是对三面刃铣刀圆跳动的检查情况,当百分表测量杆与刀齿切削刃接触后,使铣刀逆时针方向转动,观察每个切削刃的百分表读数,其读数差即为径向圆跳动量或端面圆跳动量(其方法与图4-26中检查圆柱铣刀时相似),精铣时的圆跳动量一般不超过0.03mm。检查立铣刀径向圆跳动和端面圆跳动量的方法与上面相同。

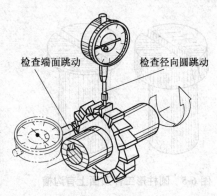

检查端面跳动　　检查径向圆跳动

图6-2　百分表检查三面刃铣刀圆跳动量

铣刀用钝,经工具磨床刃磨后的三面刃铣刀或立铣刀,切削前要使用千分尺认真地测量其各部尺寸(三面刃铣刀要测量外径尺寸和宽度尺寸,立铣刀要测量直径尺寸),要掌握好铣刀刃磨后的外径和宽度变小情况,防止将沟槽铣小和铣窄。另外,铣刀刃磨后应使用油石将各刀齿研磨光洁,以保证表面质量,提高铣刀耐用度。

二、90°沟槽的铣削步骤

1. 工件的装夹

如图6-3所示,铣削矩形沟槽类工件,工件直接安装在机用虎钳内。铣通槽时,当被铣削沟槽方向需要与钳口垂直装夹(图6-4),这时要注意使被铣削沟槽的底面高出机用虎钳的上钳口面,以防止铣伤钳口。

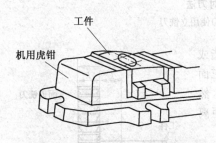

工件

机用虎钳

图6-3　矩形工件装夹在虎钳内

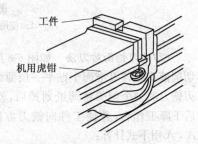

工件

机用虎钳

图6-4　通槽工件装夹方法

圆柱形工件顶面上铣90°沟槽(图6-5),可装夹在三爪自定心卡盘内(图6-6),如果圆柱工件的杆部有螺纹,可使用如图2-19(a)所示的对开螺母,然后将对开螺母带工件一起夹持在夹具内,这样可防止夹坏工件杆部上的螺纹;如果使用如图2-19(b)所示,在两个对开V形块内垫上一层硬橡皮的方法,也会起到同样的效果。

2. 铣削前对刀工作

铣削前对刀工作就是确定铣刀的切削位置,它一般采用以下几种方法。

(1)按线印对刀法　如图6-7所示,先在工件表面划出线印,铣削时使铣刀对正线印的中间,就可以进行切削了。

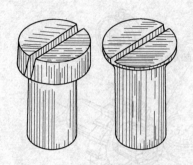

图 6-5　圆柱形工件顶面上有沟槽

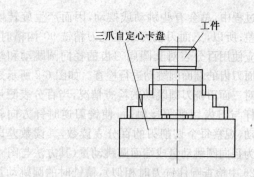

图 6-6　圆柱工件安装在卡盘内

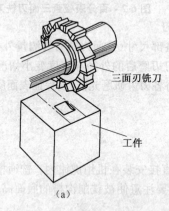

（a）

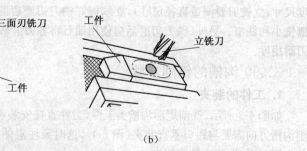

（b）

图 6-7　按线印对刀法

（a）使用三面刃铣刀　（b）使用立铣刀

（2）铣刀侧面对刀法　如图 6-8 所示，使用油脂或切削液在工件基准面上贴平一层薄纸，旋转中的三面刃铣刀的一个侧刃将薄纸划掉后，就以此为起点，然后下降工作台，并使工件向铣刀方向移动一个距离 A，A 用下式计算：

$$A = L + C + \delta + B \qquad （式 6-1）$$

式中　L——三面刃铣刀宽度（mm）；

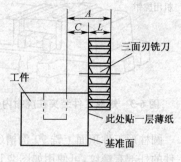

图 6-8　铣刀侧面对刀法

　　　　C——工件外侧面至被铣削沟槽内侧面距离（mm）；

　　　　δ——三面刃铣刀旋转侧面摆差（跳动量）值（mm）；

　　　　B——纸的厚度（mm）。

使用立铣刀铣削，也可以采用这种对刀方法，在计算工件移动距离时，应将式 6-1 中的三面刃铣刀宽度改为立铣刀直径。

这种计算方法，由于考虑到了纸的厚度和铣刀旋转摆差，所以比较准确。测定三面刃铣刀旋转侧面摆差值最简单的方法，是正式铣削前，先在一块废料上铣出一条浅沟槽，然后测量出浅沟槽的宽度，浅沟槽宽度与三面刃铣刀宽度差的一半，就是三面刃铣刀旋转侧面摆差。测定立铣刀旋转摆差也可采用同样形式的方法，即先在废料上铣出个浅孔，浅孔直径与立铣刀直径差的一半就是立铣刀旋转摆差。

（3）测量对刀法 工件尺寸要求严格时，常采用这种方法。如图 6-9 所示，当工件和铣刀都安装好后，移动工作台到切削位置，使工件与铣刀齿刚刚接触（铣刀不要转动），然后用游标深度尺测量工件基准面至铣刀侧面间的距离 E，调整工作台位置，直到测量距离和图样中尺寸要求相符为止。

为了使游标深度尺测量距离准确，铣削时最好使用尖齿槽铣刀，该铣刀基本尺寸见表 6-3。

图 6-9 测量对刀法

表 6-3 尖齿槽铣刀基本尺寸 （mm）

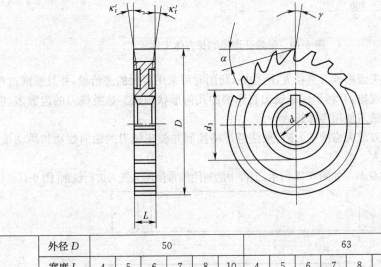

	外径 D	50						63								80
	宽度 L	4	5	6	7	8	10	4	5	6	7	8	10	12	14	5
基本	外径 D	80								100						
尺寸	宽度 L	6	7	8	10	12	14	16	18	6	7	8	10	12	14	16
	外径 D	100						125								
	宽度 L	18	20	22	25	8	10	12	14	16	18	20	22	25	—	

3. 基本铣削方法

（1）使用三面刃铣刀或尖齿槽铣刀铣削 如图 6-10 所示，工件中有 3 个 90°敞开式键槽，它们都可以使用三面刃铣刀或尖齿槽铣刀进行铣削［图 6-1(a)］。这时的加工步骤一般为：在铣床上安装机用虎钳，并校正固定钳口与铣床主轴轴线平行；选择铣刀和利用长铣刀杆在卧式铣床上安装铣刀;在机用虎钳上安装和校正工件;进行铣削前对刀工作,如果采用按线印对刀法,工件在机用虎钳上装夹前先划出各个90°键槽的尺寸和位置线印,以确定铣刀的切削位置;铣出一个表面上的90°键槽后,将工件翻转180°,重新装夹工件,铣削另一表面上的90°键槽;对工件进行检验。

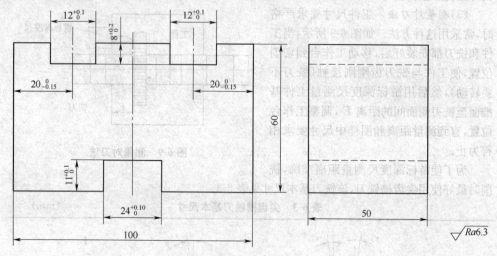

图 6-10 带敞开沟槽的长方体工件

三面刃铣刀和尖齿槽铣刀直径大,刚性好,切削时可采用较大的进给量,并且铣削过程中不易产生"让刀"现象,有利于保证铣出直角槽的几何形状精度。这类铣刀的齿数多、散热性好、排屑流畅、铣刀使用寿命长。

使用三面刃铣刀或尖齿槽铣刀时,须注意严格控制并校正铣刀的轴向摆动和跳动量,否则将导致槽宽铣大。

(2)使用立铣刀铣削 如图6-11所示,工件中的封闭槽常使用立铣刀进行铣削[图6-1(c)]。

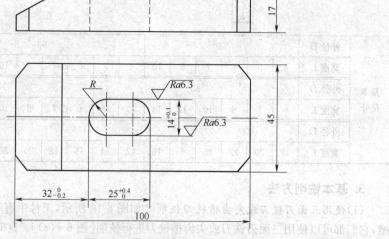

图 6-11 带封闭槽的工件

立铣刀铣削封闭沟槽时，应先在铣封闭沟槽位置处钻出落刀孔，并且，落刀孔的直径应小于沟槽宽度，如图6-12所示。这是因为立铣刀端齿处有中心孔，铣削中，当需要增加背吃刀量时，立铣刀顶端的刀刃部分能够把工件切去，而立铣刀中心孔处没有刀刃，因此没有切削作用，这样，会在所铣削的沟槽底面出现小圆锥体，而嵌在立铣刀顶端。当立铣刀切削开始径向进给，因凸出的小圆锥体阻挡会影响切削，轻则使所铣削沟槽的尺寸不准，严重时会折断铣刀。

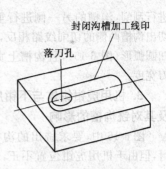

图 6-12 铣封闭沟槽
位置处钻出个落刀孔

使用立铣刀时，立铣刀一定要夹紧，防止切削过程中立铣刀向被切削沟槽的一侧偏让。发生偏让会多铣去一部分槽壁，使铣出的槽宽增加，影响铣削质量。当立铣刀伸出越长、立铣刀直径越小、吃刀量越大时，这种"让刀"现象就越为显著。

铣削时，可先用直径比槽宽小一些(可小1~2mm)的立铣刀粗铣，然后用直径等于槽宽的立铣刀精铣。或者选用直径略小于槽宽的立铣刀先铣去直角槽中间的大部分余量，然后采用较小的进给量，逐渐将槽加宽至所要求的尺寸。

铣削封闭槽，由于切屑容易堵塞，进给量应适当小一些。对于直径较小的立铣刀，铣刀转速可适当提高，并用切削液不断地冲去切屑，否则容易折断铣刀。

铣削铸铁工件上的通槽，为了避免槽口处折裂，当铣刀将铣至槽的终点时，应该停止自动进给而改用手动慢慢地进给，直到该槽全部铣完。

三、铣床和夹具的调整误差及其对铣90°沟槽的影响

为了使铣出的沟槽达到国家职业技能中提出的要求，铣削时应把握和解决好以下一些方面。

1. 铣床主轴轴向窜动量没调整正确及其对铣沟槽的影响

在第四章第三节中曾介绍过卧式铣床和万能铣床主轴轴向窜动量范围为0~0.015mm。

如图6-13所示为用窄三面刃铣刀铣较宽的90°沟槽的情况，通常先铣够深度尺寸，然后分段铣够宽度尺寸。如果铣床主轴轴向窜动量大，在铣削过程中，铣刀的侧面受力较大，迫使铣床主轴旋转时摆动，铣刀在不稳定状态下切削出的沟槽就会向外偏斜，容易造成被加工沟槽槽壁与工作台面不垂直。

2. 万能铣床回转盘没对正零位及其对铣沟槽的影响

前面谈到，万能铣床床鞍上面的回转盘，在不需要转动某角度的情况下，都必须准确地对正零位，它在铣削90°沟槽时同样应该是这样。

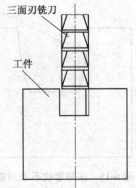

图 6-13 被铣削沟槽
宽度大于铣刀宽度

如图6-14所示是用三面刃铣刀铣90°沟槽，万能铣床的回转盘没对准零位时，造成纵向进给方向不垂直于主轴回转轴心线而引起的弊病。这时，当铣刀切入工件后，是由刀齿的刀尖

进行刮削,沟槽的另一侧进行重复切削,并且切出沟槽两侧的切削纹路相反,形成的沟槽呈凹圆弧形(图 6-15),且沟槽上宽下窄,大于铣刀宽度。

3. 机用虎钳钳体与下钳座没对正零位及其对铣沟槽的影响

图 6-16 中,要求铣出的沟槽与基准面平行,但由于机用虎钳位置不正,钳体与下钳座没对正零位,致使工件安装得歪斜,这时,虽然切削中的进给方向与铣床主轴轴线垂直,但切出的沟槽不与基准面平行。

出现这种废品的主要原因是由于工件安装歪斜引起的,所以,解决办法是将机用虎钳的安装位置调正。可将磁性表座吸在铣床垂直导轨上,千分表触头抵住固定钳口面,纵向移动工作台,如图 2-24(a)所示,在钳口面全长长度的允差不超过 0.01mm。

4. 立式铣床铣头没对正零位及其对铣沟槽的影响

在立式铣床上用立铣刀铣沟槽,如果铣头没对准零位,会使铣出的沟槽不规则。如图 6-17 所示的工件,要求由 ABDC 构成内封闭沟槽,铣出后,除了符合尺寸要求外,还要求沟槽的截面都垂直于工件底面,且"▭"形槽底必须在同一平面上。加工 AB 和 CD 段沟槽,工作台纵向进给;加工 AC 和 BD 段,工作台横向进给。

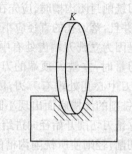

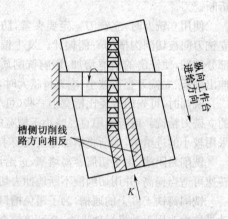

图 6-14 进给方向和主轴轴心线不垂直

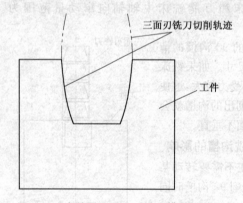

图 6-15 床鞍零位不准对铣沟槽的影响

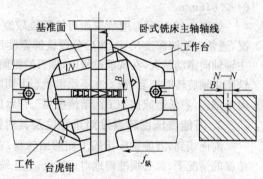

图 6-16 虎钳没对正零位对铣沟槽的影响

如果立式铣床立铣头的回转中心线与工作台的进给方向不垂直,纵向进给铣成的 AB 和 CD 段沟槽截形虽垂直于工件底面,但槽底呈内凹形[图 6-18(a)];而横向进给铣成的 AC 及

BD 段沟槽截形,槽形中线不垂直于工件底面[图 6-18(b)],且槽底与工件底面也不平行;所有槽底都不在同一平面上,完全不合乎技术要求。

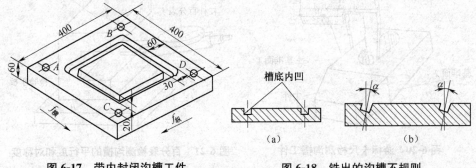

图 6-17　带内封闭沟槽工件

图 6-18　铣出的沟槽不规则
(a)槽底内凹　(b)沟槽中线不垂直

　　在万能铣床上安装上万能铣头,用立铣刀铣槽,若仍然铣削如图 6-17 所示的内封闭沟槽,铣 *AB* 和 *CD* 段还用纵向进给,铣 *AC* 和 *CD* 段还用横向进给,当万能铣头准确地对准了零位,而床鞍上的回转盘却偏离了零位(图 6-19)。先用纵向进给切出 *AB* 和 *CD* 段,形成的沟槽是两条平行的沟槽,工作台的偏斜对它没有任何影响;但是,以横向进给切削沟槽的 *AC* 和 *BD* 段时,出现的沟槽却与已铣出

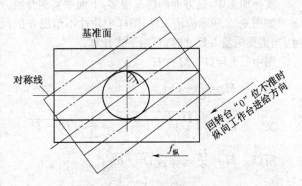

图 6-19　床鞍回转盘偏离零位

的两条沟槽不垂直,整体沟槽成为平行四边形的样子,即"▱"形,而成为废品。

四、90°沟槽的检测

1. 沟槽的直接测量

　　沟槽铣削完毕或在铣削过程中,要求测量其长度、宽度和深度的尺寸;一般沟槽的尺寸可使用游标卡尺直接测量,精度要求高的沟槽,则需使用极限量规(塞规)进行。其测量在第三章第二节中已有介绍。

　　测量沟槽对称度,可使用游标卡尺先测量沟槽内侧面至基准面 1 的尺寸(图 6-20),然后测量沟槽内侧面至基准面 2 的尺寸,两次测量的差值若符合要求,说明所加工沟槽满足对称度的要求。

　　精度要求较高的沟槽,可用杠杆百分表检验。这时,将工件放在检验平板上,分别以侧面 *A*，*B* 为基准面(图 6-21),然后使百分表测量头接触在槽的侧面上,移动工件检测,指针读数的最大差值即为沟槽平行度误差。当测过沟槽的一侧后,将工件转动180°,再测另一侧槽面,沟槽对称两点的差值即为对称度误差。

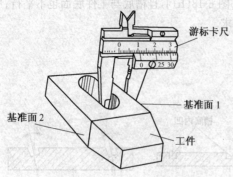

图 6-20 游标卡尺检测沟槽工件

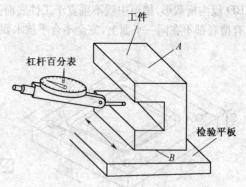

图 6-21 百分表检测沟槽的平行度和对称度

2. 沟槽的计算测量

实际加工中,这方面的情况很多,下面举实例介绍。

如图 6-22 所示沟槽工件,图样中往往不给出 h 的尺寸,当需要测量 h 尺寸时,可用下式计算。

图中　　$h = D - M - H$

因　　　$H = \dfrac{D}{2} - C$

又　　　$C = \sqrt{\left(\dfrac{D}{2}\right)^2 - \left(\dfrac{b}{2}\right)^2} = \dfrac{1}{2}\sqrt{D^2 - b^2}$

所以　　$H = \dfrac{D}{2} - \dfrac{1}{2}\sqrt{D^2 - b^2}$

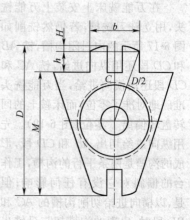

图 6-22 沟槽计算

$$h = D - M - \left(\dfrac{D}{2} - \dfrac{1}{2}\sqrt{D^2 - b^2}\right)$$

$$= 0.5(D + \sqrt{D^2 - b^2}) - M \qquad (式\ 6\text{-}2)$$

式中　h —— 外槽深度(mm);

　　　D —— 工件外径(mm);

　　　b —— 宽度(mm);

　　　M —— 槽底面到外圆下部的距离(mm)。

第二节　轴类工件上键槽的铣削

在《铣工国家职业技能标准(2009 年修订)》中,对初级铣工铣削键槽提出以下技能要求:

1. 能使用立铣刀铣削通键槽、半封闭键槽和封闭键槽。

2. 能使用三面刃铣刀铣削通键槽、半封闭键槽。

3. 能使用键槽铣刀铣削通键槽、半封闭键槽和封闭键槽。

4. 能使用半圆键槽铣刀铣削半圆键。

5. 能使铣削的键槽达到以下要求:

(1)尺寸公差等级:IT9;

(2)平行度:9级,对称度:9级;

(3)表面粗糙度:Ra3.2μm。

轴类工件上的键槽用于键联结,起传递扭矩的作用,常用键的联结形式如图 6-23 所示。

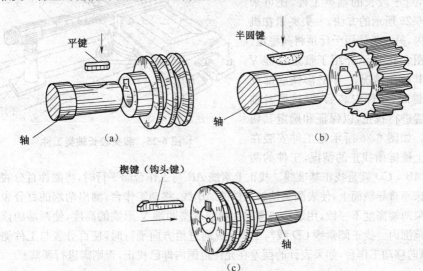

图 6-23　常用键联结形式

(a)平键联结　(b)半圆键联结　(c)楔键联结

键是标准件,在图样中一般不画出键的零件图,但要画出与键相配合的键槽形状,并标注出有关尺寸,如图 6-24 所示。

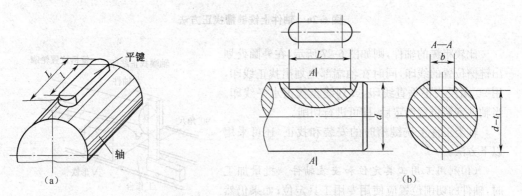

图 6-24　平键键槽及其在图样中画法

(a)平键键槽立体图　(b)在图样中画法

由于键和键槽的结构形式不同,铣键槽时使用的铣刀和铣削方法也不完全一样,本节介绍的是平键键槽和半圆键槽的铣削。

一、轴件上铣平键键槽

1. 工件的安装和找正

在第二章第二节中曾介绍过铣床加工轴类工件时使用的夹具和基本装夹方法,对于较长的轴类工件,还可采用如图 6-25 所示的方法,一头夹紧在机用虎钳内,另一头使用千斤顶将其稳定。

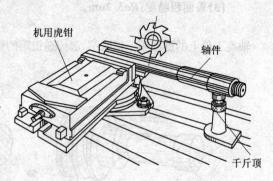

图 6-25　装夹较长轴类工件

如图 2-38 所示介绍了带定位键 V 形铁及其使用情况。当 V 形铁底部没有定位键时,轴件安装后,紧接要对轴件的位置进行找正,以保证和确定其切削位置。如图 6-26 所示是工件安装在 V 形铁上铣键槽找正的情况,工件的两条素线 AB , CD 就是找正基准线。找正上素线 AB 与工作台面平行时,将磁性百分表座吸附在铣床垂直导轨面上,使表测头接触工件的 AB 线,移动工作台,测出两端的百分表读数值。如果两端高度不一致,用纸片或薄铜片垫起调整两端 V 形铁的高度,使两端的读数差在允许范围内。找正侧素线 CD 线与工作台纵向进给方向平行时,使百分表与工件侧素线接触,纵向移动工作台,如果表针的摆差在允许范围内即已找正,否则需进行调整。

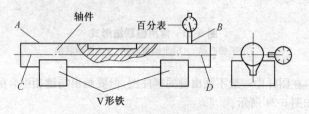

图 6-26　轴件上铣键槽找正方法

比较粗糙的轴件,则如图 6-27 所示,在外圆处划出键槽位置的线印,同时在轴端部也划出找正线印,用 90°角尺找正垂直线印,或划线盘找正水平线印。当轴件安装位置确定后,即可进行切削。

轴类工件上铣键槽时的安装和找正,还可采用以下方法。

(1)利用专用工具定位和安装轴件　批量加工时,轴件的切削位置应使用专用工具定位;如果仍然采用每次找正的方法,势必影响铣削效率。如图 6-28 所示是以平行挡铁作为定位工具的情况,开始时,先

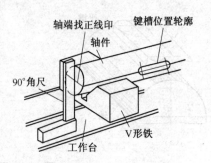

图 6-27　使用 90°角尺找正垂直线印

将平行挡铁的位置找正和确定,将两块尺寸完全相等的 V 形铁紧靠在平行挡铁处,轴件放在 V 形铁上,夹紧后就可以进行铣削了。每次装夹轴件时,都要注意使 V 形铁的定位基准

面与平行挡铁严密接触好。

（2）利用工作台上的T形槽装夹轴件　轴件直径不大，且在铣削轴件上半封闭式键槽时，适于采用这种安装方式。

如图6-29所示是将轴件直接装夹在铣床工作台T形槽上的情况。工作台上的T形槽是精度较高的定位基准面，T形槽槽口处的倒角相当于V形铁上的V形槽，能起到定位作用，并使用压板将轴件夹紧。阶梯轴件和大直径轴件不适合采用这种办法。

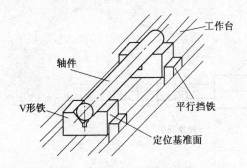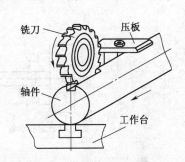

图 6-28　以平行挡铁定位装夹轴件　　**图 6-29　利用工作台T形槽定位装夹轴件**

在万能铣床上采用这种安装方法，要注意对工作台找正零位，工作台出现的零位误差，会导致铣出的键槽会轴向偏斜，并且，零位误差越大，键槽偏斜的越严重。

单件铣削轴类工件上键槽时，可将轴件安装在机用虎钳内，如图6-30所示。对于定位精度要求较高的轴类工件，外圆直径不太大时，可安装在万能分度头上，如图6-31（a）所示是在万能分度头两顶尖之间安装轴件的情况，如图6-31（b）所示是轴件一头夹紧在三爪自定心卡盘内，另一端用尾座顶尖顶持的情况。

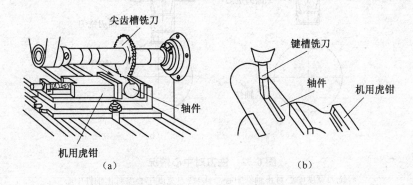

图 6-30　轴件安装在机用虎钳内

(a)在卧式铣床上加工　(b)在立式铣床上加工

2. 铣削前对中心工作

在卧式铣床上使用三面刃铣刀（或尖齿槽铣刀）铣键槽时，要使铣刀宽度中心对准轴件中心。在立式铣床上使用键槽铣刀铣键槽时，要使键槽铣刀的中心对正轴件中心，这是为了保证铣出的键槽对称于轴件的中心线[图6-32（a）]；否则，铣出的键槽两边槽壁高度会不

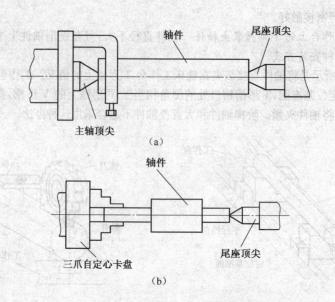

图 6-31 万能分度头上安装轴件

(a)装夹在两顶尖之间　(b)装夹在三爪自定心卡盘和后顶尖之间

一致(即一边高一边低)[图 6-32(b)]。常用对中心方法有以下几种。

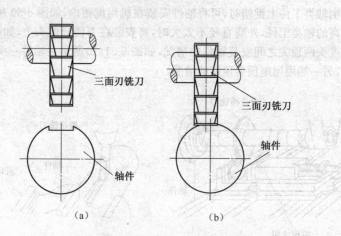

图 6-32 铣刀对中心情况

(a)铣刀宽度中心对正轴件中心　(b)铣刀宽度中心没对正轴件中心

(1)工件移距法对中心　这种方法如图 6-33 所示。操作时,先在轴件外圆的侧面裹上一层薄纸,用手轻轻拉住纸的两头。开动铣床,使轴件靠近旋转中的铣刀,当刀齿切破薄纸后,降下工作台,再将工作台朝着轴件中心的方向横向移动一个距离 A,从而使铣刀中心对正轴件中心。距离 A 用下式计算。

用三面刃铣刀切削时[图 6-33(a)]:

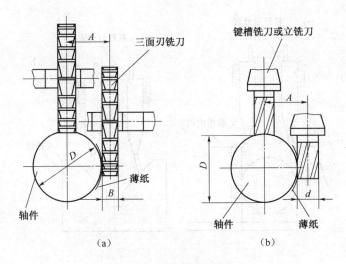

图 6-33 工件移距法对中心

(a)用三面刃铣刀或立铣刀 (b)用键槽铣刀

$$A = \frac{D+B}{2} + \delta \qquad \text{(式 6-3)}$$

用键槽铣刀或立铣刀切削时[图 6-33(b)]：

$$A = \frac{D+d}{2} + \delta \qquad \text{(式 6-4)}$$

式中 D——轴件直径(mm)；

　　 B——三面刃铣刀宽度(mm)；

　　 δ——铣刀旋转摆差值(mm)；

　　 d——键槽铣刀或立铣刀直径(mm)。

采用这种切纸对中心方法，如果认真一点，在铣刀切破薄纸时是不会划伤轴件表面的，若万一不小心切伤了轴表面(图 6-34)，可将轴上被切伤处作为铣刀切削键槽时的起点位置。

(2)杠杆百分表对中心 立式铣床上铣削精度要求高的键槽时，可采用这种对中心方法。

如图 6-35(a)所示是轴件安装在机用虎钳内使用杠杆百分表对中心情况。将杠杆百分表固定在立式铣床铣头的主轴端面上，用手转动主轴(为了轻松地转动，可将主轴调至最高转速)，观察百分表分别在固定钳口和活动钳口两侧的读数，如果两侧读数相同，说明已对正中心，否则需调整轴件位置。

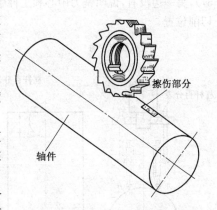

图 6-34 铣刀切伤轴件表面

如图 6-35(b)所示是轴件安装在 V 形铁上对中心情况，当杠杆百分表在 V 形槽两侧的读数相同时，就对正中心了。

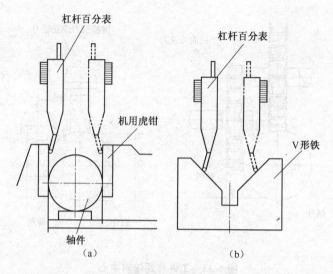

图 6-35　杠杆百分表对中心(一)

(a)轴件安装在机用虎钳内　(b)轴件安装在 V 形铁内

　　当轴件直径较大时,还可采用图 6-36 所示方法,仍然将杠杆百分表固定在立式铣床主轴端面上,对中心过程中它的回转半径最好小于轴件半径的一半,在靠近轴件端面三分之二的地方,扳动铣床主轴,使杠杆百分表转动,观察百分表在轴件两侧最低处的读数,当百分表在轴件两侧的 A 点和 B 点的读数相等后,此时铣床的主轴中心就准确地对准工件中心了。此时,键槽切削位置已经确定,即可去掉杠杆百分表,换上键槽铣刀进行铣削。

　　(3)试铣法对中心　被铣削键槽精度不高时,可采用这种对中心方法。先在铣键槽位置处切出一个小平面,使铣刀对正小平面,即对正轴件中心。如果小平面一边有棱边(图 6-37),另一边没有,说明铣刀中心和工件中心不重合,应将工件向没有棱边的一方移动,调整切削位置。

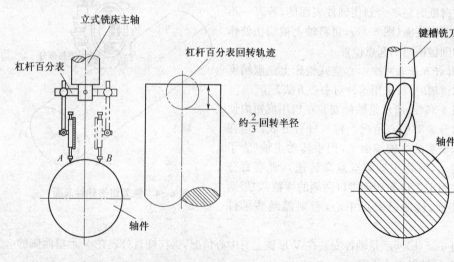

图 6-36　杠杆百分表对中心(二)　　　　　　**图 6-37　铣刀中心没对正工件中心**

如图 6-38 所示是试铣法正确对中心方法。先将工件大致调整到铣刀中心位置上,接着在轴件表面铣削出一个切痕。如果使用三面刃铣刀,铣出的是椭圆形切痕[图 6-38(a)];如果使用键槽铣刀或立铣刀,铣出的切痕是个边长等于铣刀直径的方形小平面[图 6-38(b)];然后横向移动工作台,使铣刀对正铣出的印痕,铣刀就对正轴件中心了。

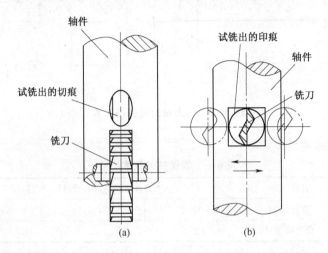

图 6-38 试铣法对中心
(a)使用三面刃铣刀 (b)使用键槽铣刀或立铣刀

3. 铣削方法和操作要点提示

如图 6-39 所示是普通平键联结情况。从图中可以看出,轴上键槽的两个侧面是工作表面,也就是在平键联结中,轴键槽的两侧面与键的两侧面相配;因此,对键槽的宽度尺寸有较高的要求,键槽两侧面的表面粗糙度值较小,一般为 $Ra\,3.2\mu m$,并且对键槽与轴线的对称度也有一定要求,同时要求键槽的两侧面与轴件轴线相垂直且槽底面和轴心线平行;但对轴键

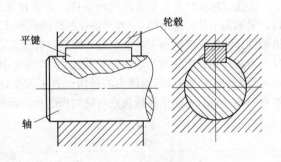

图 6-39 普通平键连接

槽的深度和长度尺寸的要求较低,槽底面表面粗糙度值较大。

(1)铣轴上封闭键槽 如图 6-40 所示是铣轴上封闭键槽工件,确定在立式铣床上加工,其主要操作步骤和重点提示如下。

①选择和安装铣刀。在立式铣床上铣封闭键槽时,尽量使用键槽铣刀,因为这种铣刀是双齿对称的螺旋刀齿,在铣削过程中其径向力相互平衡;并且键槽铣刀齿数少,强度和刚性好,易排屑,切削趋于平稳;所以铣出的键槽宽度尺寸容易得到保证。

由于键槽的铣削深度一般都比较小,所以,键槽铣刀经使用磨损后,仅是在端面处长度内有磨损,这时,只要刃磨铣刀的端齿部分,可使键槽铣刀刃磨后的外径尺寸不变。

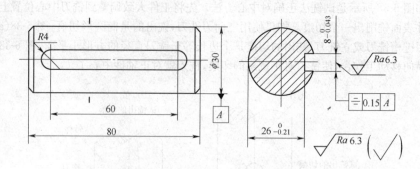

图 6-40   轴上铣封闭键槽工件

键槽铣刀的规格尺寸见表 6-4。

表 6-4   键槽铣刀基本尺寸

直柄键槽铣刀	直径/mm	2,3,4,5,6,8,10,12,14,16,18,20		
锥柄键槽铣刀	直径/mm	14,16,18,20,22	25,28,32	36,40,45,50
	莫氏圆锥号	2	3	4

　　加工时,所使用的键槽铣刀选好后,通过铣刀杆将其装夹在立式铣床主轴锥孔内。安装键槽铣刀应尽量消除旋转中摆差;若摆差大时,所选择的铣刀直径应比所加工键槽宽度稍小些,以防铣出的键槽宽度超差。

　　②在铣床工作台上装夹并找正轴件。安装和找正轴件时可按照前面介绍过的方法进行。但轴类工件上铣键槽,一般是轴件的外圆在车床上精车之前进行的(待铣完键槽后,再将轴件外圆精加工),由于各个工件外圆直径有差异,安装轴件时应考虑其中心位置变动情况。当在万能分度头前后顶尖间安装轴件时,因有中心孔的制约,所以,装卸工件过程中只是后顶尖轴向位置移动,而顶尖的径向位置不改变,所以,它不会影响轴件中心线位置,如图 6-41(a)所示,只是工件最高点与铣刀齿的相对距离随工件直径的不同而不同。

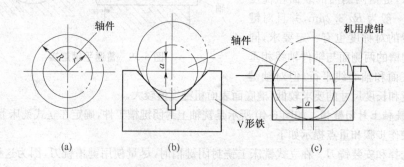

图 6-41   轴件的安装和中心位置

(a)万能分度头上安装轴件　(b)V 形铁上安装轴件　(c)台虎钳上安装轴件

　　利用 V 形铁安装工件,是铣削轴件上键槽时常用的装夹方法。因为 V 形铁上的两倾斜面确定了工件中心线的位置,所以,工件直径的变动对其中心线影响只是上下位置改变,而左右位置不变,如图 6-41(b)所示。工件最高点与铣刀齿的相对高度也随之变动。成批加工中采用这种安装工件的方法,当键槽铣刀的中心线与 V 形槽的对称平面重合时,它能保证这一批工件上轴槽的对称度。当这批工件的直径因车床上车削误差而有所变化时,虽然对轴上键槽的深度有影响,但变化量一般不会超过键槽深度的尺寸公差。

利用机用虎钳安装轴件,中心线位置会随着工件直径的不同而改变,如图 6-41(c)所示,其中心线变动的距离等于工件半径之差,工件最高点与铣刀齿相对高度变动也等于工件半径之差。成批加工采用这种装夹方法,由于轴件直径有变化时,轴件在左右(水平)位置和上下位置都会产生变化,从而影响键槽的深度尺寸和键槽对称度,所以成批加工轴件上的键槽时,如工件未经精加工,最好不采用台虎钳夹持法。

若轴件外圆在铣键槽前已经在车床上进行了精车加工,这时采用机用虎钳装夹,各个轴件的轴线位置变动就很小,批量生产时还是可以采用的。

为了保证铣出的键槽两侧面和槽底面都平行于轴件的轴线,安装和找正轴件时,必须使其轴线平行于工作台的纵向进给方向(即平行于工作台台面);当采用机用虎钳装夹找正时,除了使固定钳口与工作台纵向进给方向平行(前面已有介绍),还应校正轴件上素线与工作台台面平行。

③铣刀中心对正工件中心。本例轴件键槽的精度要求较高,但轴件直径又不大,可采用如图 6-35 所示的杠杆百分表对中心方法。

④调整铣床铣削用量。使用键槽铣刀铣键槽主要靠端面刀齿。为了减少铣刀圆柱面上刀齿的磨损,铣削时的背吃刀量应选小些,而纵向进给量可选大些,这样,刀具端面刀齿的磨损量较大,在刃磨中只磨端齿,以保持铣刀直径不变。如果使用立铣刀铣削键槽,主要用圆柱面上的刀齿,因此背吃刀量可选得大些,这时,刀齿周围磨损得快;铣刀变钝后,刃磨圆柱面刀齿,但刃磨后铣刀的直径要变小。

⑤进行铣削。如图 6-42 所示,轴类工件上铣封闭键槽也像矩形工件上铣 90°沟槽一样,需要在铣削前先钻出一个落刀孔,然后再安装工件进行铣削。

轴上铣键槽一般采取使用直径较小的键槽铣刀,分几次吃刀,如图 6-43(a)所示,分层地将键槽粗铣至键槽深度后,在键槽槽壁的每边留出0.3~0.5mm 的精铣余量,然后,采取往复进给的方法进行精铣,如图 6-43(b)所示,直至键槽各部尺寸符合要求。

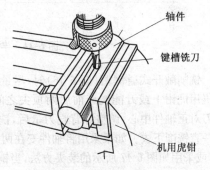

轴件

键槽铣刀

机用虎钳

图 6-42　键槽铣刀铣封闭键槽

如果使用直径与键槽宽度相等的键槽铣刀,直接分层地将键槽铣出,这样往往会在键槽槽壁出现多条接刀印,影响键槽质量。对于精度很低的键槽,可以采用这种方法。

(2)铣轴上半封闭键槽和通键槽　铣半封闭键槽和通键槽时的方法步骤以及操作要点,与铣封闭键槽时基本相同。

半封闭键槽轴件如图 6-44 所示,铣削时一般使用三面刃铣刀(图 6-45)或尖齿槽铣刀在

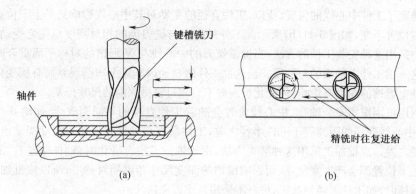

图 6-43 键槽铣削方法

(a)粗铣键槽 (b)精铣键槽

卧式铣床上进行。这时,键槽的宽度由铣刀的宽度来保证。由于半封闭键槽的尾端呈圆弧状,所以,在选用铣刀时,要注意使铣刀半径与键槽尾端的半径基本适应。

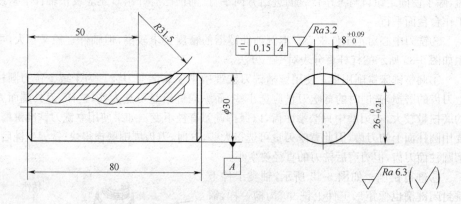

图 6-44 半封闭键槽轴类工件

铣削敞开式通键槽(图 6-46)时,尽量把工件安装在机用虎钳上或万能铣床前后两顶尖之间。这样,在铣刀对正轴件中心,调整好背吃刀量后,铣刀可顺着键槽一直铣削下去。如果采用将轴件安在两个 V 形铁之间,或采用如图 6-47 所示的装夹方法,当铣过一部分键槽的长度后,还需要挪动压板和螺栓的位置;在这种情况下,轴件的安装位置容易变化,影响键槽质量,甚至将轴件铣成废品。

被铣削轴件如果较长,使用机用虎钳装夹时可如图 6-25 所示,使用 1~2 个千斤顶将轴件支承起来;或

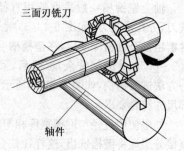

图 6-45 铣轴上半封闭键槽

采取两个机用虎钳装夹的方法,但这时,要注意使用百分表对两个机用虎钳的固定钳口面进行校正,使两个固定钳口面同时与纵向进给方向平行,并且在同一条线上。

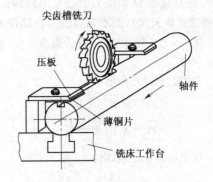

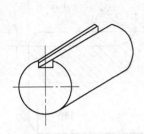

图 6-46　敞开式通键槽轴件　　　　图 6-47　铣通键槽时一般不采取的装夹方法

4. 铣键槽时有关计算

轴件上键槽的深度和有关尺寸一般都在图样中标注,但实际铣削中,有时会遇上需要计算的情况。下面举例说明计算方法。

(1)键槽深度的计算　如图 6-48 所示,键槽底到相对轴表面的距离是 M,轴的直径是 d,键槽宽度是 b。由图 6-48 中可以看出 $t = \overline{OA} + \dfrac{d}{2} - M$,在阴影直角三角形内,根据勾股弦定理可得:

$$\overline{OA} = \sqrt{\left(\frac{d}{2}\right)^2 - \left(\frac{b}{2}\right)^2} = \frac{\sqrt{d^2 - b^2}}{2}$$

图 6-48　键槽深度计算

所以　　　　$t = \dfrac{d + \sqrt{d^2 - b^2}}{2} - M$　　　　(式 6-5)

移项得:　　　$M = \dfrac{d + \sqrt{d^2 - b^2}}{2} - t$　　　　(式 6-6)

[例 6-1]　一轴的直径 $d = 30\text{mm}$,开有键槽,测得槽底到轴表面距离 $M = 25.46\text{mm}$,键槽宽度 $b = 8\text{mm}$,求算键槽有效深度 t 是多少?

[解]　用式 6-5 计算:

$$t = \frac{d + \sqrt{d^2 - b^2}}{2} - M = \left(\frac{30 + \sqrt{30^2 - 8^2}}{2} - 25.46\right)$$

$$= 4(\text{mm})$$

[例 6-2]　一轴直径 $d = 40\text{mm}$,要铣出宽 10mm,有效深度 $t = 5\text{mm}$ 的键槽,求算槽底到相对轴表面的距离 M 是多少?

[解]　用式 6-6 计算:

$$M = \frac{d + \sqrt{d^2 - b^2}}{2} - t = \left(\frac{40 + \sqrt{40^2 - 10^2}}{2} - 5\right)$$

$$= 34.365(\text{mm})$$

(2)半封闭键槽铣削长度的计算　如图 6-49 所示的半封闭式键槽,图中给出了键槽深

度 t，铣刀直径 D 和铣刀中心至工件端面距离 L_1（即键槽有效长度），而不知道铣刀在轴件表面铣过的长度 L，为了保证 L_1 达到所要求长度，就需要计算 L 尺寸。

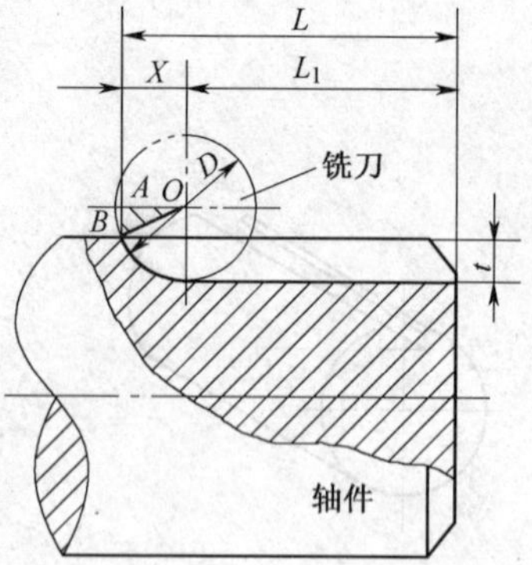

在阴影直径三角形中

$$\overline{OA}^2 = \overline{OB}^2 - \overline{AB}^2$$

$$\overline{OA} = X, \quad \overline{OB} = \frac{D}{2}, \quad \overline{AB} = \frac{D}{2} - t$$

根据勾股弦定理，得：

$$X^2 = \left(\frac{D}{2}\right)^2 - \left(\frac{D}{2} - t\right)^2$$

$$X = \sqrt{\left(\frac{D}{2}\right)^2 - \left(\frac{D}{2} - t\right)^2}$$

$$X = \sqrt{t(D-t)} \tag{式 6-7}$$

计算 L 时用下面公式

$$L = X + L_1 \tag{式 6-8}$$

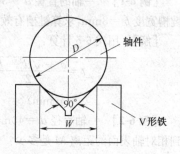

图 6-49 半封闭式键槽铣削长度计算

[例 6-3] 所铣削轴件上半封闭键槽深度 $t = 6\text{mm}$，用直径 $D = 80\text{mm}$ 的尖齿槽铣刀加工，求铣刀在轴件表面走过多长距离，键槽有效长度 L_1 可达到 50mm？

[解] 用式 6-7 计算 X 长度：

$$X = \sqrt{t(D-t)} = \sqrt{6 \times (80-6)} = 21.07(\text{mm})$$

用式 6-8 计算 L 长度：

$$L = X + L_1 = (21.07 + 50) = 71.07(\text{mm})$$

即：铣刀在轴件表面铣够 71.07mm 时，键槽有效长度正好达到 50mm。

(3) V 形铁支承范围的计算 铣削键槽时，经常使用 90°V 形块支承轴件，这时，V 形铁支承轴件的范围应适当。如轴件直径太大，容易引起装夹不稳定，如图 6-50 所示；工件直径太小，则不能很好地装夹。各种宽度的 90°V 形铁支承轴件的最大直径可用下式计算：

$$D = 1.414W \tag{式 6-9}$$

式中 D——V 形铁支承轴件的最大直径(mm)；

W——V 形铁 V 形槽上顶面的宽度(mm)。

若已知轴件直径，选择 90°V 形块 V 形槽上顶面的宽度 W 时用下式计算：

$$W = 0.7071D \tag{式 6-10}$$

[例 6-4] 有一 90°V 形铁，V 形槽顶面的宽度为 60mm，求该 V 形铁可支承轴件的最大直径是多少？

[解] 用式 6-9 计算：

$$D = 1.414W = 1.414 \times 60 = 84.84(\text{mm})$$

图 6-50 V 形铁支承范围计算

(4) 利用 V 形铁找轴件圆心的计算 轴类工件找圆心时，可将轴件放在 60°V 形铁左边平板平面 A 上，如图 6-51 所示，平面 A 和 V 形槽底尖端 F 等高。这时用划线盘按照轴件最高点(图中 a 点)调好高度，然后把轴件放在 V 形槽内，用调好高度的划线盘在工件上划出

AB 线;再将工件转动 $90°$,划出 CN 线。AB 和 CN 的交点 O 就是轴件中心。

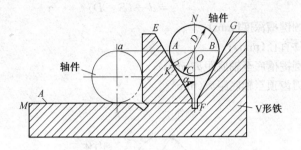

图6-51 利用V形铁找轴件中心计算

二、轴件上铣半圆键槽

半圆键连接如图 6-52 所示。半圆键在键槽中能绕自身中心沿槽底圆弧摆动,以适应轮毂上键槽的配合要求。

半圆键槽的宽度尺寸精度要求较高,表面粗糙度值小,并要求半圆键槽的两侧面平行,且对称于轴件中心线。

1. 铣半圆键槽有关计算

铣半圆键槽时使用半圆键槽铣刀切削,如图 6-53 所示。半圆键槽深度一般采用间接方法测量,取一块直径和宽度都略小于键槽铣刀尺寸的圆柱体嵌入槽内,如图 6-54 所示,使用千分尺量出距离 S,计算键槽宽度 h〔图 6-55(a)〕用下面公式:

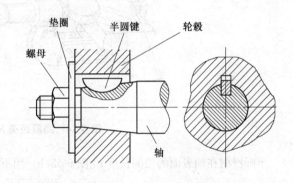

图6-52 半圆键连接

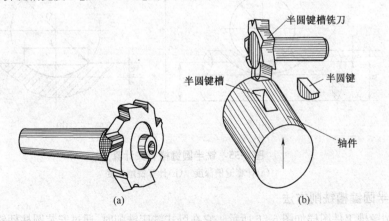

(a)   (b)

图6-53 半圆键槽的铣削

(a)半圆键槽铣刀　(b)半圆键槽铣削情况

$$h = d - H$$
$$= d - (S - D) \qquad\qquad (式\ 6\text{-}11)$$

式中　　h ——半圆键槽深度(mm)；

　　　　d ——轴件直径(mm)；

　　　　H ——半圆键槽底至轴底距离(mm)；

　　　　S ——铣刀齿顶至轴底距离(mm)。

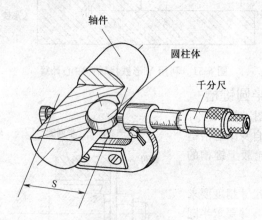

图 6-54　测量距离 S

半圆键槽在轴表面的切削长度 l［图 6-55(b)］用下式计算：

$$l = 2\sqrt{h(D - h)} \qquad\qquad (式\ 6\text{-}12)$$

式中　　h ——半圆键槽深度(mm)；

　　　　D ——半圆键槽铣刀直径(mm)。

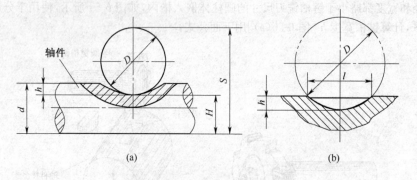

(a)　　　　　　　　　　　(b)

图 6-55　铣半圆键槽有关计算

(a)计算键槽深度　(b)计算铣削长度

2. 半圆键槽铣削方法

半圆键槽工件图样如图 6-56 所示。它在卧式铣床铣削时，通过安装圆柱柄铣刀时使用的带弹簧夹头的铣刀杆，将半圆键槽铣刀安装在铣床主轴的前端锥孔内，如图 6-57 所示。若铣刀伸出部分较长，可在支架孔内塞入一个小顶尖，顶在半圆键槽铣刀的前端的顶尖孔内,这样能增加铣刀的刚性。铣削时采用垂直进给的方法。

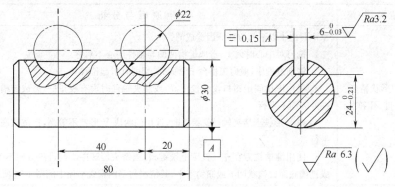

图 6-56 半圆键槽工件图样

铣半圆键槽时的工件装夹及其找正和对中,以及确定铣刀切削位置等,与轴件上铣平键键槽时的大同小异。

在立式铣床上铣半圆键槽,其铣削情况如图 6-58 所示。为了增加半圆键槽铣刀的刚性,还可采用如图 2-89 所示的带三爪自定心卡盘的铣刀杆上。由于这种铣刀刚性弱,铣削时进给要缓慢,以防止铣刀折断,为了改善散热条件,要充分浇注切削液。

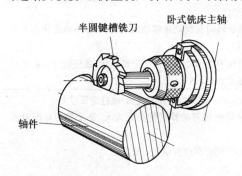

图 6-57 卧式铣床上铣半圆键槽

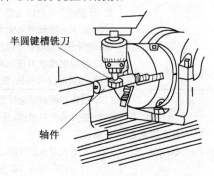

图 6-58 立式铣床上铣半圆键槽

三、铣键槽中的质量分析

由于工艺系统和加工方法等方面因素的影响,铣削出的键槽有时会不完全符合图样中质量要求,其质量分析情况见表 6-5。

表 6-5 铣键槽废品种类和质量分析

废品种类	产生原因与分析
键槽的宽度大于或小于图样中所要求宽度尺寸	铣出的键槽宽度大于图样中所要求的尺寸,主要是由于三面刃铣刀的端面摆动量大;若使用键槽铣刀铣削,则是由于键槽铣刀的径向圆跳动量大而引起的。另外,在铣削过程中,如果铣刀的背吃刀量太大,进给量也过大时,会产生"让刀"现象,也容易将键槽铣宽。 如果铣出的键槽宽度小于图样中的尺寸,一般是由于三面刃铣刀或键槽铣刀刃磨后尺寸变小,而操作者在使用前对铣刀未加检查引起的

续表 6-5

废品种类	产生原因与分析
键槽的形状精度、位置精度不符合要求	主要由于以下几方面原因造成的： 1. 铣刀对中心时偏了，造成键槽两侧与轴件中心不对称； 2. 铣削过程中，横向工作台未紧固好，切削时引起位移； 3. 机用虎钳固定钳口没有校正好，或装夹轴件时没有校正好，造成键槽侧面与轴件外表面不平行； 4. 在 V 形铁上装夹轴件铣键槽时，选用的两块 V 形铁不等高，造成槽底与轴线不平行； 5. 使用键槽铣刀在立式铣床上铣键槽，当铣头旋转中心与进给方向不垂直，会造成键槽底面成弧状凹下或倾斜不平，其情况与第四章铣平面中的图 4-34 所示相一致
铣出的沟槽上宽下窄	1. 在万能铣床上采用三面刃铣刀加工键槽时，若工作台的零位不准，加工出的键槽两侧面会呈凹形； 2. 用直径大宽度小的三面刃铣刀铣宽沟槽，进行宽度补充铣削中，没有用铣刀全部宽度切削，铣刀受力易偏让，使槽壁倾斜； 3. 铣薄壁工件时，如果使用已钝的铣刀，进给时产生的铣削力就大，使工件两壁向外张； 4. 铣刀刃磨出斜度； 5. 使用小直径键槽铣刀铣小宽度键槽时，铣刀刚度弱，铣削过程中，铣刀向外偏让，致使槽壁倾斜而变成上宽下窄； 6. 铣床主轴轴承间隙大，主轴旋转时有摆动和窜动现象，铣刀在不稳定状态下工作，切削出的键槽容易向外偏斜； 7. 使用键槽铣刀铣削时，夹持铣刀的弹簧夹头内孔呈锥孔状，致使铣刀在切削时晃动，刀齿向两旁偏让，铣出的键槽上宽下窄
键槽表面粗糙度值超过图样中要求	1. 铣床切削用量选择的不适宜，如主轴转数选择的过低，或进给量过大； 2. 铣刀装夹不牢固，或者夹持键槽铣刀的弹簧夹头孔太大，造成铣刀切削时不平稳； 3. 键槽铣刀直径较细，强度弱，铣削过程中有偏让刀现象； 4. 铣刀切削刃刃口磨损，铣刀变钝； 5. 加工钢件时，铣削液使用不合理或不充分

　　铣键槽时易出现的弊病或废品，除了表 6-5 中介绍的之外，还有键槽两侧面与轴件中心线不平行，如图 6-59 所示，主要是因为在工作台上装夹轴件时，没将轴件安装位置找正确，致使轴件中心线与工作台进给方向不平行；还有是由于铣床床鞍回转盘没对正零位，或者机用虎钳的转盘没对正零位而引起的。再有键槽底面与轴件中心线不平行，如图 6-60 所示，主要是由于安装轴件时，轴件上的素线与工作台面不平行而造成的。

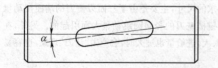

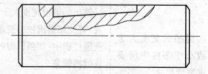

图 6-59　键槽两侧面与轴件中心线不平行　　　图 6-60　键槽底面与轴件中心线不平行

实际加工中,要考虑铣床、铣刀、夹具和工件各方面因素的影响,多观察多总结经验,认真掌握铣削规律,杜绝可能出现的一切不良情况。

四、键槽的检验

1. 键槽宽度的检测

少量铣削时,沟槽宽度可用游标卡尺或内径千分尺测量。批量加工中,常使用界限量规(图 6-61)或塞规(图 6-62)测量。检测时,通端能在被测量处通过,而止端不能通过,这样的键槽宽度为合格。

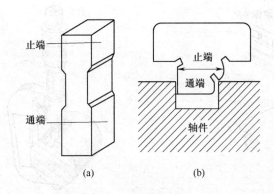

图 6-61　界限量规检测键槽宽度
(a)界限量规的一种形式　(b)检测情况

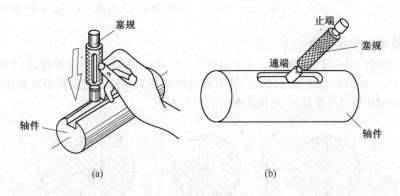

图 6-62　塞规检测键槽宽度
(a)塞规插入键槽内　(b)检测情况

2. 沟槽深度的检测

键槽深度可使用游标卡尺测量,如图 6-63 所示,轴件外径减去所测距离 H,即是键槽深度尺寸。比较准确的测量方法是放上一个比槽深度大的量块或其他光洁的标准方铁块,如图 6-64 所示,测出的距离减去量块高度就是键槽底面至圆柱面的尺寸 H,工件外径减去 H 尺寸就是键槽深度。

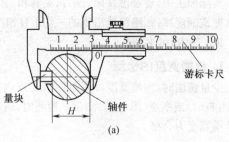

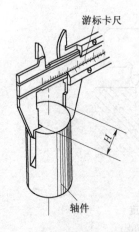
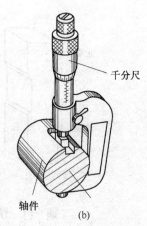

图 6-63   游标卡尺检测键槽深度

图 6-64   辅以量块检测键槽深度

(a)使用游标卡尺测量   (b)使用千分尺测量

3. 键槽对称度检测

平键键槽的对称度即键槽在轴件上相对中心位置的准确程度。铣削时,如果键槽铣刀的进给中心与轴件中心线重合,那么,铣出的键槽两侧面到轴芯的垂直距离是相等的;否则,铣出的键槽就会产生偏离,出现如图 6-65 所示情况。

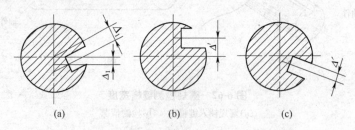

图 6-65   键槽铣削误差

(a)键槽向上倾斜   (b)键槽垂直偏离   (c)键槽向下倾斜

普通键槽的对称度可使用如图 6-66 所示的检测方法,键槽铣好后,轴件位置不要挪动(工件不卸下),接着在工作台面放上百分表座,使表测量头接触键槽两壁槽口上边缘,沿轴向移动百分表座,检查在键槽两侧面的全长内,槽口两边缘是否等高,如果不等高,说明键槽中心位置偏离。

　　铣完键槽后，如果轴件已经从夹具上卸下，检验键槽对称度时，可将轴件夹持在标准 V 形铁内，如图 6-67 所示。V 形铁放在一个标准平板上，使用划线盘将轴端中心线与标准 V 形铁端面的中心线找平至一条线上，然后用杠杆百分表与键槽下侧面接触并压下约 0.5mm，转动百分表盘，将指针对正"0"位，接着使 V 形铁转动 180°，检测键槽另一下侧面，百分表两次测量的读数差，就是所铣键槽的对称度偏差值。

　　大批量加工中，键槽对称度常使用样板进行综合检测，如图 6-68(a) 所示键槽的形状和尺寸都合乎要求，如图 6-68(b) 所示键槽中心位置偏移，如图 6-68(c) 所示则是键槽深度太浅。

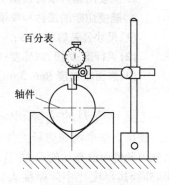

图 6-66　检测键槽对称度(一)

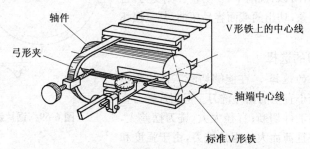

图 6-67　检测键槽对称度(二)

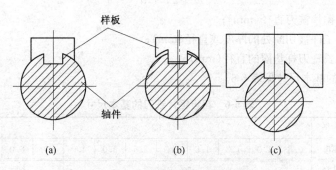

图 6-68　使用样板综合检验键槽
(a)键槽合乎要求　(b)键槽中心位置偏移　(c)键槽深度太浅

第三节　铣窄槽和工件切断

　　在《铣工国家职业技能标准(2009 年修订)》中，对初级铣工的工件切断加工提出以下技能要求：

　　1. 能使用锯片铣刀切断工件。

2. 能使用锯片铣刀铣削窄槽。

3. 能使切断的工件和窄槽达到以下要求:

(1)尺寸公差等级:IT9;

(2)平行度:9 级,对称度:9 级;

(3)表面粗糙度 Ra6.3μm。

一、锯片铣刀的选择和安装

在铣床上铣窄槽和切断工件时使用锯片铣刀。锯片铣刀两侧面没有切削刃,并且,在同一个锯片铣刀上,外周边厚度比中间厚度大(即越接近中心越薄),如图 6-69 所示。这是为了减小摩擦,使切削轻快,同时,避免在切割中被工件挤住。由于这种铣刀都很薄,极易损坏,所以,铣削中,要防止一侧受力,否则,会产生偏置现象,切出的截面容易扭曲,甚至损坏铣刀。

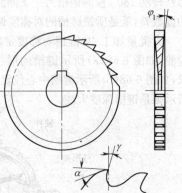

图 6-69 锯片铣刀结构

1. 锯片铣刀的选择

(1)铣刀直径的选择 在能够切断工件的前提下,应尽量选择较小直径的锯片铣刀。但锯片铣刀直径太小,就不能将工件切断;直径太大,铣刀摆差大,容易产生振动,并且薄而大的锯片铣刀,由于强度和刚性不足,容易折断。选择锯片铣刀直径 D 时用下面公式:

$$D > 2t + d \qquad \text{(式 6-13)}$$

式中 D——锯片铣刀直径(mm);

t——工件被切断处的厚度或直径(mm);

d——长铣刀杆垫圈的直径(mm)。

锯片铣刀的基本尺寸见表 6-6。

表 6-6 粗齿锯片铣刀的基本尺寸 （mm）

基本尺寸	外径	63										80	
	厚度	0.8	1.0	1.2	1.6	2.0	2.5	3.0	4.0	5.0	6.0	0.8	1.0
	外径	80						100					
	厚度	1.2	1.6	2.0	2.5	3.0	4.0	5.0	6.0	0.8	1.0	1.2	1.6
	外径	100						125					
	厚度	2.0	2.5	3.0	4.0	5.0	6.0	1.0	1.2	1.6	2.0	2.5	3.0
	外径	125			160							200	
	厚度	4.0	5.0	6.0	1.2	1.6	2.0	2.5	3.0	4.0	5.0	6.0	1.6
	外径	200						250					
	厚度	2.0	2.5	3.0	4.0	5.0	6.0	—	—	2.0	2.5	3.0	4.0	5.0	6.0

（2）铣刀齿数的选择　锯片铣刀有粗齿、中齿和细齿之分。同样直径和厚度的锯片铣刀，齿数越少，齿的强度也就越高，并且容屑槽大、排屑性能好和散热快。在切断厚度较大的工件中，常因排屑不利而打坏刀齿较为常见，所以应尽量选用齿数较少的粗齿铣刀；而在切断较薄的工件时，可使用中齿或细齿锯片铣刀。

2. 锯片铣刀在铣床上的安装

锯片铣刀一般在卧式铣床上铣削时使用，安装在长铣刀杆上，其方法与安装圆柱铣刀时基本相同。但由于锯片铣刀的特殊点，在铣床上安装时还应做好以下几点。

①锯片铣刀刚性差，强度低，容易断裂。为了减少锯片铣刀的损坏，可用夹持片夹住锯片铣刀的两侧，如图 6-70 所示。由于锯片铣刀的规格大小不同和切割深度不一样，所以夹持片也应按不同情况制造，以适应锯割各种不同沟槽的需要。

②安装锯片铣刀时，应尽量将铣刀装得靠近铣床床身，并且要控制好铣刀的端面摆差及径向跳动量。

③切断小尺寸工件时，锯片铣刀受到的切削力不是很大，所以在长铣刀杆与铣刀之间可以不放键，而是利用长铣刀杆垫圈与铣刀侧面的摩擦力来带动铣刀进行铣削；但在大尺寸工件切割的时候，必须用键把铣刀固定在长铣刀杆上，以传递较大的扭矩。

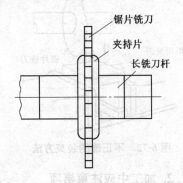

图 6-70　提高锯片铣刀强度的措施

二、工件上切窄槽和切断工件的方法

1. 工件的安装

较小尺寸工件一般装夹在机用虎钳内，要注意使固定钳口内侧面与长铣刀杆轴线相平行。工件较短时，应加一个尺寸相同的辅助垫块，以使虎钳钳口受力均匀，如图 6-71 所示。

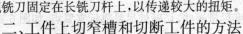
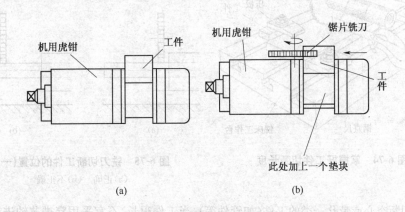

(a)　　　　　　　　　　　　　(b)

图 6-71　较短工件装夹方法

(a)不正确　(b)正确

装夹薄壁一类特殊工件时，要注意它的安全性。如图 6-72 所示是需要从工件中间切断,如果按照图示方法装夹工件,由于壁薄,工件会变形,并且,当工件被切断后,铣刀会被夹住而发生事故。如果将工件转过 90°(或将机用虎钳转动 90°)后再装夹,则可使切断工作顺利进行。但这时要注意使工件上被切断的底面高于虎钳钳口面,以防止切伤钳口。

切断板类工件,可使用螺栓、压板将工件直接夹紧在工作台上,但这时要量好工件安装位置,使锯片铣刀对准工作台的 T 形槽,如图 6-73 所示,以保证工件被切断后,铣刀刀齿落入 T 形槽内,防止铣坏工作台面。

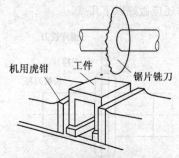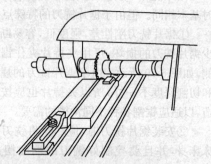

图 6-72　不正确的装夹方法　　　　　　图 6-73　装夹板类工件

2. 加工中应注意事项

①控制切断长度。切断时,注意掌握切削位置,控制好切断长度。单件和少量加工,常利用钢直尺(图 6-74)或游标卡尺测量长度,还可以利用工作台一端的进刀刻度盘掌握被切断长度的尺寸。

②在不影响切断情况下,工件伸出长度尽量短些,切断处尽量靠近夹紧点,如图 6-75 所示,只要铣刀不碰到夹具即可。

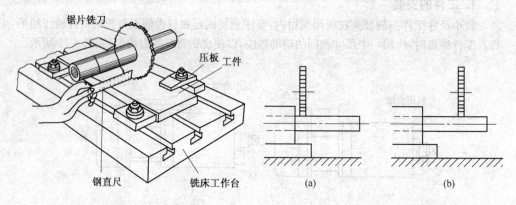

图 6-74　掌握好工件切断长度　　　　图 6-75　铣刀切断工件的位置(一)
　　　　　　　　　　　　　　　　　　　　(a)正确　(b)不正确

③切断空心或带孔一类的工件(如管件等),当工件很长,不宜采用穿进芯轴进行夹持时,如果采用夹紧的方法安装,若夹紧力太小,工件会从夹具中跳出;若夹得太紧,工件会变形。这时,就需要考虑铣削力对铣削的影响。当铣刀越向下切入,铣削力就会越向上,甚至接近垂直方向,如图 6-76(a)所示,工件就越容易从夹具中跳出来。因此,只要铣刀能铣透

就行了,如图 6-76(b)所示,不必切得太深。

④切断球形表面时,铣刀齿和球面接触后,由于刀体薄弱,容易发生偏移,造成切断截面歪扭。所以,应该先铣出个小平面后再切断。

⑤在万能铣床上切断工件,要先检查和认真校准工作台"0"位。如果"0"位不准,因锯片铣刀薄,会在扭曲状态下切割,不能保证切断质量,甚至容易使铣刀折断。

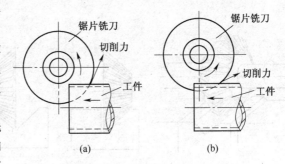

图 6-76　铣刀切断工件的位置(二)
(a)不正确　(b)正确

第四节　铣削特形沟槽

在《铣工国家职业技能标准(2009 年修订)》中,对初级铣工铣削特形沟槽提出以下技能要求:

1. 能使用立铣刀、角度铣刀、三面刃铣刀铣削 V 形槽。

2. 能使用 T 形槽铣刀铣削 T 形槽。

3. 能使用燕尾槽铣刀铣削燕尾槽、块。

4. 能使用角度铣刀铣削燕尾槽、块。

5. 能使铣削的特形沟槽达到以下要求:

(1)尺寸公差等级:IT11;

(2)平行度:9 级,对称度:9 级;

(3)表面粗糙度:$Ra3.2\mu m$。

一、V 形槽的铣削及其有关计算

V 形槽工件如图 6-77 所示。其铣削情况如图 6-78 所示。用双角铣刀铣削时,铣刀角度等于 V 形槽角度;用单角铣刀铣削时,铣刀角度等于 V 形槽度数的一半,铣完一侧,反转铣刀(或将工件转动 180°)铣另一侧;用面铣刀铣削时,转动立铣头铣 90° V 形槽,立铣头转动角度为 45°。

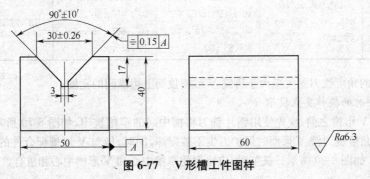

图 6-77　V 形槽工件图样

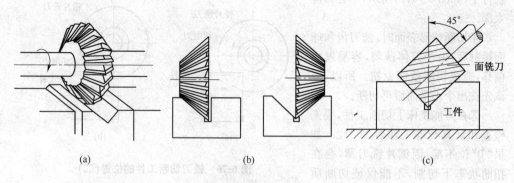

图 6-78　铣削 V 形槽

(a)双角铣刀一次铣削　(b)单角铣刀两次铣削　(c)转动立铣头铣 90°V 形槽

1. 卧式铣床上使用角度铣刀铣 V 形槽

(1)角度铣刀的选择　单角铣刀的规格和角度见表 6-7,对称双角铣刀的规格和角度见表 6-8。

表 6-7　单角铣刀的规格和角度　　　　　　　　　　(mm)

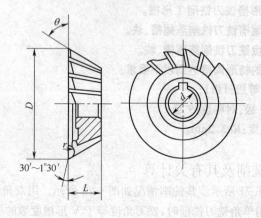

外径 D	50	63	80	100
基本角度 θ	45°、50°、55°、60°、65°、70°、75°、80°、85°、90°	18°、22°、25°、30°、40°、45°、50°、55°、60°、65°、70°、75°、80°、85°、90°	18°、22°、25°、30°、40°、45°、50°、55°、60°、65°、70°、75°、80°、85°、90°	18°、22°、25°、30°、40°

所选择的角度铣刀宽度应大于所铣 V 形槽顶面上边缘间的宽度。

(2)铣削时的操作要点提示

①加工 V 形槽之前,应先使用锯片铣刀将槽中间的窄槽铣出,如图 6-79 所示,窄槽的作用是使用角度铣刀铣 V 形面时保护刀尖不被损坏,同时,使与 V 形槽配合件的表面间能够紧密贴合,如图 6-80 所示。铣削时,应注意使窄槽中心和 V 形槽中心相重合。

表 6-8 对称双角铣刀规格和角度 （mm）

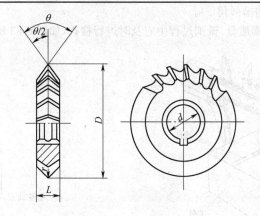

外径 D	50	63	80	100
基本角度 θ	45°,60°,90°	18°,22°,25°,30°, 40°, 45°, 50°, 60°,90°	18°,22°,25°,30°, 40°,45°,60°,90°	18°,22°,25°,30°, 40°,45°,60°,90°

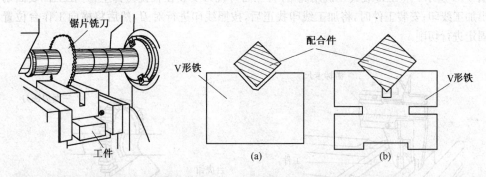

图 6-79 铣 V 形槽中间的窄槽　　图 6-80　V 形槽中间窄槽的作用

(a)V 形槽下面没有窄槽　(b)V 形槽下面有窄槽

②为了保证 V 形槽的窄槽能在中间位置,铣削时可先在工件表面铣出个浅印,如图 6-81 所示,待测量修正,窄槽的位置正确后,再正式进行铣削。

③调整角度铣刀切削位置的方法如图 6-82 所示,使工作台慢慢上升,当角度铣刀的两侧同时切到窄槽的两边后,将横向工作台固定好。

当双角铣刀刀尖擦到窄槽后,以此为起点,升高工作台,进行铣削,工作台升高距离 h 用下式计算:

$$h = \frac{B-b}{2} \times \cot\frac{\alpha}{2} \qquad\qquad (式 6-14)$$

式中　B——V 形槽顶面宽度(mm);

b——窄槽宽度(mm);

α——V形槽槽形角(°)。

为了保证V形槽质量,铣削过程中应及时进行检查,如图6-83所示。

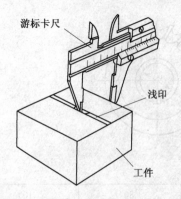

图6-81　测量铣窄槽的位置是否正确

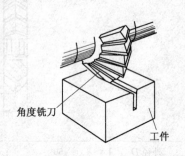

图6-82　确定角度铣刀切削位置

2. 改变工件安装位置铣 90°V 形槽

精度要求不高的小尺寸 90°V 形槽,也可以在卧式铣床上使用三面刃铣刀进行铣削,如图 6-84 所示。将工件装夹在机用虎钳内,三面刃铣刀安装在长铣刀杆上,并在工件表面划出加工线印;安装工件时,将加工线印找正后,按照线印进行对刀,然后将横向工作台位置固定进行切削。

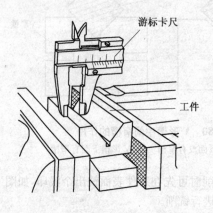

图6-83　检查 V 形槽的正确性

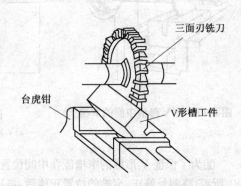

图6-84　改变工件装夹位置铣 90°V 形槽

3. 立式铣床上转动铣头铣 V 形槽

V形槽为 90°时,可用面铣刀(或立铣刀)铣削,如图 6-78(c)所示,利用铣刀圆柱面刀齿与端面刀齿互成垂直的角度关系,将铣头转动 45°,把 V 形槽一次铣出。

采用这种铣削方法,对刀时应时铣刀刀尖对正已经铣出的窄槽的中间,如图 6-85(a)所示,然后退出工件,通过升降台垂直进刀后,纵向进给进行铣削。选择铣刀直径时,要注意使铣刀直径大于V形槽斜面的距离,防止用小直径铣刀铣大尺寸V形槽,而出现如图6-85(b)所示的不良情况。

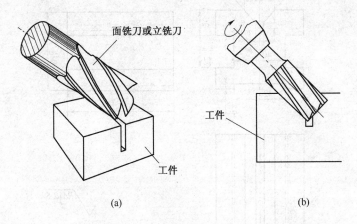

(a)   (b)

图 6-85 对刀方法和应注意事项

(a)铣刀刀尖对正窄槽中间 (b)铣刀直径要大于V形槽斜面长度

在立式铣床上也可以使用三面刃铣刀铣 90° V形槽,如图6-86所示,将三面刃铣刀安装在短铣刀杆上,通过螺母将铣刀固定。铣削时将铣头转动 $\frac{\theta}{2}=45°$,使三面刃铣刀的下尖角对正被铣削V形槽的中心,按V形槽的深度进行铣削。

如果V形槽夹角大于90°,使用立铣刀铣削时,按照V形槽一半的角度 θ 转动铣头,先铣出一个槽面,然后,使铣头反方向转动 2θ 的角度,将V形槽的另一槽面加工出来,如图6-87所示。

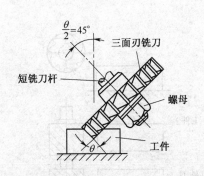

图 6-86 三面刃铣刀铣 90°V 形槽

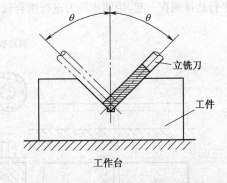

图 6-87 立铣刀铣削大于 90°的 V 形槽

4. V 形槽铣削示例

如图6-88所示是V形铁工件,材料为45优质碳素结构钢,毛坯是长方形,尺寸为:高64mm×宽74mm×长85mm。需要批量制造,选择在万能铣床上加工,夹具系统的刚性为中等。

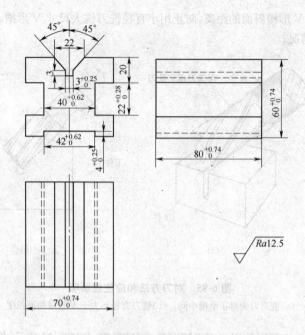

图 6-88   V 形铁工件图样

（1）工件安装   由于工件数量较多,应该选用生产效率比较高的加工方法。这时,可以把 V 形铁工件每一面的加工划分成单独的工序。为了缩短辅助时间,最好使用专用多位夹具,采用多件装夹方法,进行多件同时切削;若没有专用多位夹具,可使用机用虎钳,将工件顺序地固定在虎钳内进行铣削。如图 6-89（a）所示是将两个工件前后排列成一条线,用一把圆柱铣刀顺序铣削的情况。为了提高效率,可采用如图 6-89（b）所示的方法,将两个工件平行地排列在一起,用两把铣刀进行组合铣削。

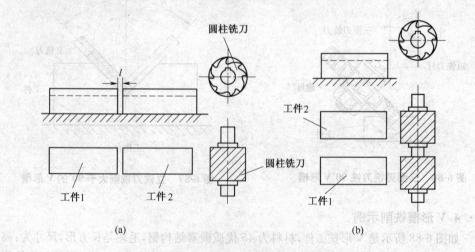

图 6-89   V 形铁工件铣削方式
（a）先后顺序加工法   （b）平行组合铣削法

（2）加工顺序　工件的安装方法确定后，又通过分析图样，熟悉 V 形铁工件的形状和尺寸，找出各主要表面的位置和相互关系以及技术要求，确定其加工工序。

1）工序 1：先铣削平面 2，如图 6-90(a)所示。在机用虎钳上安装工件时，用毛坯上的面 1 作为第一道工序的定位基准面，贴紧固定钳口，用活动钳口夹紧表面 3，铣削表面 2。表面 2 就是下一次安装时的基准面。

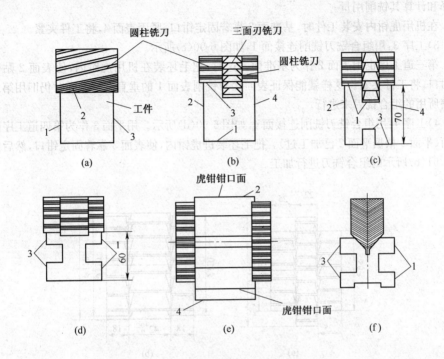

图 6-90　V 形铁工件铣削顺序

(a)铣削平面 2　(b)铣削连接面 3　(c)铣削连接面 1　(d)铣削连接面 4　(e)铣削毛坯端面
(f)铣削中间窄槽和 V 形槽

使用圆柱铣刀进行铣削。铣削前，先选择铣刀和计算铣削用量。

①被铣削层的深度，确定为一次进给去掉的加工余量为 2mm。

②按照表 4-3 选择圆柱铣刀直径 D 和宽度 L。铣刀宽度应选得大于被铣削层的宽度，选 $D=80$mm；取 $L=100$mm，铣刀齿数为 8 齿。

③根据表 4-4 和表 4-5 选择铣削用量。每齿进给量可选择 0.08mm/齿，铣削速度为 30m/min，使用切削液。

利用式 2-2 计算铣床主轴的转速 n：

$$n=\frac{1000u}{\pi d}=\frac{1000\times 30}{3.14\times 80}\approx 120\ (\text{r/min})$$

根据选低不选高的原则，铣床主轴转速选择 118r/min；

利用式 2-4 计算每分钟进给速度 f_u：

$$f_u=f_z zn=0.08\times 8\times 150=96\ (\text{m/min})$$

根据选低不选高的原则,每分钟进给量选择95m/min。

2)工序2:使用组合铣刀铣削连接面3,如图6-90(b)所示。用工序1中加工过的表面2作为工序2的基准面。加工时把铣削宽22mm×深15mm的槽合并成一个工步。

组合铣刀[图6-91(a)]中间的三面刃铣刀直径可选择$D=125$mm,铣刀宽度根据槽宽选22mm。组合铣刀两边的双面刃铣刀的直径为95mm,宽度为25mm。然后,用上面方法选择和计算其铣削用量。

在机用虎钳内安装工件时,基准面2靠着固定钳口,紧固表面4,将工件夹紧。

3)工序3:用组合铣刀铣削连接面1,如图6-90(c)所示。

第三道工序也用表面2作为基准面。这时,把毛坯装在机用虎钳内,使表面2贴住固定钳口,将工件夹紧。这样就能保证表面2对铣削表面1的垂直度。铣削时仍旧用第二道工序所用的组合铣刀来进行。

4)工序4:用组合铣刀铣削连接面4,如图6-90(d)所示。用平面3作为第四道工序的基准面(平面3根据平面2已加工过)。把毛坯装进虎钳内,使表面3靠着固定钳口,然后使用图6-91(b)所示的组合铣刀进行加工。

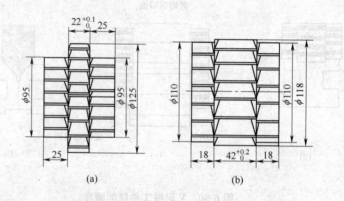

(a)　　　　　　　　　　(b)

图6-91　铣V形铁工件用的组合铣刀
(a)工序2和3使用的组合铣刀　(b)工序4使用的组合铣刀

因为工件所要求的沟槽宽度为$42^{+0.2}_{0}$ mm、深度为4mm,这时组合铣刀中间的三面刃铣刀,直径可选择$D=118$mm,宽度为$42^{+0.2}_{0}$。这种铣刀不是标准尺寸的铣刀,需要自制,由于是批量加工,从加工成本的角度上去考虑,自制铣刀也是合算的。三面刃铣刀两边的两把双面刃铣刀的直径$D=110$mm,宽度为20mm。

5)工序5:用成组铣刀铣削毛坯端面,如图6-90(e)所示。把两个毛坯装在机用虎钳内,取表面2作为基准面,贴在固定钳口上,并加以紧固,然后用成组三面刃铣刀铣削毛坯的端面。铣刀的直径$D=200$mm,两把铣刀间的距离为80mm。

6)工序6:用组合铣刀铣削中间窄槽和V形槽,如图6-90(f)所示。用表面3作为第六道工序的基准面,使表面3靠住固定钳口,然后用组合铣刀进行加工。组合铣刀由两把45°的单角铣刀($D=60$mm)和一把锯片铣刀($D=66$mm,$B=3$mm)组合,如图6-92所示。若没有合适尺寸的锯片铣刀,可用外径$D=80$mm、宽度$B=3$mm的锯片铣刀改制。

在这道工序中,使用的铣刀有单角铣刀和锯片铣刀,角度铣刀允许稍大的进给量,但不能有高的铣削速度;而锯片铣刀可允许有稍大的铣削速度,但不能有大的进给量。在这样的情况下,选择铣削用量时就应当考虑到组合铣刀中每一把铣刀的工作条件,因此,只可采用锯片铣刀所允许的进给量和单角铣刀所允许的铣削速度。

5. V 形槽的检测和测量计算

(1)V 形槽角度检测方法 单件生产进行检测时,可使用万能角度尺,如图 6-93 所示。90°V 形槽还可使用 90°角尺,如图 6-94 所示,从 90°角尺与 V 形槽之间接触的透光情况,可判断铣出的 90°V 形槽是否符合要求。

批量加工时,一般使用标准样板进行综合检验,如图 6-95(a)所示是铣出的 V 形槽深度超过了要求,如图 6-95(b)所示是铣出的 V 形槽角度偏大了。

(2)V 形槽角度的检测计算 被加工 V 形槽工件,如果没有图样,而是按照实物铣削时,可先将 V 形槽角度量出,然后,使用相应的角度铣刀进行铣

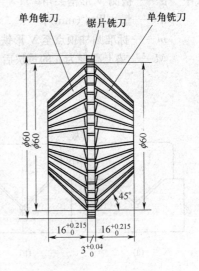

图 6-92 铣窄槽和 V 形槽的组合铣刀

削。被铣削 V 形槽的角度数值要求严格,或者实物形状奇特不便于测量的情况下,V 形槽角度值还可利用下面的测算方法求得。

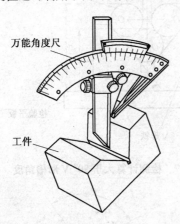

图 6-93 万能角度尺检验 V 形槽角度

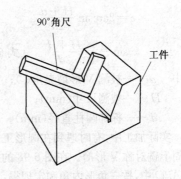

图 6-94 90°角尺检验 V 形槽角度

测算小于 90°V 形槽角度时,将一根标准圆柱放入 V 形槽中,如图 6-96 所示,用游标高度尺测出 m 值;然后取出标准圆柱,在 V 形槽一侧放上量块,再放上标准圆柱,用游标高度尺测出 M 值。被测夹角 α 用下式计算:

$$\alpha = 2\arcsin \frac{h}{2(M-m)}$$

$$\sin \frac{\alpha}{2} = \frac{h}{2(M-m)}$$

(式 6-15)

式中 α——被测 V 形槽夹角(°);

　　h——量块尺寸(mm);

　　m——标准圆柱顶点至 V 形铁底面距离(mm);

　　M——垫上高度为 h 的量块后,标准圆柱顶点至 V 形铁底面距离(mm)。

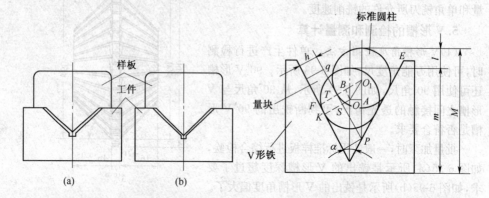

图 6-95　标准样板综合检测 V 形槽

(a)V 形槽深度大　(b)V 形槽角度偏大

图 6-96　检测计算小于 90° V 形槽角度

　　测算大于 90°的 V 形槽角度时,将 V 形铁放在检验平板上,再将三个标准圆柱都放入 V 形槽中,如图 6-97 所示,测出 H 值。被测夹角 α 用下式计算:

$$\alpha = 2\arcsin\frac{H+d}{2d}$$

$$\sin\frac{\alpha}{2} = \frac{H+d}{2d} \qquad (式 6\text{-}16)$$

式中 α——被测 V 形槽夹角(°);

　　H——被测尺寸(mm);

　　d——标准圆柱直径(mm)。

　　实际加工中,有时遇到在圆形工件的圆周上铣对称 V 形槽。在图 6-98 的三角形 ABO 中,按三角形内角和定理得:

$$\frac{\alpha}{2} = \frac{\beta}{2} + \frac{180°}{z}$$

$$\beta = \alpha - \frac{360°}{z} \qquad (式 6\text{-}17)$$

[**例 6-5**]　在如图 6-98 所示的工件圆周上铣槽,齿数 $z=24$,外角 $\alpha=75°$,检测时要制造测量齿槽角度 β 的样板,问 β 为多少度?

[**解**]　用式 6-17 计算:

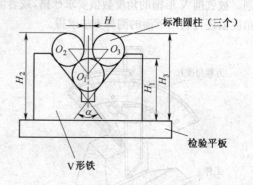

图 6-97　检测计算大于 90° V 形槽角度

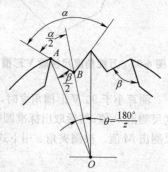

图 6-98　圆周对称 V 形槽检测计算

$$\beta = \alpha - \frac{360°}{z} = 75° - \frac{360°}{24} = 60°$$

（3）V形槽宽度检测方法和计算　检验V形槽宽度可使用游标卡尺，但由于是在斜面处测量，所以，得到的尺寸不容易那么准确。精确测量时，可采用如图6-99所示的方法，在V形槽放上一根标准量棒，用游标高度尺测出尺寸 h，如图6-100所示，然后使用下面计算V形槽宽度 B：

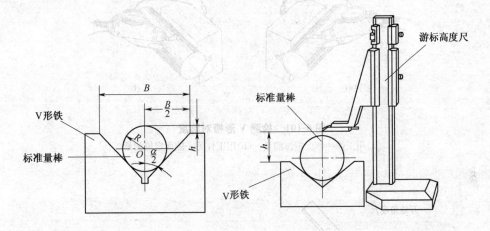

图 6-99　V形槽宽度检测计算	图 6-100　游标高度尺测出 h 距离

$$B = 2\tan\frac{\alpha}{2}\left[\frac{R}{\sin\frac{\alpha}{2}} + R - h\right] \tag{式 6-18}$$

式中　　R——标准量棒半径(mm)；

　　　　α——V形槽角度(°)；

　　　　h——标准量棒上素线至V形槽上平面的距离(mm)。

（4）V形槽对称度的检测　V形槽对称度主要是指铣出的V形槽两斜面相对于V形槽中心线的对称程度。检测V形槽对称度的方法与图6-35所示的方法是一致的，若杠杆百分表在V形槽两侧的读数相同或在允许范围内时，表示V形槽对称度合乎要求。

检验V形槽对称度还可采用如图6-101所示的方法，在V形槽内放上一根标准量棒，以工件两侧面为基准，用杠杆百分表测出圆棒最高点后，将工件翻转180°再测出圆棒最高点，两次测量的读数之差即为对称度误差。

单件加工时，V形槽对称度也可以使用万能角度尺检验，先准确测出V形槽的半角与上平面间的夹角 β_1，再在另一面测出 β_2，如图6-102所示，这时，$\frac{\alpha}{2} = \beta_1 - 90°$ 或 $\beta_2 - 90°$。

两次测出的角度数若相同，铣出的V形槽面相对中心线是对称的。另外，将两次测出的 $\frac{\alpha}{2}$ 相加，得出的数值与V形槽所要求的角度数相比较，其差数即V形槽角度误差。

二、燕尾类工件的铣削及其有关计算

燕尾类工件包括燕尾槽和燕尾块，如图6-103所示(图中的楔铁是调整两个燕尾件配合松紧用的),它的角度一般为锐角;但从形状来看,这类工件是 V 形槽的变种形式,所以,它与铣削 V 形槽有一定相似之处。

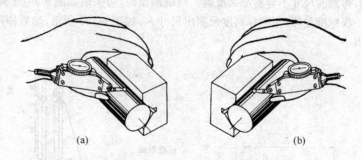

图 6-101 检测 V 形槽对称度

(a)用工件一侧面定位测量 (b)用工件另一侧面定位测量

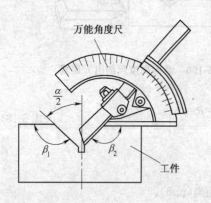

图 6-102 万能角度尺检测 V 形槽对称度

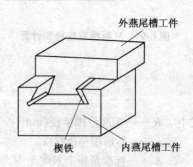

图 6-103 燕尾槽与燕尾块工件

1. 燕尾槽基本铣削方法

铣削内燕尾槽和外燕尾槽都是使用面铣刀先铣出直角槽,如图 6-104 所示;然后使用燕尾槽铣刀铣削燕尾槽,如图 6-105 所示。燕尾槽铣刀刚度弱,容易折断,所以在切削中,要经常清理切屑,防止堵塞;选用的切削用量要适当,并且注意充分使用切削液。

在缺少燕尾槽铣刀的情况下,可以使用单角铣刀代替进行加工,如图 6-106 所示。这时,单角铣刀的角度要和燕尾槽的角度相一致。铣削时,立式铣床铣头的倾斜角度应等

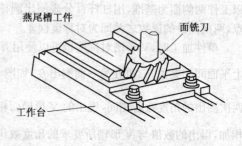

图 6-104 面铣刀先铣燕尾槽的直角槽

于燕尾槽角度 α ,如图 6-106(a)所示。

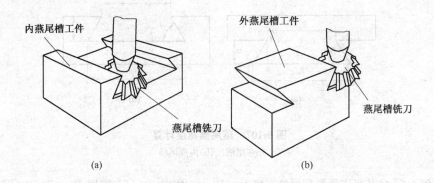

图 6-105　铣削燕尾槽

(a)铣内燕尾槽　(b)铣外燕尾槽

由于燕尾槽铣刀刀尖处的切削性能和强度都很差,因此,铣削中铣刀转速不可太快,切削深度和进给量不可过大,以减小切削力。

铣削燕尾槽应分粗铣、精铣两步进行,粗铣时留出 1mm 的余量,精铣时将燕尾槽铣成。

2. 铣燕尾槽时的有关计算

(1)燕尾槽宽度计算　燕尾槽的宽度尺寸,当图样中给出的不全时,可用下面的方法计算。如图 6-107(a)所示,外燕尾槽高度为 h ,槽角度为 α ,上下宽度各为 b_1 和 b_2 ,它们的上下宽度之差等于 $2\overline{BC}$,在直角三角形 ABC 中:

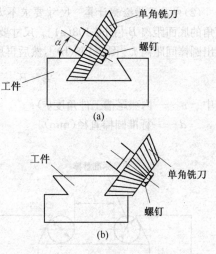

图 6-106　单角铣刀铣燕尾槽

(a)铣内燕尾槽　(b)铣外燕尾槽

$$\cot\alpha = \frac{BC}{AB}$$

则 $BC = AB\cot\alpha = h\cot\alpha$,于是得:

$$b_2 = b_1 + 2h\cot\alpha \qquad (式 6\text{-}19)$$

$$b_1 = b_2 - 2h\cot\alpha \qquad (式 6\text{-}20)$$

在图 6-107(b)中,内燕尾槽的上下宽度各为 B_1 和 B_2 ,于是得:

$$B_2 = B_1 + 2h\cot\alpha \qquad (式 6\text{-}21)$$

$$B_1 = B_2 - 2h\cot\alpha \qquad (式 6\text{-}22)$$

当 $\alpha = 55°$ (燕尾槽一般采用 55°),$2\cot\alpha = 1.4$,于是得:

$$b_2 = b_1 + 1.4h \qquad (式 6\text{-}23)$$

$$b_1 = b_2 - 1.4h \qquad (式 6\text{-}24)$$

$$B_2 = B_1 + 1.4h \qquad (式 6\text{-}25)$$

$$B_1 = B_2 - 1.4h \qquad (式 6\text{-}26)$$

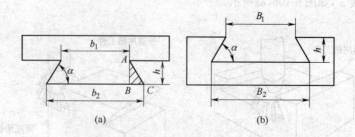

图 6-107　燕尾槽宽度计算

(a)外燕尾槽　(b)内燕尾槽

[例 6-6]　某车床滑板燕尾槽高度 $h=18$mm,角度 $\alpha=55°$,宽度 $B_1=70$mm,问宽度 B_2 为多少?

[解]　用式 6-25 计算:

$$B_2 = B_1 + 1.4h = (70 + 1.4 \times 18) = 95.20 \text{(mm)}$$

(2)内燕尾槽检测计算　尺寸要求不太严格的燕尾槽,加工后可直接用游标卡尺测量槽角的底面距离 B_2[图 6-108(a)]。尺寸要求严格时,可在槽内放两根标准量棒,用千分尺量出圆棒间距离 L[图 6-108(b)],然后再用下面公式计算 L 值:

$$L = B_2 - d\left(\cot\frac{\alpha}{2} + 1\right) \qquad \text{(式 6-27)}$$

式中　α——内燕尾槽工件角度(°);

d——标准圆棒直径(mm)。

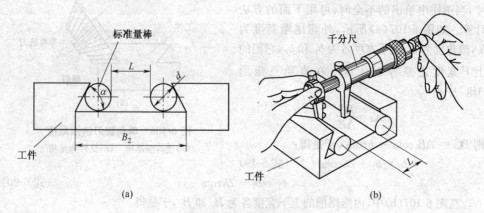

图 6-108　燕尾槽检测计算

(a)将两根标准量棒放入燕尾槽　(b)测量距离 L

将测量值与计算值相比较,其差数就是燕尾槽尺寸 B_2 的测量误差。

所铣燕尾槽工件的全长是带斜度的,这时,应用上面的方法在燕尾槽大小端分别进行测量和计算。

(3)燕尾槽角度误差计算　铣出来的燕尾槽宽度是否合格,可用上面方法和公式检验测量和计算,但燕尾槽的角度是否合乎要求,有多少误差却不知道,计算其角度误差时,将两个钢珠放入燕尾槽内,用下面公式。

计算内燕尾槽[图 6-109(a)]:

$$\cot \frac{\alpha}{2} = \frac{B_2 - N - d}{d} \qquad (式 6-28)$$

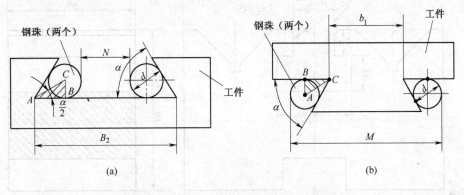

图 6-109　钢珠法检测计算燕尾槽角度误差

(a)检测计算内燕尾槽　(b)检测计算外燕尾槽

计算外燕尾槽[图 6-109(b)]:

$$\cot \frac{\alpha}{2} = \frac{M - b_1 - d}{d} \qquad (式 6-29)$$

[**例 6-7**]　测量一外燕尾槽 $M = 150$mm, $b_1 = 95$mm, $d = 20$mm,求算角度 α 为多少?

[**解**]　利用式 6-29 计算:

$$\cot \frac{\alpha}{2} = \frac{M - b_1 - d}{d} = \frac{150 - 95 - 20}{20} = 1.75 ,$$

$$\alpha = 59°28'$$

将测出的燕尾槽角度数与计算值相比较,其差数就是燕尾槽角度 α 的测量误差。

燕尾槽角度的检测方法,在表 3-4 里已有介绍,在批量加工中,可使用专用样板进行检查。图 6-110 所示是采用样板检测内燕尾槽的情况。先使样板的 K 面和燕尾槽两边的上平面贴合好,然后测量燕尾槽的角度 α、高度 H 和上槽宽 B(其公差按界限量规通端的尺寸公差确定),再将样板转过 $180°$,测量燕尾槽另一个角度面。用这种方法还能对燕尾槽的对称性进行检测。

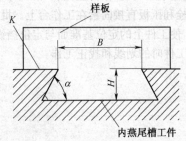

图 6-110　专用样板检验燕尾槽

三、铣削 T 形槽工件

铣床工作台上的纵向槽就是 T 形槽,如图 6-111 所示。铣削 T 形槽常在立式铣床上进行。

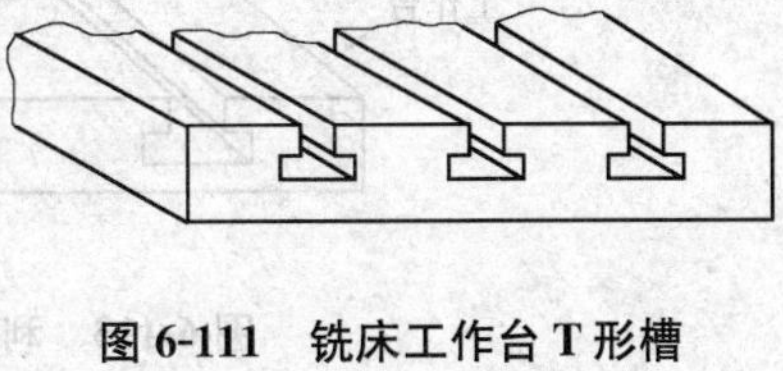

图 6-111　铣床工作台 T 形槽

1. 铣 T 形槽操作要点

如图 6-112 所示为 T 形槽工件图样,铣削时的操作要点有以下几项。

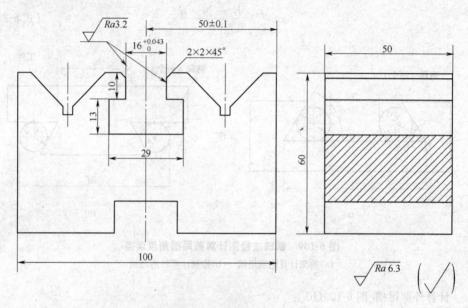

图 6-112 T 形槽工件图样

(1)安装工件 铣 T 形槽一般先在 T 形槽工件表面上划出加工线印,按照线印将工件位置找正。在工作台上安装时,尺寸较小的工件可夹持在机用虎钳内,尺寸较大的工件用螺栓和压板直接固紧在工作台上。批量加工中,常使用定位挡铁作辅助工具,如图 6-113 所示,使工件上的定位基准面与定位挡铁的基准面贴紧,然后将工件固定,这样可省去每次安装工件时的划线和找正工作。

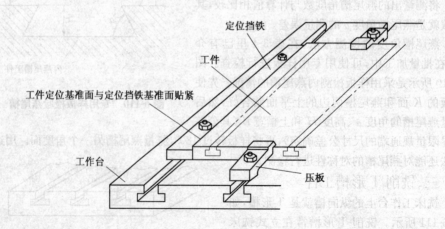

图 6-113 利用定位挡铁装夹工件

(2)选择和安装铣刀　铣T形槽要先铣出直槽,铣直槽在立式铣床上使用立铣刀,根据T形槽的直槽宽度选择合适的铣刀直径。选择T形槽铣刀时,要使刀齿直径和刀齿高度都符合T形槽工件的宽度 B 和高度 A 要求,T形槽铣刀的颈部要小于T形槽直槽的宽度 b ,如图6-114所示。

在立式铣床上安装T形槽铣刀的方法,与前面介绍的相同。

(3)铣削直槽(图6-115)　铣刀安装好后,移动工作台,使铣刀对准工件毛坯上的线印,并固紧防止工作台横向移动的手柄。开始切削时,采用手动进给;铣刀全部切入工件后,再用自动进给进行切削。

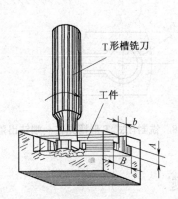

图6-114　T形槽铣刀要符合铣削要求

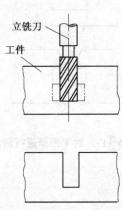

图6-115　铣T形槽直槽

(4)铣削T形槽　一个工件上的直槽全部铣好后,换上T形槽铣刀铣削T形槽,如图6-116所示。由于T形槽铣刀的颈部细,强度低,所以要防止铣刀受到过大的铣削阻力的影响、或突然出现冲击力而使铣刀折断。铣T形槽时热量不易散失,铣刀也容易发热,所以,在铣钢件时,应充分使用铣削液。

第一条T形槽铣出后,检验T形槽各部尺寸,若合乎要求,用同样方法铣第二条、第三条……

(5)铣削T形槽上部的倒角　一个工件上的T形槽全铣好后,再换上倒角铣刀对T形槽进行倒角,如图6-117所

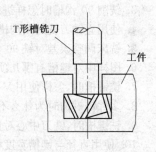

图6-116　铣T形槽部分

示。若没有倒角铣刀,可用尺寸合适的燕尾槽铣刀或单角铣刀代替。最后,按照图样中要求对铣削的T形槽进行检验。

2. 铣T形槽应注意事项

①加工时,T形槽铣刀的上切削刃、下切削刃和圆周面切削刃都在同时切削,因此摩擦力大,工作条件差,所以要求采用较小的进给量和较低的铣削速度。

②铣T形槽时自行排出切屑非常困难,切屑容易堵塞而使铣刀失去切削能力,所以在加工中经常要人工清除切屑。

③铣削两端不穿通的封闭式T形槽时,应先在T形槽的一端钻落刀孔,如图6-118所

示。落刀孔的直径应大于 T 形槽铣刀切削部分的直径,深度应大于 T 形槽底槽的深度。当铣完直槽后,使 T 形槽铣刀进入落刀孔处,对中心后,对 T 形槽进行铣削。

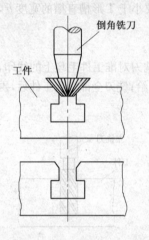

图 6-117   对 T 形槽进行倒角

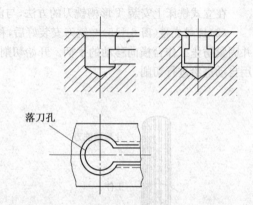

图 6-118   铣封闭式 T 形槽先在一端钻出落刀孔

思 考 题

1. 用三面刃铣刀或立铣刀铣沟槽时,怎样检查其径向跳动量和端面跳动量?

2. 铣刀用钝刃磨后,为什么还要使用油石对刀齿进行研磨?

3. 铣削 90°沟槽时怎样进行对刀工作?

4. 使用立铣刀铣封闭沟槽时,应注意哪些?

5. 铣床调整误差对铣 90°沟槽有哪些影响?

6. 图样中对键槽有哪几项基本要求?

7. 铣键槽时,怎样使用 V 形铁正确装夹轴件?

8. 多件铣键槽时为什么不采用机用虎钳装夹轴件的方法?

9. 铣键槽时,铣刀中心对正工件中心的方法有哪几种?

10. 使用直径与键槽宽度相等的键槽铣刀,采用分层法铣键槽时,为什么在槽壁会出现接刀印?

11. 举例说明铣半封闭键槽时,铣削长度的计算方法。

12. 铣出的键槽宽度,为什么会大于图样中所要求的尺寸?

13. 为什么铣出键槽的形状精度和位置精度会不符合要求?

14. 怎样检测键槽的对称度?

15. 为什么锯片铣刀都是越接近中心处越薄?

16. 使用锯片铣刀应注意哪些?

17. 铣削 V 形槽工件,为什么要先在其中心处铣出个窄槽?

18. 对燕尾槽检测常采用怎样的方法?

19. 铣削 T 形槽时,为什么要先铣出直槽?

第七章　万能分度头及其应用

在《铣工国家职业技能标准(2009年修订)》中,对初级铣工用万能分度头加工工件提出以下相关知识要求:

1. 万能分度头的维护、保养方法;

2. 万能分度头及其附件装夹工件的方法;

3. 简单分度法;

4. 工件的安装和校正方法;

5. 角度分度方法。

第一节　万能分度头及其分度和计算

万能分度头(以下简称分度头)是铣床上很重要的一个附件,也是常用的一种通用夹具。分度头的主要作用是铣削过程中对工件进行分度(即将工件分成多少份,包括等分和不等分)。

一、分度头的组成部分和作用

分度头外形如图7-1所示。

基座是分度头的基体。在基座下面的纵向长槽内,固定有两个定位键,以便与铣床工作台的T形槽相配合,目的是在安装分度头时,使其主轴轴线准确地平行于工作台的纵向进给方向。

分度头主轴是个空心轴,两端均为莫氏4号内锥孔,前端锥孔用于安装顶尖或锥柄心轴,后端锥孔用于安装交换齿轮轴,如图7-2所示。进行复杂分度时,可在交换齿轮轴和分度头侧轴上同时装上交换齿轮进行分度。

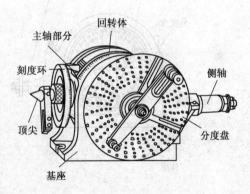

图7-1　万能分度头

装有蜗轮的主轴安装在回转体内,松开靠近主轴后端的两个内六角螺钉,回转体能沿基座的环形导轨转动。主轴可以放置成水平的位置,也可以在 $-6°\sim+90°$ 范围内任意倾斜。

分度盘上有数圈在圆周上均布的定位孔,如图7-3所示。分度盘部分包括分度盘、分度摇柄、定位插销和分度叉等。在分度盘的正面和反面,都有一圈圈均布但数量不相等的定位孔,作为各种分度计算和进行分度的依据。

在分度盘左侧有一制动装置,如图7-4所示(图7-1中未画出)。拔出制动销,分度盘可自由灵活转动;插入制动销,制动销右端的齿与分度盘上的齿槽啮合,分度盘被制动。

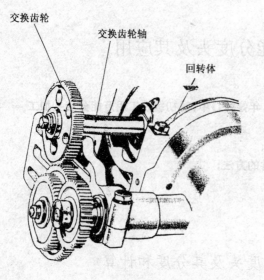

图 7-2   分度头后端锥孔安装交换齿轮轴

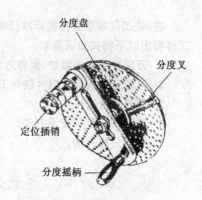

图 7-3   分度盘部分

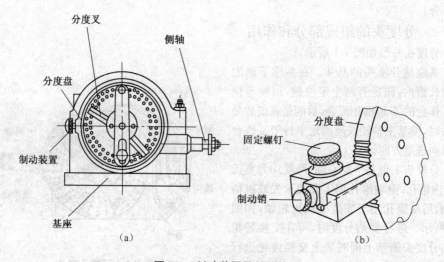

图 7-4   制动装置及其结构

(a)分度盘左侧的制动装置   (b)制动装置的结构

在分度盘后相对的侧面处,有两个手柄,如图 7-5 所示,一个是锁紧主轴手柄,一个是蜗杆脱落手柄。分度中,摇动分度盘处的摇柄可带动主轴旋转。需固定主轴位置时,将锁紧主轴手柄拧紧,可减少振动,增加切削稳定性。若不需要分度头主轴转动时,就扳动蜗杆脱落手柄,使内部的蜗杆和蜗轮脱离,这时再转动分度头摇柄,主轴不跟着转动。

分度头内部的蜗杆和蜗轮啮合得太松或太紧时,可调整分度头侧面的蜗轮副间隙调整螺母,如图 7-5 所示。

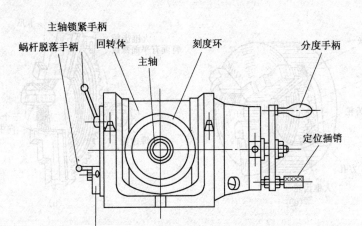

图 7-5 分度头侧面手柄的作用

二、分度头上安装工件的基本形式

1. 利用三爪自定心卡盘安装工件

如图 7-6 所示,分度头主轴前端的外部有螺纹,三爪自定心卡盘通过连接盘安装在外螺纹上。

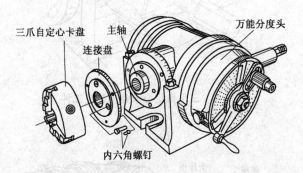

图 7-6 分度头主轴前端安装三爪自定心卡盘

三爪自定心卡盘及其内部结构如图 7-7 所示。当拧动小锥齿轮一端的方孔,小锥齿轮带动大锥齿轮转动;通过大锥齿轮上的平面螺纹带动三个卡爪同时移动,从而将工件夹紧或松开。三爪自定心卡盘上装夹工件如图 7-8 所示。

长度较大的轴类工件,在三爪自定心卡盘上夹好后,还需要通过尾座顶尖在轴件另一端顶住,如图 7-9 所示;装夹较细长的轴类工件时,还应使用千斤顶在工件下面顶好,以防止铣削时工件不稳定。千斤顶结构形式如图 7-10 所示。

精度要求高的工件,装夹在三爪自定心卡盘后,还应对其外圆进行找正,一般使用百分表。如图 7-11 所示,百分表测量头接触工件表面,转动工件,从百分表指针的变化量可知轴件外圆跳动量的大小。

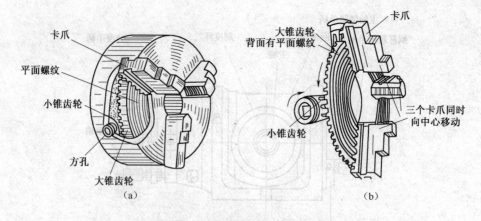

图 7-7　三爪自定心卡盘结构

(a)三爪自定心卡盘　(b)卡盘内部结构

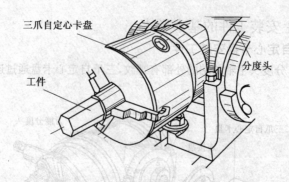

图 7-8　三爪自定心卡盘上装夹工件

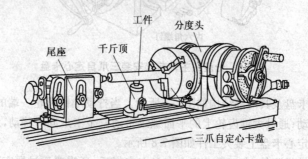

图 7-9　配合尾座和千斤顶安装轴件

2. 在两顶尖间安装轴类工件

轴类工件常采用两顶尖间装夹的方法,如图 7-12 所示。这种装夹形式需卸下三爪自定心卡盘,换上前顶尖、拨盘和鸡心夹头(图 7-13),通过拨盘和鸡心夹头带动工件旋转,其情况如图 7-14 所示。

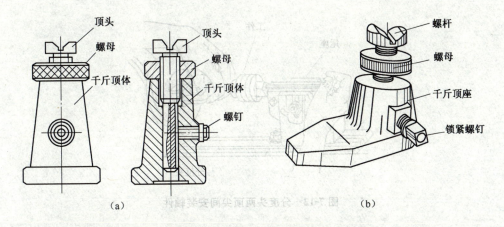

图 7-10　千斤顶结构形式

(a)形式Ⅰ　(b)形式Ⅱ

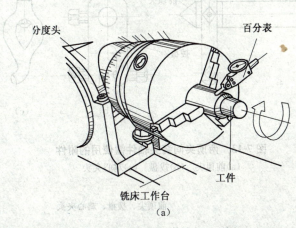

(a)

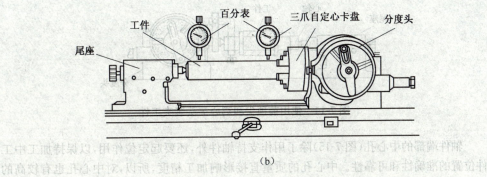

(b)

图 7-11　对轴件外圆进行找正

(a)工件装夹在卡盘内　(b)配合尾座安装工件

　　两顶尖间安装轴类工件,轴件与分度头主轴的同轴度易于保证,但要注意保证轴端两中心孔形状和尺寸的正确。

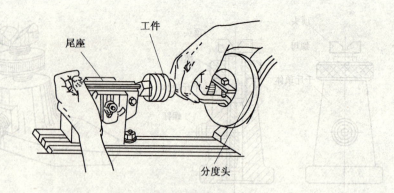

图 7-12 分度头两顶尖间安装轴件

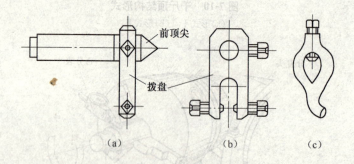

图 7-13 两顶尖间装夹轴件需使用的附件
(a)前顶尖 (b)拨盘 (c)鸡心夹头

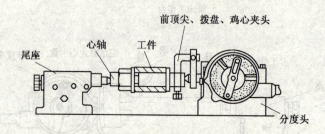

图 7-14 使用前顶尖和鸡心夹头装夹工件

　　轴件端部的中心孔(图 7-15)除了用作支持轴件外,还要起定位作用,以保持加工中工件位置的准确性和可靠性。中心孔的质量直接影响加工精度,所以,对中心孔也有较高的要求。由于轴件或芯轴的直径和形式不同,所用的中心孔的结构和大小也不一样,常用中心孔的形式,是带 60°的锥面,如图 7-16 所示。为了保护这个锥面,防止不小心碰伤它,往往在 60°锥面的外边做 120°的防护角度。

　　轴两端的中心孔是使用中心钻头在车床或钻床上钻出来的。钻中心孔时,要注意保证中心钻相对工件位置的正确,防止钻出的中心孔出现歪斜现象。

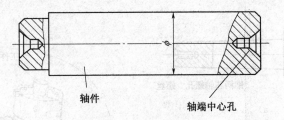

轴件　　　　　　　　　　　轴端中心孔

图 7-15　轴端中心孔

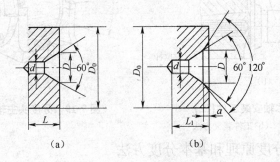

（a）　　　　　　　　　　（b）

图 7-16　中心孔型式

（a）60°锥面中心孔　（b）带 120°防护角度的中心孔

3. 使用芯轴安装工件

较短的孔类和套类工件常采用这种装夹方法。

如图 7-14 所示是利用芯轴安装工件的例子。此外，芯轴还可以不使用尾座顶尖对工件进行安装，如图 7-17（a）所示是将直柄芯轴装夹在三爪自定心卡盘的卡爪内，工件安装在直柄芯轴上，使用螺母将工件夹紧；如图 7-17（b）所示是采用这种方法所使用的直柄芯轴。

如图 7-18（a）所示是一种锥柄式芯轴，使用时将其插入分度头主轴锥孔内［图 7-18（b）］。芯轴锥柄上的锥度和分度头主轴锥孔的锥度是相同的。为了防止铣削过程中，由于切削力的作用使锥柄芯轴的位置发生变化，需用拉杆在后端将其拉紧。工件安装在锥柄芯轴上，拧紧螺母将工件固定。

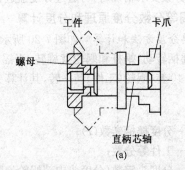

工件　　　　　　　卡爪

螺母

直柄芯轴

（a）

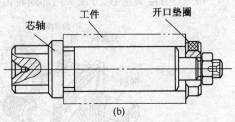

芯轴　　工件　　　　开口垫圈

（b）

图 7-17　芯轴安装工件（一）

（a）工件装夹方法　（b）直柄芯轴的一种形式

使用芯轴安装工件，工件内孔与芯轴外径配合要严密准确，两者为轻转配合，要注意防止两者间隙过大而影响安装精度。另外，在需要时，将分度头主轴转至一定角度（图 7-19），安装不受影响。

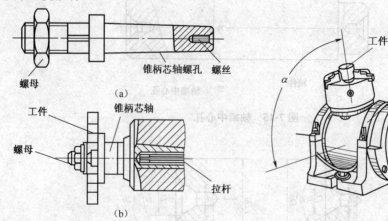

图 7-18　芯轴安装工件(二)

(a)直柄芯轴　(b)工件装夹方法

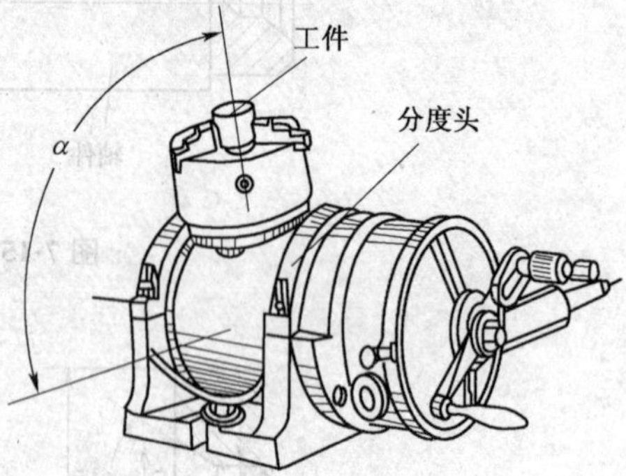

图 7-19　分度头主轴转至一定角度

三、分度头分度原理和基本分度方法

分度头主轴前端固定有一个刻度环,刻度环上有 0°～360°的刻度线,对于一些分度粗糙的工件,分度时可通过刻度环直接分度。

工件等分数要求精确时,可通过分度盘进行分度。

1. 圆周等分数分度原理和分度计算

(1)简单分度方法和计算　如图 7-20 所示,在分度头内部,蜗杆是单线,蜗轮为 40 齿。分度中,当摇柄转动,蜗杆和蜗轮就旋转,当摇柄(蜗杆)转一转,蜗轮(工件)转 1/40 转;摇柄(蜗杆)转 40 转,蜗轮(工件)转一转,其计算关系是:

$$n = \frac{40}{z} \qquad (式 7-1)$$

式中　n——分度摇柄转数(r);

　　　z——工件等分数;

　　　40——分度头定数(分度头内部蜗轮齿数)。

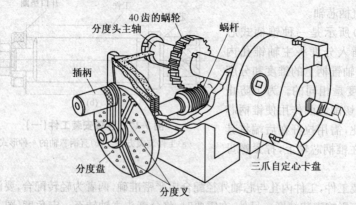

图 7-20　分度头内部结构

由于工件有各种不同的等分数,所以分度中摇柄转过的转数不一定都是整转数;这时,需要结合分度盘上相应孔圈上的孔数进行分度。

分度头配一块或两块分度盘,每块分度盘面上有一圈圈不等的孔(表 7-1)。这样在分度中,按照计算出的转数,先使摇柄转过整转数,再在分度盘孔圈上转过一定的孔数。

表 7-1 分度盘孔数

分 度 盘 块 数		分 度 盘 一 圈 上 的 孔 数
带一块分度盘		正面:24,25,28,30,34,37,38,39,41,42,43
		反面:46,47,49,51,53,54,57,58,59,62,66
带两块分度盘	第一块	正面:24,25,28,30,34,37
		反面:38,39,41,42,43
	第二块	正面:46,47,49,51,53,54
		反面:57,58,59,62,66

由于分度盘上的孔很多,如果每铣一刀,再分度时都去数一次孔数就很烦琐,又容易数错。为了方便并防止分度差错,就在分度盘上附设了一对分度叉,如图 7-21(a)所示,将摇柄转数的定位孔位置于分度叉内。由于定位插销本身需占据一个孔,所以,分度叉两叉间的孔数应比需摇的孔数多一孔。

图 7-21(b)中是每铣一刀后分度摇柄需摇 5 个孔,分度定位插销占据一个孔,因此,分度叉间的孔数应是 6 个孔。分度叉两叉间的夹角,可以松开螺钉进行调节。

[例 7-1] 被加工工件的等分数 z =4(图 7-22),问铣削时每次分度中的摇柄转数为多少?

[解] 利用式 7-1 进行分度计算:

$$n = \frac{40}{z} = \frac{40}{4} = 10(r)$$

即每次分度,摇柄在分度盘任意孔圈上转过 10 整转。

[例 7-2] 铣削等分数 z =6 的正方形工件(图 7-23),求每铣一齿分度中摇柄应转过的转数。

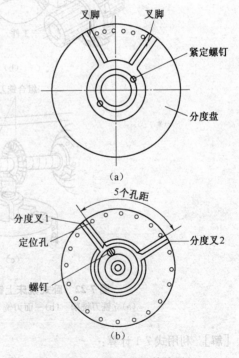

图 7-21 分度叉及其使用
(a)分度叉结构 (b)分度叉使用方法

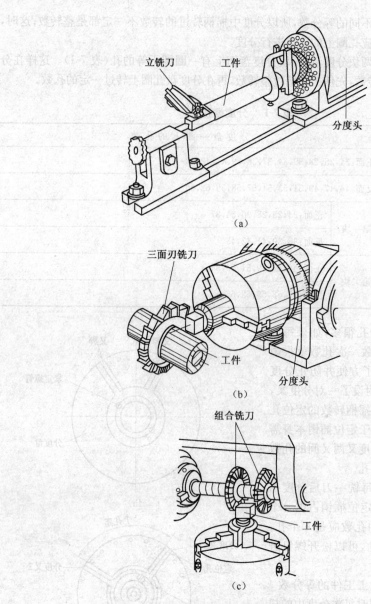

图 7-22   卧式铣床上铣削正四边形工件

(a)立铣刀铣削   (b)三面刃铣刀铣削   (c)组合铣刀铣削

[解]   利用式 7-1 计算：

$$n = \frac{40}{z} = \frac{40}{6} = 6\frac{16}{24}(r)$$

即每铣一齿时,摇柄在分度盘 24 孔圈上转过 6 整圈加 16 个孔。

为了省略计算,特将实际加工中的简单工件等分数及相应在分度中的摇柄转数列于表 7-2,供选用。

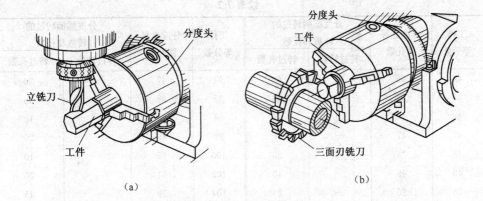

图 7-23 铣削正六边形工件

(a)立式铣床上立铣刀铣削 (b)卧式铣床上三面刃铣刀铣削

表 7-2 简单工件等分数及分度摇柄转数

(分度头定数 40)

工件等分数	分度盘每圈孔数	分度摇柄转过的转数和孔数		工件等分数	分度盘每圈孔数	分度摇柄转过的转数和孔数	
		转过转数	转过孔数			转过转数	转过孔数
2	任意	20	—	23	46	1	34
3	24	13	8	24	24	1	16
4	任意	10	—	25	25	1	15
5	任意	8	—	26	39	1	21
6	24	6	16	27	54	1	26
7	28	5	20	28	42	1	18
8	任意	5	—	29	53	1	22
9	54	4	24	30	24	1	8
10	任意	4	—	31	62	1	18
11	66	3	42	32	28	1	7
12	24	3	8	33	66	1	14
13	39	3	3	34	34	1	6
14	28	2	24	35	28	1	4
15	24	2	16	36	54	1	6
16	24	2	12	37	37	1	3
17	34	2	12	38	38	1	2
18	54	2	12	39	39	1	1
19	38	2	4	40	任意	1	—
20	任意	2	—	41	41	—	40
21	42	1	38	42	42	—	40
22	66	1	54	43	43	—	40

续表 7-2

工件等分数	分度盘每圈孔数	分度摇柄转过的转数和孔数		工件等分数	分度盘每圈孔数	分度摇柄转过的转数和孔数	
		转过转数	转过孔数			转过转数	转过孔数
44	66	—	60	94	47	—	20
45	54	—	48	95	38	—	16
46	46	—	40	96	24	—	10
47	47	—	40	98	49	—	20
48	24	—	20	100	25	—	10
49	49	—	40	102	51	—	20
50	25	—	20	104	39	—	15
51	51	—	40	105	42	—	16
52	39	—	30	106	53	—	20
53	53	—	40	108	54	—	20
54	54	—	40	110	66	—	24
55	66	—	48	112	28	—	10
56	28	—	20	114	57	—	20
57	57	—	40	115	46	—	16
58	58	—	40	116	58	—	20
59	59	—	40	118	59	—	20
60	42	—	28	120	66	—	22
62	62	—	40	124	62	—	20
64	24	—	15	125	25	—	8
65	39	—	24	130	39	—	12
66	66	—	40	132	66	—	20
68	34	—	20	135	54	—	16
70	28	—	16	136	34	—	10
72	54	—	30	140	28	—	8
74	37	—	20	144	54	—	15
75	30	—	16	145	58	—	16
76	38	—	20	148	37	—	10
78	39	—	20	150	30	—	8
80	34	—	17	152	38	—	10
82	41	—	20	155	62	—	16
84	42	—	20	156	39	—	10
85	34	—	16	160	28	—	7
86	43	—	20	164	41	—	10
88	66	—	30	165	66	—	16
90	54	—	24	168	42	—	10
92	46	—	20	170	34	—	8

续表 7-2

工件等分数	分度盘每圈孔数	分度摇柄转过的转数和孔数		工件等分数	分度盘每圈孔数	分度摇柄转过的转数和孔数	
		转过转数	转过孔数			转过转数	转过孔数
172	43	—	10	192	24	—	5
176	66	—	15	195	39	—	8
180	54	—	12	196	49	—	10
184	46	—	10	200	30	—	6
185	37	—	8	204	51	—	10
188	47	—	10	205	41	—	8
190	38	—	8	210	42	—	8

(2)小数法计算分度摇柄转数　式 7-1 是等分工件时用分数形式计算分度摇柄转数,它还可以利用小数方法计算。计算时,仍然使用式 7-1,得出的整数为分度摇柄的整转数,得出的分数算出小数值后,用表 7-3 查出分度摇柄在分度盘上应转过的孔数。

[例 7-3]　工件等分孔数 $z = 27$(图 7-24),问铣削时每次分度中的摇柄转数为多少?

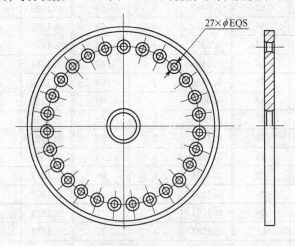

图 7-24　等分孔工件

[解]　1. 利用式 7-1 按分数法计算:

$$n = \frac{40}{z} = \frac{40}{27} = 1\frac{13}{27}(r)$$

但分度盘上没有一圈为 27 个孔,可将分子和分母同时扩大相同倍数,即

$$n = 1\frac{13}{27} = 1\frac{26}{54}(r)$$

即每加工一孔分度时,摇柄在分度盘 54 个孔的圈上转过一整转加 26 个孔。

2. 利用式 7-1 按小数法计算:

$$n = \frac{40}{z} = \frac{40}{27} = 1.4815(r)$$

分度小数部分从表 7-3 中查出：$0.4815 = \dfrac{26}{54}$；

工件等分数 $z = 27$ 时，分度摇柄转 $n = 1\dfrac{26}{54}r$。

两种方法计算结果相同。实际加工中，可根据具体情况来选用这两种计算方法。

当算出的小数从表 7-3 中找不到时，可选用附近的分度小数。

表 7-3　按分度小数选用摇柄转过孔数
（分度头定数 40）

分度小数	摇柄转过孔数	分度盘每圈孔数	分度小数	摇柄转过孔数	分度盘每圈孔数	分度小数	摇柄转过孔数	分度盘每圈孔数
0.0185	1	54	0.0741	4	54	0.1282	5	39
0.0196	1	51	0.0758	5	66	0.1296	7	54
0.0213	1	47	0.0769	3	39	0.1316	5	38
0.0233	1	43	0.0784	4	51	0.1333	4	30
0.0244	1	41	0.0800	2	25	0.1356	8	59
0.0263	1	38	0.0811	3	37	0.1373	7	51
0.0294	1	34	0.0833	2	24	0.1395	6	43
0.0323	2	62	0.0847	5	59	0.1429	4	28
0.0339	2	59	0.0862	5	58	0.1452	9	62
0.0351	2	57	0.0870	4	46	0.1471	5	34
0.0370	2	54	0.0882	3	34	0.1481	8	54
0.0392	2	51	0.0926	5	54	0.1509	8	53
0.0408	2	49	0.0943	5	53	0.1522	7	46
0.0426	2	47	0.0968	6	62	0.1538	6	39
0.0455	3	66	0.1000	3	30	0.1552	9	58
0.0465	2	43	0.1020	5	49	0.1569	8	51
0.0484	3	62	0.1034	6	58	0.1579	9	57
0.0500	1	20	0.1053	6	57	0.1600	4	25
0.0513	2	39	0.1064	5	47	0.1613	10	62
0.0526	3	57	0.1081	4	37	0.1628	7	43
0.0541	2	37	0.1111	2	18	0.1633	8	49
0.0556	3	54	0.1132	6	53	0.1667	9	54
0.0566	3	53	0.1163	5	43	0.1695	10	59
0.0588	3	51	0.1176	6	51	0.1707	7	41
0.0612	3	49	0.1186	7	59	0.1724	10	58
0.0638	3	47	0.1190	5	42	0.1754	10	57
0.0652	3	46	0.1207	7	58	0.1765	9	51
0.0678	4	59	0.1220	5	41	0.1786	5	28
0.0698	3	43	0.1224	6	49	0.1818	12	66
0.0714	3	42	0.1250	3	24	0.1837	9	49
0.0732	3	41	0.1277	6	47	0.1852	10	54

续表 7-3

分度小数	摇柄转过孔数	分度盘每圈孔数	分度小数	摇柄转过孔数	分度盘每圈孔数	分度小数	摇柄转过孔数	分度盘每圈孔数
0.1860	8	43	0.2500	7	28	0.3103	18	58
0.1875	3	16	0.2549	13	51	0.3125	5	16
0.1892	7	37	0.2558	11	43	0.3148	17	54
0.1905	8	42	0.2564	10	39	0.3171	13	41
0.1930	11	57	0.2581	16	62	0.3191	15	47
0.1951	8	41	0.2593	14	54	0.3208	17	53
0.1961	10	51	0.2619	11	42	0.3220	19	59
0.1970	13	66	0.2642	14	53	0.3243	12	37
0.2000	6	30	0.2653	13	49	0.3256	14	43
0.2037	11	54	0.2667	8	30	0.3265	16	49
0.2051	8	39	0.2683	11	41	0.3276	19	58
0.2069	12	58	0.2703	10	37	0.3333	22	66
0.2075	11	53	0.2727	18	66	0.3387	21	62
0.2083	5	24	0.2745	14	51	0.3404	16	47
0.2097	13	62	0.2759	16	58	0.3421	13	38
0.2121	14	66	0.2778	15	54	0.3443	20	58
0.2143	6	28	0.2800	7	25	0.3469	17	49
0.2162	8	37	0.2821	11	39	0.3478	16	46
0.2174	10	46	0.2830	15	53	0.3485	23	66
0.2195	9	41	0.2857	12	42	0.3500	7	20
0.2222	12	54	02879	19	66	0.3514	13	37
0.2245	11	49	0.2881	17	59	0.3519	19	54
0.2258	14	62	0.2903	18	62	0.3529	18	51
0.2264	12	53	0.2927	12	41	0.3548	22	62
0.2281	13	57	0.2941	10	34	0.3559	21	59
0.2326	10	43	0.2963	16	54	0.3571	15	42
0.2340	11	47	0.2979	14	47	0.3585	19	53
0.2353	12	51	0.2982	17	57	0.3600	9	25
0.2368	9	38	0.3000	9	30	0.3617	17	47
0.2373	14	59	0.3019	16	53	0.3636	24	66
0.2391	11	46	0.3030	20	66	0.3659	15	41
0.2407	13	54	0.3043	14	46	0.3667	11	30
0.2419	15	62	0.3061	15	49	0.3684	21	57
0.2439	10	41	0.3077	12	39	0.3704	20	54
0.2453	13	53	0.3095	13	42	0.3721	16	43

续表 7-3

分度小数	摇柄转过孔数	分度盘每圈孔数	分度小数	摇柄转过孔数	分度盘每圈孔数	分度小数	摇柄转过孔数	分度盘每圈孔数
0.3729	22	59	0.4375	7	16	0.5102	25	49
0.3750	9	24	0.4390	18	41	0.5116	22	43
0.3774	20	53	0.4400	11	25	0.5128	20	39
0.3788	25	66	0.4412	15	34	0.5135	19	37
0.3810	16	42	0.4444	12	27	0.5161	32	62
0.3824	13	34	0.4468	21	47	0.5185	28	54
0.3846	15	39	0.4483	26	58	0.5200	13	25
0.3860	22	57	0.4500	9	20	0.5217	24	46
0.3871	24	62	0.4516	28	62	0.5238	22	42
0.3889	21	54	0.4528	24	53	0.5263	30	57
0.3902	16	41	0.4545	30	66	0.5283	28	53
0.3922	20	51	0.4561	26	57	0.5294	27	51
0.3939	26	66	0.4583	11	24	0.5306	26	49
0.3953	17	43	0.4615	18	39	0.5319	25	47
0.3966	23	58	0.4630	25	54	0.5333	16	30
0.4000	12	30	0.4651	20	43	0.5349	23	43
0.4035	23	57	0.4667	27	58	0.5366	22	41
0.4048	17	42	0.4681	22	47	0.5370	29	54
0.4068	24	59	0.4697	31	66	0.5385	21	39
0.4074	22	54	0.4706	24	51	0.5417	13	24
0.4082	20	49	0.4737	27	57	0.5435	25	46
0.4103	16	39	0.4746	28	59	0.5455	36	66
0.4118	21	51	0.4762	20	42	0.5476	23	42
0.4138	24	58	0.4800	12	25	0.5500	11	20
0.4151	22	53	0.4814	26	54	0.5526	21	38
0.4167	10	24	0.4828	28	58	0.5556	30	54
0.4186	18	43	0.4848	32	66	0.5581	24	43
0.4211	24	57	0.4865	18	37	0.5600	14	25
0.4237	25	59	0.4878	20	41	0.5610	23	41
0.4259	23	54	0.4894	23	47	0.5625	9	16
0.4286	21	49	0.4902	25	51	0.5652	26	46
0.4314	22	51	0.4912	28	57	0.5686	29	51
0.4333	13	30	0.5000	33	66	0.5714	28	49
0.4348	20	46	0.5085	30	59	0.5741	31	54
0.4355	27	62	0.5094	27	53	0.5758	38	66

续表 7-3

分度小数	摇柄转过孔数	分度盘每圈孔数	分度小数	摇柄转过孔数	分度盘每圈孔数	分度小数	摇柄转过孔数	分度盘每圈孔数
0.5763	34	59	0.6383	30	47	0.7119	42	59
0.5789	33	57	0.6400	16	25	0.7143	20	28
0.5806	36	62	0.6410	25	39	0.7170	38	53
0.5833	14	24	0.6429	27	42	0.7193	41	57
0.5849	31	53	0.6471	33	51	0.7209	31	43
0.5862	34	58	0.6481	35	54	0.7222	39	54
0.5882	30	51	0.6500	13	20	0.7234	34	47
0.5897	23	39	0.6522	30	46	0.7258	45	62
0.5918	29	49	0.6552	38	58	0.7288	43	59
0.5926	32	54	0.6579	25	38	0.7317	30	41
0.5946	22	37	0.6585	27	41	0.7347	36	49
0.5957	28	47	0.6604	35	53	0.7358	39	53
0.5968	37	62	0.6613	41	62	0.7368	42	57
0.6000	18	30	0.6667	44	66	0.7407	40	54
0.6034	35	58	0.6735	33	49	0.7419	46	62
0.6053	23	38	0.6757	25	37	0.7436	29	39
0.6061	40	66	0.6774	42	62	0.7458	44	59
0.6078	31	51	0.6786	19	28	0.7500	21	28
0.6098	25	41	0.6800	17	25	0.7547	40	53
0.6111	33	54	0.6818	45	66	0.7568	28	37
0.6129	38	62	0.6829	28	41	0.7581	47	62
0.6140	35	57	0.6852	37	54	0.7593	41	54
0.6154	24	39	0.6863	35	51	0.7600	19	25
0.6170	29	47	0.6897	40	58	0.7619	32	42
0.6190	26	42	0.6923	27	39	0.7632	29	38
0.6207	36	58	0.6939	34	49	0.7660	36	47
0.6216	23	37	0.6949	35	59	0.7674	33	43
0.6226	33	53	0.6970	46	66	0.7692	30	39
0.6250	15	24	0.6981	37	53	0.7719	44	57
0.6271	37	59	0.7000	21	30	0.7736	41	53
0.6296	34	54	0.7018	40	57	0.7755	38	49
0.6304	29	46	0.7037	38	54	0.7778	14	18
0.6316	36	57	0.7059	36	51	0.7805	32	41
0.6333	19	30	0.7073	29	41	0.7826	36	46
0.6364	42	66	0.7097	44	62	0.7843	40	51

续表 7-3

分度小数	摇柄转过孔数	分度盘每圈孔数	分度小数	摇柄转过孔数	分度盘每圈孔数	分度小数	摇柄转过孔数	分度盘每圈孔数
0.7857	33	42	0.8519	46	54	0.9091	60	66
0.7872	37	47	0.8529	29	34	0.9118	31	34
0.7903	49	62	0.8537	35	41	0.9130	42	46
0.7917	19	24	0.8548	53	62	0.9149	43	47
0.7931	46	58	0.8571	42	49	0.9167	22	24
0.7949	31	39	0.8596	49	57	0.9184	45	49
0.7963	43	54	0.8605	37	43	0.9194	57	62
0.7966	47	59	0.8621	50	58	0.9216	47	51
0.8000	24	30	0.8636	57	66	0.9231	36	39
0.8039	41	51	0.8649	32	37	0.9245	49	53
0.8049	33	41	0.8667	26	30	0.9259	50	54
0.8065	50	62	0.8679	46	53	0.9268	38	41
0.8085	38	47	0.8696	40	46	0.9286	39	42
0.8103	47	58	0.8704	47	54	0.9298	53	57
0.8125	13	16	0.8718	34	39	0.9310	54	58
0.8148	44	54	0.8750	21	24	0.9333	28	30
0.8163	40	49	0.8776	43	49	0.9348	43	46
0.8182	54	66	0.8788	58	66	0.9355	58	62
0.8226	51	62	0.8800	22	25	0.9362	44	47
0.8246	47	57	0.8810	37	42	0.9388	46	49
0.8261	38	46	0.8824	45	51	0.9394	62	66
0.8276	48	58	0.8837	38	43	0.9434	50	53
0.8298	39	47	0.8868	47	53	0.9444	51	54
0.8305	49	59	0.8889	48	54	0.9459	35	37
0.8333	45	54	0.8913	41	46	0.9483	55	58
0.8367	41	49	0.8929	25	28	0.9500	19	20
0.8378	31	37	0.8939	59	66	0.9516	59	62
0.8400	21	25	0.8947	51	57	0.9535	41	43
0.8421	48	57	0.8966	52	58	0.9545	63	66
0.8431	43	51	0.8980	44	49	0.9565	44	46
0.8448	49	58	0.8983	53	59	0.9583	23	24
0.8462	33	39	0.9024	37	41	0.9600	24	25
0.8478	39	46	0.9032	56	62	0.9630	52	54
0.8485	56	66	0.9057	48	53	0.9643	27	28
0.8500	17	20	0.9074	49	54	0.9655	56	58

续表 7-3

分度 小数	摇柄转 过孔数	分度盘每 圈孔数	分度 小数	摇柄转 过孔数	分度盘每 圈孔数	分度 小数	摇柄转 过孔数	分度盘每 圈孔数
0.9661	57	59	0.9744	38	39	0.9815	53	54
0.9677	60	62	0.9762	41	42	0.9828	57	58
0.9706	33	34	0.9783	45	46	0.9848	65	66
0.9730	36	37	0.9796	48	49	—	—	—

2. 角度分度原理和分度计算

如果被加工工件需要以某种角度为依据进行分度,这时就要按照角度分度原理进行计算。由于分度摇柄转 40 转时工件转 1 转,即摇柄转 40 转,工件转过 360°;若分度摇柄转 1 转,工件转 $\dfrac{360°}{40} = 9°$ 或 $540'$,这样,可得出角度分度法的计算公式:

$$n = \frac{\theta}{9°} = \frac{\theta}{540'} = \frac{\theta}{32400''} \qquad\qquad (式 7\text{-}2)$$

式中　n——分度时分度摇柄转数;

　　　θ——工件角度数,即分度中主轴需转过的角度数("°"或"'"或"''")。

利用上面公式计算出的整数部分为分度摇柄整转数,其分数部分为分度摇柄应转过的孔数。

[例 7-4]　工件上需铣出两条夹角 $\theta = 21°10'$ 的槽,如图 7-25 所示,求分度摇柄转数为多少?

[解]　1. 将工件角度数化成 θ':

$$\theta' = 21 \times 60' + 10' = 1270'$$

2. 利用式 7-2 计算:

$$n = \frac{\theta}{9°} = \frac{\theta}{540'} = \frac{1270'}{540'} = 2.35185 \, (r)$$

0.35185 从表 7-3 查出为:$\dfrac{19}{54}$,即铣完一条槽后,分度摇柄转过 $2\dfrac{19}{54} r$ 后,再铣第二条槽。

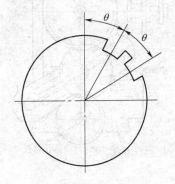

图 7-25　带角度槽工件

3. 工件直线移动分度原理和分度计算

前面介绍的是工件等分数在圆周表面上的分度方法和计算,当等分数在工件平面上(如刻线加工)时,就需要采用工件直线移动分度的方法。

对于要求不十分精确的平面上的等分数,分度时可直接利用铣床进给手柄处的刻度盘,这时计算公式如下:

$$n = \frac{C}{B} \qquad\qquad (式 7\text{-}3)$$

式中　n——工件直线移动分度时,铣床刻度盘应转过的格数;

　　　C——工件平面上的每一等分,工作台移动的距离(mm);

　　　B——刻度盘每转过一格,工作台移动的距离(mm)。

[例 7-5]　铣床刻度盘每格为 0.02mm,工件平面上每等分为 1mm,问工件直线移动分

度时,铣床刻度盘应转过几格?

　　[解]　用式 7-3 计算:

$$n=\frac{C}{B}=\frac{1}{0.02}=50\text{（格）}$$

　　工件平面上等分数的分度精度要求较高时,就需要使用分度头,采用主轴挂轮法和侧轴挂轮法。

　　(1)主轴挂轮法进行工件直线移动分度　在分度头主轴后端锥孔插进一个芯轴,通过交换齿轮 z_1, z_2(图 7-26)传动工作台纵向长丝杠,这样,将分度头主轴和工作台纵向长丝杠连接起来。当分度摇柄转动 n 转以后,工作台移动一个距离,从而得到较为精确的分度,其传动系统如图 7-27 所示。

　　根据分度头传动原理可知,分度头摇柄转过 40 转,分度头主轴转动一转,这时:

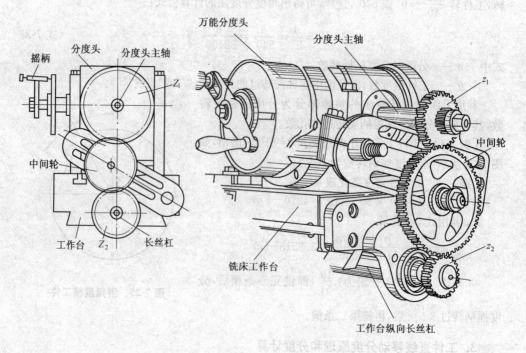

图 7-26　主轴挂轮工件直线移动分度法
(a)交换齿轮位置图　(b)交换齿轮安装情况

$$\frac{n_1}{n_{摇柄}}=\frac{1}{40}$$

$$n_1=\frac{n_{摇柄}}{40}$$

$$n_2=n_1\frac{z_1}{z_2}$$

$$n_2=\frac{n_{摇柄}}{40}\cdot\frac{z_1}{z_2},\text{即}$$

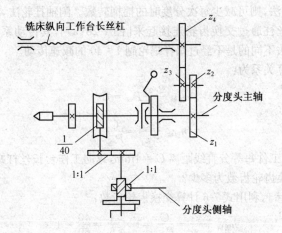

图 7-27 工件直线移动主轴挂轮法分度传动系统

$$40n_2 = \frac{z_1}{z_2}n_{摇柄} \qquad\qquad (式 7\text{-}4)$$

将 $n_2 = \dfrac{C}{P_丝}$ 代入上式得

$$\frac{40C}{P_丝} = \frac{z_1}{z_2}n_{摇柄} \qquad\qquad (式 7\text{-}5)$$

式中　　$P_丝$——铣床工作台纵向长丝杠螺距(mm);

　　　　n_1——分度头主轴转数;

　　　　n_2——铣床纵向长丝杠转数;

$\dfrac{z_1}{z_2}$ 或 $\dfrac{z_1 z_3}{z_2 z_4}$——交换齿轮齿数;

　　　　$n_{摇柄}$——平面工件每等分对应的分度摇柄转数;

　　　　C——平面工件每等分对应的直线距离(mm);

　　　　40——分度头定数。

由上式可以算出交换齿轮齿数 z_1, z_2 的值和分度摇柄转数 $n_{摇柄}$, $n_{摇柄}$ 一般在 1~10 之间选取。

[例 7-6] 在纵向工作台长丝杠螺距为 6mm 的铣床上,进行主轴挂轮法工件直线移动分度,平面工件每等分直线距离为 0.5mm,求分度时交换齿轮齿数及分度摇柄转数。

[解] 用式 7-5 进行计算:

$$\frac{40 \times 0.5}{6} = \frac{z_1}{z_2}n_{摇柄}$$

$$\frac{40}{60} \times 5 = \frac{z_1}{z_2}n_{摇柄}$$

即:交换齿轮齿数 $z_1 = 40$, $z_2 = 60$;每次分度时, $n_{摇柄} = 5r$。

(2)侧轴挂轮法进行工件直线移动分度　对于工件平面上间隔距离较大的等分数,如果仍然采用主轴挂轮法分度,就显得很烦琐,因为每分度一次,分度摇柄需要摇很多转。这时,若采用侧轴挂轮法,则可减少每次分度时的摇柄转数。侧轴挂轮法,就是把分度头侧轴和铣床纵向工作台丝杠通过交换齿轮连接起来[图 7-28(a)],其传动系统如图 7-28(b)所示。它和主轴挂轮法不同的是不经过蜗杆蜗轮副 $1:40$ 的减速传动。

侧轴挂轮法计算关系为:

$$n_{\text{摇柄}} \frac{z_1 z_3}{z_2 z_4} P_{\text{丝}} = C$$

$$n_{\text{摇柄}} \frac{z_1 z_3}{z_2 z_4} = \frac{C}{P_{\text{丝}}} \qquad\qquad (\text{式 7-6})$$

[例 7-7]   平面工件每等分直线距离 $C=4\text{mm}$,纵向工作台长丝杠螺距 $P_{\text{丝}}=6\text{mm}$,问分度摇柄转数和交换齿轮齿数为多少?

[解]   选 $n_{\text{摇柄}}=1$,利用式 7-6 计算交换齿轮齿数:

$$n_{\text{摇柄}} \frac{z_1 z_3}{z_2 z_4} = \frac{C}{P_{\text{丝}}} = 1 \times \frac{4}{6} = \frac{40}{60} \times 1$$

即:主动齿轮 $z_1=40$,被动齿轮 z_2(或 z_4)$=60$;每次分度摇柄转数 $1r$。

所铣工件等分数的直线距离如果不能分解因数,采用如图 7-28 所示的分度头侧轴挂轮法时,可选取交换齿轮传动比 $i=1$,每次分度摇柄转数 $n_{\text{摇柄}}$ 用下式计算:

$$n_{\text{摇柄}} = \frac{C}{P_{\text{丝}}} \qquad\qquad (\text{式 7-7})$$

计算出 n 的小数值后,从表 7-3 中查出每次分度摇柄转数。

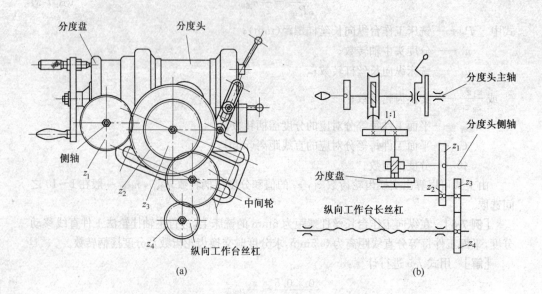

图 7-28   工件直线移动侧轴挂轮法
(a)交换齿轮安装位置   (b)侧轴挂轮法传动系统

[例 7-8]   工件每等分直线移动距离 $C=5.61\text{mm}$,纵向工作台丝杠螺距 $P_{\text{丝}}=6\text{mm}$,求分度摇柄转数和交换齿轮齿数。

[解] 取交换齿轮传动比 $i=1$

$$i=1=\frac{z_1 z_3}{z_2 z_4}=\frac{30\times80}{60\times40}$$

用式 7-6 计算分度摇柄转数 $n_{摇柄}$：

$$n_{摇柄}=\frac{C}{P_丝}=\frac{5.61}{6}=0.935$$

从表 7-3 中查出：

$$0.935\approx0.9348=\frac{43}{46}(r)$$

或：$0.935\approx0.9355=\frac{58}{62}(r)$

即：交换齿轮主动轮 $z_1=30$，从动轮 $z_2=60$，主动轮 $z_3=80$，从动轮 $z_4=40$；每次分度摇柄转过 $\frac{43}{46}r$ 或 $\frac{58}{62}r$。

四、分度头的正确使用和维护

分度头是铣床上的精密夹具和附件，正确地使用和经常维护，可以保持其分度精度，延长使用寿命。使用和维护时应注意以下事项：

①经常擦洗干净，按照要求，定期注油润滑。

②在装卸和搬运分度头时，要保护好主轴前后锥孔面和底平面，严防碰撞，并经常润滑，防止生锈或有杂物。

③分度头底部定位键的侧面是精度很高的定位面，注意不要损伤，否则会影响定位准确性。

④万能分度头内部的蜗轮和蜗杆间应该有一定的啮合间隙，这个间隙保持在 0.02～0.04mm；若间隙过大，影响分度精度，间隙过小则增加蜗杆与蜗轮的磨损。

⑤在万能分度头上装夹工件时，最好锁紧分度头主轴；但在每次分度前都要把刹紧分度头主轴的手柄松开，分度完成后再把它固紧，防止分度头主轴铣削过程中松动。

⑥分度时，摇柄上的定位插销应对正孔眼，慢慢地插入孔中，不要突然撒手让插销弹入孔中；否则，孔眼周围会加快磨损，增大分度误差。

⑦分度中，当摇柄转过预定孔的位置时，必须把摇柄向回多摇些，再向前转动使插销准确地落入预定孔中，以消除分度头内部蜗轮和蜗杆间的配合间隙。

⑧分度头的主轴不但可以与工作台平行，还可使主轴与工作台垂直或成某一角度来分度。当分度头回转体需要扳动角度时，要先松开壳体上的紧固螺钉，严禁在任何情况下进行敲击。

第二节 万能分度头在铣床上的应用

分度头在铣床上应用很广泛，如铣削等角度多面体工件、刻线、铣外花键以及铣各种齿轮等。

一、等角度多面体的铣削

在《铣工国家职业技能标准（2009 年修订）》中，对初级铣工铣削角度面提出以

下技能要求:

    1. 能使用立铣刀在分度头上加工正四方、正六方。

    2. 能使用立铣刀在分度头上加工两条对称键槽,并达到以下要求:

    (1)尺寸公差等级:IT9;

    (2)对称度:8 级;

    (3)表面粗糙度:Ra6. 3~Ra3. 2μm。

    等角度多面体除了如图 7-22 和图 7-23 所示的正四边形、正六边形工件外,还有正棱台、正棱柱等工件,如图 7-29 所示。下面以铣削正(锥)棱台为例进行介绍。

    如图 7-30 所示为正六边锥棱台和正六边棱柱为一体的工件图样。铣削时,工件毛坯经车削后,直径为 36mm 的圆钢,拟在 X5032 型立式铣床上使用外径 $D=$ 50mm 的面铣刀进行加工,其重点步骤如下。

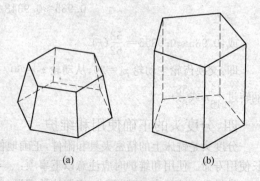

图 7-29 等角度多面体工件
(a)正六边锥棱台 (b)正棱柱

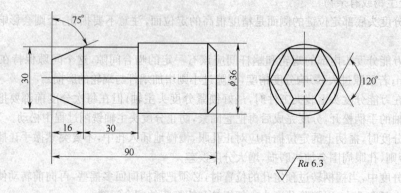

图 7-30 等角度六面体工件图样

1. 先铣削正六边棱柱部分

    铣削时将毛坯装夹在分度头的三爪自定心卡盘内,并使用百分表找正后,在立铣床上安装面铣刀开始铣削,如图 7-23(a)所示。

    从表 7-2 中查出,工件等分数 $z=6$,分度摇柄转数 $n=6\frac{16}{24}r$,这样,每铣好一面后,分度摇柄在工件孔圈上转过 6 转又 16 个孔,接着铣下一个正棱柱面。

2. 铣削正六边锥棱台部分

    按照工件倾斜角度要求,将分度头主轴向上扳起一个角度。由于图样中工件端面与锥棱台表面为 75°，所以，铣削时分度头主轴应向上扳起 90°－75°＝15°[图 7-31(a)]，或者将立式铣床的铣头扳转 15°，而使分度头主轴中心线平行于铣床工作台[图 7-31(b)]，同样能够铣出合乎角度要求的锥棱台。

铣锥棱台部分时，要注意使被切削面与第一步铣出的正棱柱部分的表面不要错开，所以在铣出正棱柱表面后，工件的圆周位置不要移动，只是待分度头主轴向上扳起 15°(或立铣头扳转 15°)后，紧接着就铣削锥棱台，以保证切削表面位置的准确。

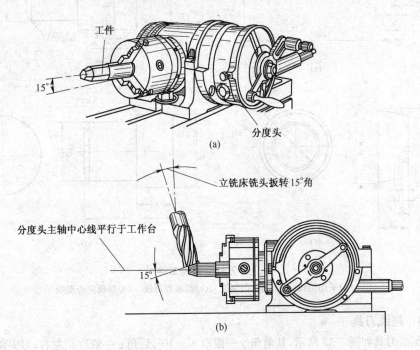

图 7-31　仰起分度头或扳转立铣头主轴铣削工件

(a)分度头主轴仰起 15°　(b)立铣头主轴扳转 15°

二、铣床上刻线加工

在《铣工国家职业技能标准(2009 年修订)》中，对初级铣工刻线加工提出以下技能要求：

1. 能使用刻线刀在圆柱面上进行刻线加工。

2. 能使用刻线刀在圆锥面上进行刻线加工。

3. 能使用刻线刀在平面上进行刻线加工。

4. 能使刻线精度达到以下要求：

(1)尺寸公差等级:**IT9**；

(2)对称度:**8 级**；

(3)倾斜度公差:±5′/100。

刻线工件如图 7-32 所示。被刻线表面虽然分布在平面或圆周不同的表面上，但刻线方法和所使用刀具却大致相同。

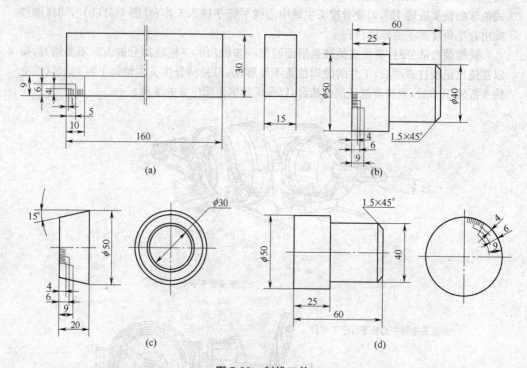

图 7-32 刻线工件
(a)平面刻线 (b)圆柱面刻线 (c)圆锥面刻线 (d)端面向心刻线

1. 刻线刀具

刻线刀具如图 7-33 所示,其前角 γ 一般取 $5°\sim10°$,后角 α 一般取 $8°$ 左右,刀尖角 ε 一般取 $50°\sim60°$。

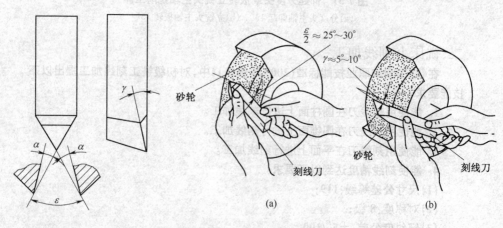

图 7-33 刻线刀具

图 7-34 砂轮机上刃磨刻线刀
(a)刃磨刀尖角 (b)刃磨前角

刻线刀可利用四方的高速钢刀条在砂轮上磨制，也可利用废旧钻头或立铣刀改磨而成，其刃磨方法如图 7-34 所示。

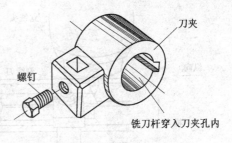

刻线刀插入刀夹的方孔内，使用螺钉固定，如图 7-35 所示。刀夹安装在铣床的铣刀杆上。在卧式铣床主轴前端安装刻线刀时，先将铣刀杆插入主轴锥孔内，然后使刻线刀穿进铣刀杆刀槽（或刀孔）内，如图 7-36 所示，并通过螺钉将其固定。

图 7-35　刻线刀刀夹

2. 铣床上刻线方法

（1）在平面上刻线　平面刻线如图 7-37 所示。刻线前，先找正工件被刻线表面与工作台面的平行度，然后进行对刀工作。

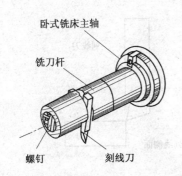

图 7-36　卧式铣床主轴前端安装刻线刀

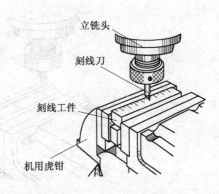

图 7-37　平面刻线

①对刀。刻第一条线前，要先进行垂直方向对刀，接着进行工件端面处对刀，最后进行工件侧面处对刀。垂直方向对刀时，使刻线刀刀尖距刻线表面有一张薄纸的距离，如图 7-38 所示，就是以刻线刀压住薄纸后，薄纸拉不走，但刻线刀又划不伤刻线表面为准。

然后进行工件端面处对刀，如图 7-39 所示，保持工件纵向位置不变，横向移动工作台进行工件侧面对刀，使刻线刀刀尖对准起始刻线的端面处。

工件侧面对刀时，如图 7-40 所示，使刻线刀刀尖与工件的侧面对齐，作为刻线的起点。

②开始刻线。对刀工作完成后，将工作台垂直升高 0.1～0.15mm 的高度进行刻线，如图 7-41 所示。

铣床上刻线时，工作台（工件）进行直线移动分度，利用式 7-5 和图 7-26 所示方法，将工件所刻线线距要求代入式 7-5 中，计算出每刻一条线分度头摇柄转数和交换齿轮齿数。

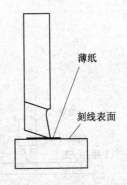

图 7-38　刻线刀与刻线
表面间的距离

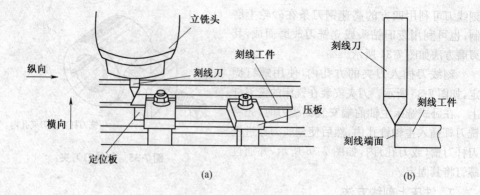

图 7-39   刻线时端面对刀

(a)对刀情况   (b)刻线刀与工件相对位置

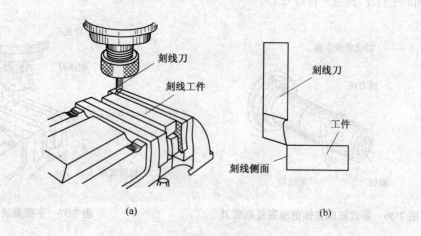

图 7-40   刻线时侧面对刀

(a)对刀情况   (b)刻线刀对工件相对位置

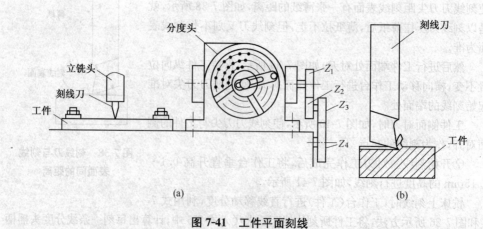

图 7-41   工件平面刻线

(a)刻线情况   (b)刻线刀工作情况

当第一线刻出后,下降工作台,观察所刻线条的深浅、粗细、清晰度等方面是否符合要求;若符合要求,转动分度头摇柄,通过交换齿轮使工作台移动一小格刻度距离,并以刻第一条线时升降台升起的高度为准,将其他刻线条依次刻下去。

③刻线法应注意事项。刻线时,注意刻线刀不要转动或扭转角度,否则,将会产生如图7-42所示情况,致使刻线表面出现单边毛刺较大或有振纹现象等。

刻线过程中,要预防刀尖损坏,如果出现这种情况(图7-43),会导致刻线表面产生平底或圆弧,而影响刻线质量。

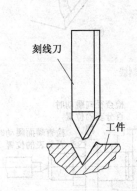

图7-42 刻线刀刀尖扭转角度

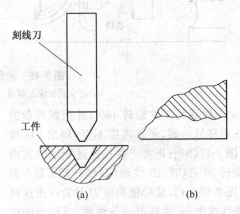

图7-43 刻线刀刀尖损坏及其影响
(a)刻线刀刀尖损坏 (b)对刻线质量造成的影响

另外,在刀夹上安装刻线刀时,注意刻线刀与刻线表面的垂直位置,否则,会使刻线刀的前角变大或变小(图7-44),而使刻线质量受到影响。

(2)在圆周表面上刻线 在圆周表面上刻线时,工件通过芯轴装夹并一起安装在分度头三爪自定心卡盘和尾座的顶尖间,如图7-45所示,其操作要点一是需检查工件的径向和端面圆跳动情况,以将工件外圆周表面找正;二是刻线刀的刀尖顶点要与分度头主轴中心(即工件圆周表面中心)相重合。

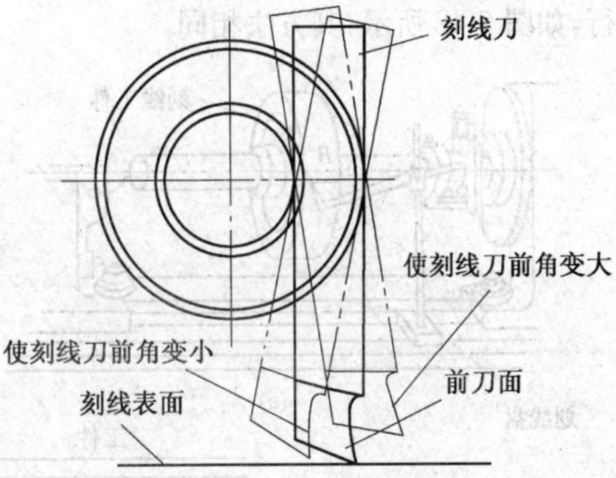

图7-44 刻线刀的垂直位置要正确

如图7-46所示,对工件表面找正时使用百分表,让百分表测量头抵住工件外圆周,摇动分度摇柄,使工件旋转,从百分表表针移动情况可以看出工件径向或端面的圆跳动情况。当工件旋转一周,如果圆周表面跳动超差,刻出的线条会深浅不一致,所以,一定要做好这项工作。

检查刻线刀的刀尖顶点与分度主轴中心相重合时,可采用如图7-47所示的方法。工件毛坯装好后,使用划线盘在工件外圆大约低于毛坯中心约1mm处划出一条AB线[图7-47

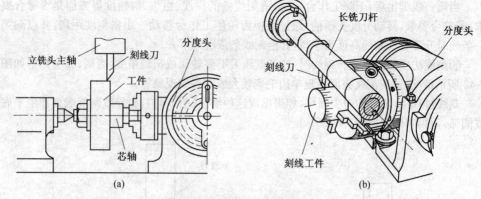

图 7-45 圆周表面上刻线
(a)在立式铣床上刻线 (b)在卧式铣床上刻线

(a)],然后将工件旋转 180°,并把划线盘放在毛坯另一面,使其高度不变,划出 CD 线[图 7-47(b)];再将工件按上述相同的方向旋转 90°,这时 AB 线和 CD 线转到了最上面[图 7-47(c)],最后使刻线刀刀尖对正这两条线的中心,并刻出一条浅痕,当刻出的这条浅痕位于 AB 线和 CD 线的中间时,铣刀中心与工件的中心对正了。进行这项工作在圆周表面划线时,也可使用游标高度卡尺进行,如图 7-48 所示,其方法相同。

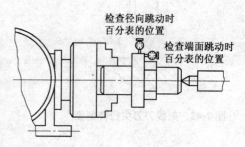

图 7-46 对工件圆周表面进行找正

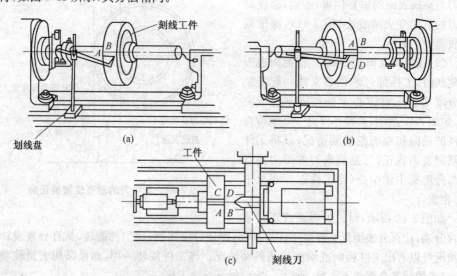

图 7-47 圆周表面刻线对中心工作
(a)先划出 AB 线 (b)再划出 CD 线 (c)将线印转到最上面

圆周表面上刻线时,每刻好一条线,利用式7-1计算的分度摇柄转数,分度头进行分度后,接着刻下一条线。所使用的刻线刀具和操作方法基本上与平面上刻线相同。

(3)在圆锥表面刻线　将刻线工件装夹在芯轴上[图7-49(a)],芯轴夹持在三爪自定心卡盘内[图7-49(b)],然后按照图样中的角度要求,将分度头主轴向上扳起一个角度 θ,使被刻线工件表面与工作台面平行(图7-50),依靠工作台纵向进给将线刻出。每刻出一条线,转动分度头摇柄,使工件转过一个刻线角度,依次刻下一条线。

圆锥表面刻线,同样注意做好刻线刀刀尖对正工件中心的工作,这时仍可采用如图7-47所示在圆周表面上刻线的划线方法,不过,这时刻出的 AB,CD 线是交叉形状的,如图7-51所示。刻线对中心时,当通过分度头摇柄将 AB,CD 线转到最上面后,刻线刀的刀尖对正交叉线的中心 P 点就可以了。

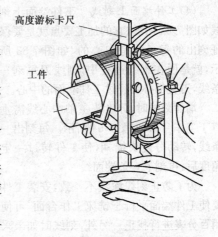

图7-48　使用游标高度卡尺划中心线

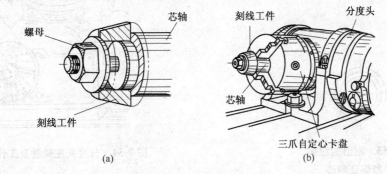

(a)　　　　　　　　(b)

图7-49　工件装夹方法

(a)工件安装在芯轴上　(b)芯轴夹持在分度头上

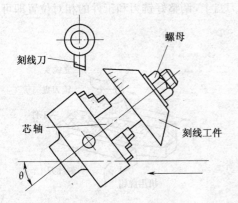

图7-50　圆锥表面上刻线

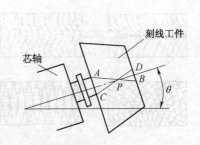

图7-51　圆锥表面刻线对中心方法

（4）工件端面上刻线　工件端面上刻线如图 7-52 所示,它的加工要点就是要保证刻出的每条线是向心的,如图 7-53 所示,就是说在刻线过程中,刻线刀每刻一条线,刀尖都必须经过工件端面的中心。

端面刻线时,分度头主轴中心线需垂直于工作台面,如图 7-54 所示。每刻出一条线,转动分度头摇柄,使工件转过一定角度后,再刻下一条端面线。

为了防止刻线深浅不一致,安装工件要使工件端面平行于铣床工作台面,可使用百分表进行找正。另外,刻线时如果采用纵向进给,就将横向工作台紧固好,防止刻线过程中工作台横向移动。

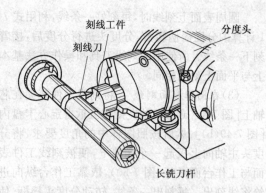

图 7-52　工件端面上刻线

图 7-53　刻出的线条必须保证向心

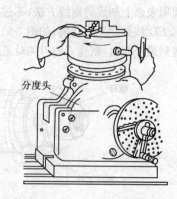

图 7-54　分度头主轴垂直工作台面

（5）刻网纹线　网纹线如图 7-55 所示。平面上刻粗网纹线,可以在立式铣床或卧式万能铣床上安装万能铣头加工。将刻线刀装在铣刀盘上,调整好铣刀和工件的相对位置即可刻线,如图 7-56 所示。

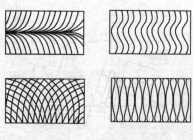

图 7-55　网纹线形式

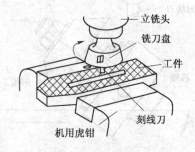

图 7-56　网纹线刻制方法

精度要求不高的网纹线,可利用工作台进刀和回刀一次就可刻出弧线交错的正反网纹。纹距要求严格时,要控制主轴转速和工作台的进给量,通过一定比例的运动,保证纹距的准确。

主轴转速和工作台进给之间的关系式为

$$f_0 = S \cdot n \tag{式 7-8}$$

式中　f_0——主轴每转一转工作台的进给量(mm);

　　　S——工件纹距(mm);

　　　n——主轴(铣刀)转速(r/min)。

三、铣削外花键

在《铣工国家职业技能标准(2009 年修订)》中,对初级铣工铣削外花键提出以下技能要求:

1. 能使用单刀在分度头上粗铣外花键。

2. 能使用成形铣刀在分度头上粗铣外花键。

3. 能使铣削的外花键达到以下要求:

(1)键宽尺寸公差等级:IT10,小径公差等级:IT12;

(2)对行度:8 级,对称度:9 级;

(3)表面粗糙度:$Ra6.3 \sim Ra3.2 \mu m$。

外花键俗称花键轴,它与内花键配套传动使用。花键的种类按其齿廓形状分为矩形、渐开线形、梯形及三角形四种,其中以矩形花键(图 7-57)使用最广泛。矩形花键的定心方式有齿侧定心[图 7-58(a)]、大径 D 定心[图 7-58(b)]和小径 d 定心[图 7-58(c)]三种,但在一般情况下,均以大径定心。

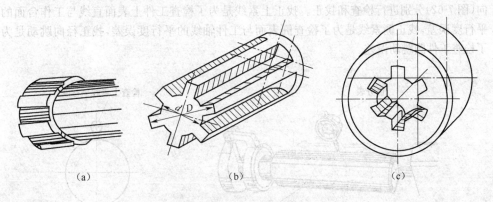

(a)　　　　　　　(b)　　　　　　　(c)

图 7-57　矩形花键

(a)外花键　(b)外花键　(c)内花键

精度要求高的外花键用花键滚刀在专用的花键铣床上采用滚切法进行加工,这种方法具有较高的生产率和加工精度。但在缺乏专用花键铣床或零件数量较少的情况下,也可以在普通卧式铣床上利用分度头分度来进行铣削。

在铣床上切削外花键是以大径定心的低精度加工方式,所以,它仅适用于修配和加工精度要求不高的外花键。

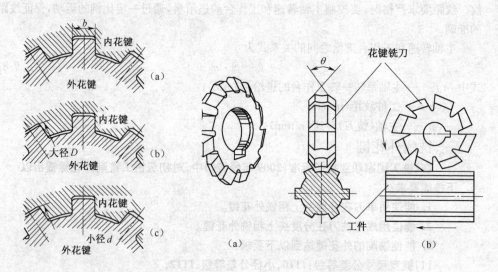

图 7-58　矩形花键定心方式
(a)齿侧定心　(b)大径定心　(c)小径定心

图 7-59　花键成形铣刀铣外花键
(a)花键成形铣刀　(b)铣削外花键

1. 铣床上加工外花键的基本形式

(1)花键成形铣刀铣外花键　铣床上加工各种外花键,在工艺上有许多相同之处。以大径定心的矩形外花键,它的大径精度要求较高,同时,对花键齿宽度的要求也比较严格。

成批加工中,通常使用成形花键铣刀进行切削,如图 7-59 所示。加工前,工件在分度头的前后顶尖间装夹好,先用百分表沿工件轴向,在上素线(图 7-60)、侧素线(图 7-61)以及径向(图 7-62)分别进行检查和找正。找正上素线是为了检查工件上表面直线与工作台面的平行度误差,找正侧素线是为了检查侧表面与工件轴线的平行度误差,找正径向跳动是为了检查工件圆跳动误差。

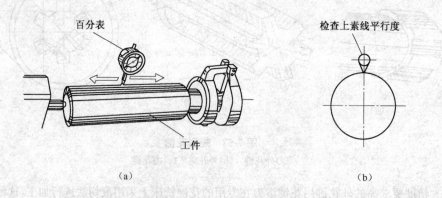

图 7-60　找正工件上素线平行度
(a)检查情况　(b)百分表位置

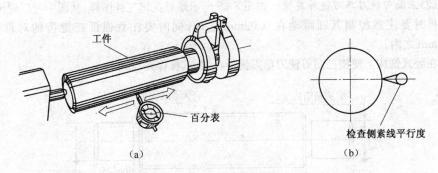

图 7-61　找正工件侧素线平行度
(a)检查情况　(b)百分表位置

　　为了稳定和提高加工质量,切削中花键轴中间的悬空部分,必须用千斤顶支承好(每次分度时将千斤顶松开)。

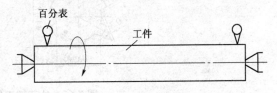

图 7-62　检查工件径向圆跳动

　　采用这种铣削方法,在铣刀中心对正工件中心时,使铣刀两边的夹角同时和工件表面接触均匀即可(图 7-63)。该方法虽然简单,但要认真操作,如图 7-64 所示是对刀距离出现误差 δ 后,铣出的花键槽底圆弧面的位置误差情况。

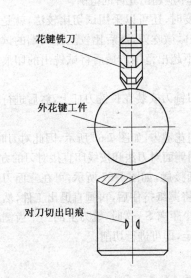

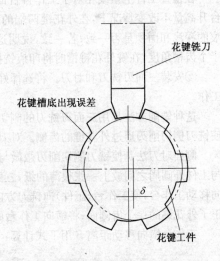

图 7-63　成形铣刀铣外花键对刀方法　　图 7-64　花键槽底圆弧面出现位置误差

　　对刀工作完成后,先按照花键齿深约四分之三全部粗铣一刀,并检查其对称性。校准后,再按花键齿的深度调整好切削位置,逐槽粗铣和精铣。

(2)三面刃铣刀单刀铣外花键 如图 7-65 所示是外花键工件图样,从图中可以看出,安装工件时要注意控制其圆跳动在 0.03mm 之内,同时要注意保证花键齿的对称度在 0.05mm 之内。

在卧式铣床上使用三面刃铣刀单刀铣外花键,其操作要点如下。

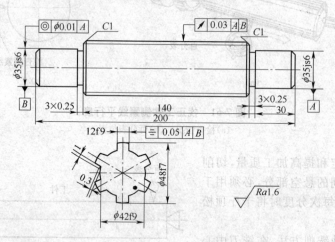

图 7-65 外花键工件图样

①工件的安装和校正。将工件安装在分度头的主轴和尾座之间时,要控制工件的径向圆跳动量、工件的上素线相对于工作台台面的平行度和工件的侧素线相对工作台纵向进给的平行度(图 7-60、图 7-61、图 7-62),它们的误差都不应超出允许的范围。

在检查工件上素线相对于工作台台面的平行度时,还可以采用试切比较法,就是工作台升高量不改变情况下,在外花键两端的上表面处微微吃刀,然后比较工件两端的试切印痕的深浅和面积是否一致;若一致,说明这项误差不超出范围。最后将试铣出的印痕转过半个齿槽角度,在铣外花键槽时将印痕铣掉。

②安装三面刃铣刀和对刀。将选择好的三面刃铣刀安装在长铣刀杆上,然后进行对刀工作。

这种铣削方法是用三面刃铣刀的侧切削刃切削花键齿,如图 7-66 所示,因此对刀时,应使铣刀侧切削刃通过外花键的齿侧。对刀时可采用侧面对刀法和按线印直接对刀的方法。

侧面对刀法是使铣刀侧切削刃微微与工件侧面接触,如图 7-67 所示,可在三面刃铣刀与工件外圆周之间放上一张很薄的纸,三面刃铣刀将薄纸挤住后,再垂直退出工件,然后横向移动工作台,使工作台(工件)向铣刀方向移动一个距离 S ,这时,铣刀上的一个齿侧就对正了外花键的一个齿侧面;将横向工作台的位置固定,即可进行切削。

工作台横向移动距离 S 用下式计算:

$$S=\frac{D-b}{2}+\delta \qquad (式 7-9)$$

式中 D ——外花键工件大径(mm);

  b ——外花键工件键宽(mm);

  δ ——纸厚度(mm)。

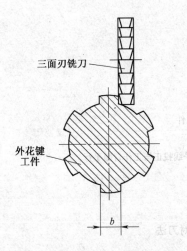

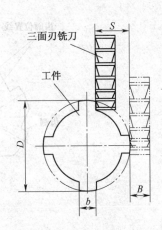

图 7-66　三面刃铣刀侧刃铣削花键齿

图 7-67　侧面接触对刀法

　　按线印直接对刀法是外花键工件在铣削前,先在外花键工件端面划出互相垂直的十字线印,同时将其中的一条线印延长到铣花键的外圆表面,如图 7-68 所示,并在外圆表面上划出外花键的齿廓位置线。安装工件时,使外花键齿廓位置线处于工件最顶面的位置,并将工件端面的十字线印找正,如图 7-69 所示,铣削时使铣刀刀齿侧面直接对正齿廓位置线就可以进行切削了。

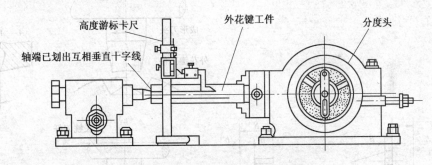

图 7-68　在外花键工件表面划线

　　③铣出外花键齿侧面。对刀工作完成以后,将横向工作台固定,再纵向退出工件,按照外花键的键深度升高工作台进行切削。

　　铣削时,先铣削花键右侧的 1～6 面,如图 7-70(a)所示,每铣完一个齿侧,按照被加工外花键的齿数计算分度头摇柄转数进行分度,依次铣下一个花键齿右侧面。

　　铣完花键齿的 1～6 面后,纵向退出工作台,并横向移动工作台,使工件向铣刀方向移动一个距离 S,如图 7-70(b)所示,再依次铣花键齿的左侧面。移动距离 S 用下式计算:

$$S = B + b \tag{式 7-10}$$

式中　B——三面刃铣刀宽度(mm);

　　　　b——外花键工件齿宽(mm)。

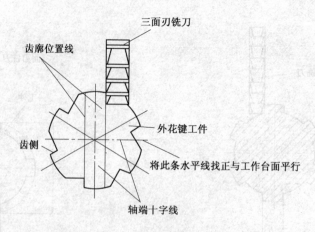

图 7-69 按线印直接对刀法

铣花键齿的左侧时,应先试铣出一小段,用游标卡尺(或千分尺)测量一下花键齿宽是否符合要求;如果尺寸合格,横向固定工作台,即可铣削 7～12 面。

④铣削外花键齿槽。外花键的两侧面铣好后,在每个齿槽的槽底会留下尖角形状的小凸起,所以还要将这个尖角小凸起铣掉,这时,可在长铣刀杆上安装成形刀头进行铣削,如图 7-71 所示。

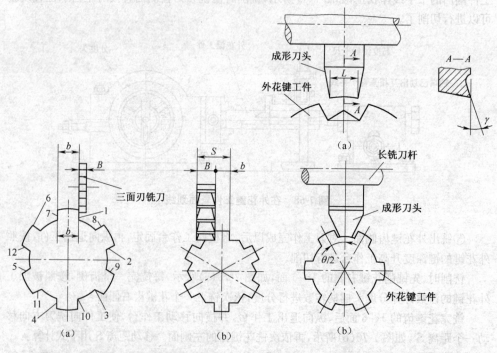

图 7-70 铣削外花键

(a)铣外花键右侧 (b)铣外花键左侧

图 7-71 成形刀头铣外花键槽底尖角

(a)成形刀头与外花键槽底相对位置
(b)铣削情况

成形刀头的前角 γ [图 7-71(a)] 一般为 8°～10°。为了保证成形刀头在长铣刀杆上的安装精度,切削前可在一块平板上进行检查 [图 7-72(a)],当成形刀头的两个刀尖都均匀地接触平板平面,刀头的切削位置就正确了 [图 7-72(b)],这时,可通过螺钉将成形刀头固定。

制造成形刀头时,要注意掌握它头部的尖角间距离 L [图 7-71(a)],这个距离太大会铣伤外花键的键侧,其最大距离 L 可用下式计算:

$$L = d\sin\left[\frac{180°}{N} - \sin^{-1}\left(\frac{B}{d}\right)\right] \tag{式 7-11}$$

式中　　d ——外花键工件的小径(mm);

　　　　N ——外花键齿数;

　　　　B ——外花键键宽(mm)。

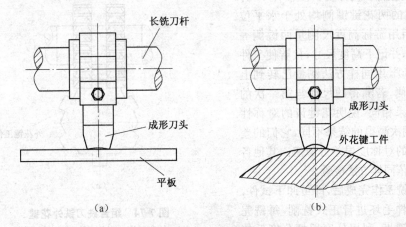

图 7-72　成形刀头在平板上进行检查
(a)刀头与平板接触　(b)刀头经检查后切削位置正确

单件和少量加工中,在铣削花键齿槽槽底留下的尖角时,若缺少成形刀头,可使用厚度小的三面刃铣刀或锯片铣刀,通过分度头摇柄使分度头主轴缓慢转动,将尖角铣去,如图 7-73 所示。这时,要注意保证外花键工件小径达到尺寸要求。

(3)三面刃铣刀组合铣外花键　组合铣刀铣削外花键如图 7-74 所示。这种铣削方法的工件安装和校正与前面三面刃铣刀单刀铣外花键时相同。

在选择铣刀时,应选用两把直径相同的三面刃铣刀;在铣刀杆上安装时要先装上一把铣刀,然后套上宽度等于花键齿宽的垫圈,再装上另一把三面刃铣刀。

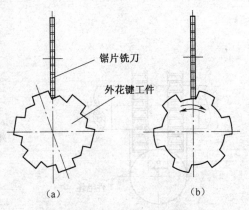

图 7-73　锯片铣刀铣外花键齿槽底
(a)开始铣削槽底　(b)槽底已铣好

如图 7-75 所示是三面刃组合铣刀按照划出线印的对刀情况,这项工作要仔细认真,以保证花键齿位置的正确性。正式铣削前,应先在一块废料上进行试切,试切后一是检查花键齿宽是否在公差范围内,若键齿宽尺寸不正确,则需调整两铣刀间的垫圈厚度;二是检查铣出花键齿两侧相对轴线的对称度是否合乎要求。

试切过程中,检验花键齿对称度时使用游标高度尺,如图 7-76 所示,先摇动分度摇柄,使分度头主轴转动,并使相对的两花键键侧均处于水平位置,然后用游标高度尺测量两键侧等高情况,并记下高度尺寸;接着使工件转动 180°,用同样方法测量已转到上面的键侧,若测得的尺寸与第一次的测量结果相同,说明花键齿的对称性好;若两次测得的结果不同,它们的差值是键的对称度误差近似值。其他各花键齿依同样方法检验。

试铣工作完成后,即可卸下试件,换上工件毛坯进行正式铣削,每铣完一个花键齿,利用分度摇柄分度后依次铣削。铣削时要控制好工作台垂直上升的吃刀量 h,它用下式计算:

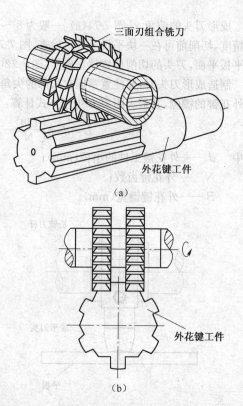

图 7-74 组合铣刀铣外花键
(a)铣削情况 (b)组合铣刀切削位置

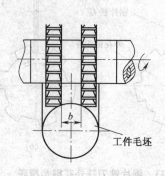

图 7-75 组合铣刀铣外花键前的对刀工作

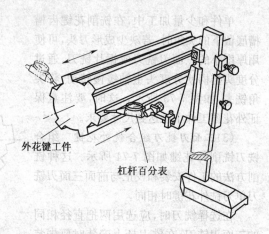

图 7-76 检查外花键齿的对称度

$$h = \frac{1}{2}\left(D - \sqrt{d^2 - b^2}\right) \qquad \text{(式 7-12)}$$

式中 D——外花键工件大径(mm);
d——外花键工件小径(mm);
b——外花键工件齿宽(mm)。

当花键齿全部铣出来后,在其齿槽底部也会留下尖角凸起,这时,仍可使用如图 7-71 或图 7-73 所示方法将尖棱角铣掉,使外花键槽底成圆弧状。

(4)组合单角铣刀铣外花键 如图 7-77 所示是将两把单角铣刀并成组合花键铣刀,在卧式铣床上铣外花键的情况。常见花键的键齿数为 6,8,10,12;6等分花键键齿槽角 $\theta=60°$,8 等分花键 $\theta=45°$,10 等分花键齿槽角 $\theta=36°$。铣外花键时所选用单角铣刀的角度 $\gamma=\dfrac{\theta}{2}$。如有合适的凹圆弧铣刀,可加装在两把单角铣刀的中间,这样,将花键两侧面和槽底的圆弧一并铣出来。

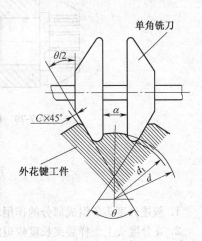

图 7-77　组合单角铣刀铣外花键

如果缺少所需要的两把单角铣刀时,可在立式铣床(或卧式铣床上安装万能铣头)转动立铣头,使用一把单角铣刀进行加工,如图 7-78 所示,铣头应扳转角度 α 可用下式计算:

$$\alpha=\dfrac{\theta}{2}-\gamma \qquad (式 7\text{-}13)$$

式中 θ——外花键工件齿槽角(°);
γ——单角铣刀角度(°)。

扳转铣头时,要注意转动方向。所使用单角铣刀的角度比 $\dfrac{\theta}{2}$ 小,用铣刀上斜面齿铣齿槽右侧面时,铣头顺时针方向转动;铣齿槽左侧时,铣头逆时针方向转动。所使用单角铣刀的角度比 $\dfrac{\theta}{2}$ 大时,旋转方向则相反。

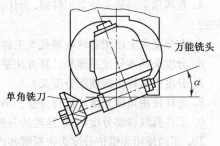

图 7-78　转动铣头用单角铣刀铣外花键

外花键齿侧面铣出后,用上面介绍的方法将槽底圆弧加工出来。

2. 外花键工件的检验

外花键工件的检验包括键宽、小径、键齿、对称度、键齿平行度和花键齿等分误差。

检验键宽和小径时,可使用千分尺直接测量。键齿对称度、平行度和花键齿等分误差,常在工件铣削后直接在工作台上测量,其中,检验对称度时可使用如图 7-76 所示方法,其误差值不应超过 0.10mm(一般在图样中有具体要求)。

检验花键齿的平行度可在测量对称度的同时进行,这时,使百分表测量头顺着花键齿水平移动,百分表上显示出来的键侧读数差就是平行度误差值。测量平行度误差,在百分表顺着花键每个齿侧面水平移动的过程中,在所有键侧百分表的跳动量就是花键齿等分误差,其误差值应不超出图样中的要求。

批量铣削外花键工件时,一般使用花键齿宽极限量规和花键综合环规(图 7-79)进行检验,当综合环规能在外花键齿上顺利通过并间隙适宜即为合格。

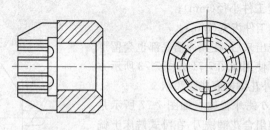

图 7-79 检验外花键用的综合环规

思 考 题

1. 叙述分度头各组成部分的作用。

2. 在分度头上怎样装夹长度较短的分度工件?

3. 在分度头上怎样装夹长度较长的分度工件?

4. 在两顶尖间装夹轴类工件时,为什么要认真打好轴两端的中心孔? 中心孔的形式有哪些?

5. 在分度头上使用芯轴安装孔类工件时应注意什么?

6. 分度头基本分度原理和计算方法是怎样的? 举例说明。

7. 分度中怎样正确使用分度叉?

8. 怎样使用角度分度法进行分度? 举例说明计算方法。

9. 工件直线移动分度,主轴挂轮法与侧轴挂轮法有什么区别? 怎样进行计算?

10. 正确使用和维护分度头包括哪些内容?

11. 铣床上刻线刀的前角和后角一般为多少度?

12. 平面上刻线怎样进行对刀工作?

13. 刻线时应注意事项有哪些?

14. 圆周面上刻线的操作要点是什么?

15. 圆锥面上刻线怎样进行刀尖对正工件中心工作?

16. 端面上刻线操作的要点是什么?

17. 铣床上铣削矩形外花键是哪种定心方式?

18. 三面刃铣刀铣削外花键有哪几种加工方式? 铣去花键齿槽底尖角时常采用什么方法?

19. 怎样检验外花键工件的对称度误差?

附录Ⅰ 机械加工基础知识

根据《铣工国家职业技能标准(2009年修订)》,在机械加工基础知识中,对铣工提出的基本要求,包括机械传动知识、典型零件加工工艺基础知识等。

一、机械传动知识

机械是机器和机构的总称。机器是执行机械运动的装置,机构为机器的组合体,每个机构之间具有确定的相对运动。社会发展到现在,人们无论是衣、食、住、行,还是工业领域,都离不开机器。机器的种类很多,其结构、性能和用途各不相同。

如图Ⅰ-1所示为台式钻床。在电动机驱动下,与电动机相连的塔式带轮依靠摩擦力驱动V带转动,并带动另一个塔式带轮、主轴和钻夹头转动,从而带动钻夹头内的钻头转动,完成钻孔工作。在台式钻床中,电动机提供机械能,是机器的动力来源;钻头执行钻孔;V带、塔式带轮、主轴及钻夹头等称为传动部分;而手柄、电动机开关等起操纵和控制作用。

如图Ⅰ-2所示为冲程内燃机,它由气缸、活塞、进气阀、排气阀、连杆、曲轮、顶杆等组成。活塞的反复移动通过连

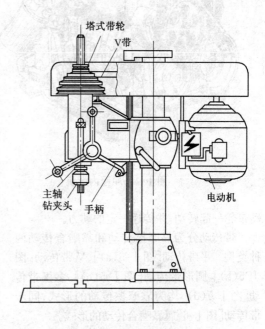

图Ⅰ-1 台式钻床

杆转变为曲轴的连续转动,凸轮和顶杆用来启闭进气阀和排气阀,通过各部件有节奏的动作,便能使燃气的热能转换为曲轴转动的机械能。

机器中的一个独立组成部分称为部件,如内燃机中的连杆(图Ⅰ-3)就是一个部件,部件由若干个零件装配而成。零件是比部件更小的单元,机械零件分成通用零件和专用零件,通用零件在各种设备上都用得到,如轴、滚动轴承、螺栓、键等;专用零件只有在某些设备上才用得到,如内燃机中的活塞等。

机械传动是一种最基本的传动方式,常用机械传动有带传动、齿轮传动、螺旋传动等形式。

1. 带传动

带传动是由固定在主动轴上的主动带轮、固定在从动轴上的从动带轮和传动带组成(图Ⅰ-4)。由于传动带紧套在两个带轮的外周上,当电动机驱动主动带轮转动时,便拖着从

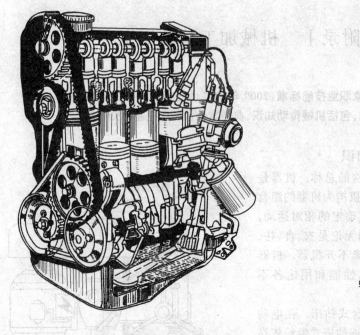

图 I-2 冲程内燃机

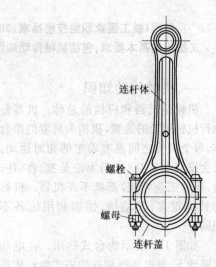

连杆体

螺栓

螺母

连杆盖

图 I-3 连杆部件

动带轮一起转动,并传递一定的动力。

带传动分为靠摩擦传动和靠啮合传动两种类型。平带传动[图 I-5(a)]、V 带传动[图 I-5(b)]、圆形带传动[图 I-5(c)]、多楔带传动[图 I-5(d)]均为靠摩擦传动的形式;同步带传动[图 I-6]属靠啮合传动的形式。

(1)靠摩擦传动的形式

①平带传动及其传动比计算。当两轴轴心相距较远时,可采用平带传动。在平带传动中,如果要使两轮旋转方向相同,则可采用开口式传动[图 I-7(a)];两轮旋转方向相反,可采用交叉式传动[图 I-7(b)];两轮轴线既不相交又不

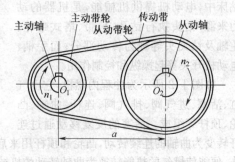

主动轴 主动带轮 传动带 从动轴
从动带轮

n_2

n_1 O_1 O_2

a

图 I-4 带传动的组成

平行,可采用半交叉式传动[图 I-7(c)],也可根据传动要求,采用复式传动[图 I-7(d)]。

平带的截面为矩形,材料一般为皮革、橡胶帆布和纺织带等。应用平带传动结构简单、成本低、更换方便;但它所占的地方较大,使用安全装置麻烦。

平带传动比 i 又叫速比,其计算方法是主动轴转速 n_1 与从动轴转速 n_2 之比,即:

$$i = \frac{n_1}{n_2} = \frac{D_2}{D_1} \qquad (式 I-1)$$

式中 D_1——平带主动轮直径(mm);

D_2——平带从动轮直径(mm)。

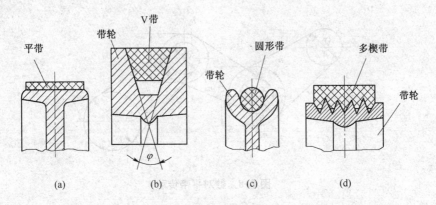

图 I-5 靠摩擦传动的类型

(a)平带传动 (b)V带传动 (c)圆形带传动 (d)多楔带传动

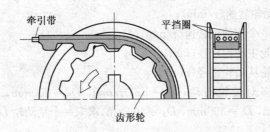

图 I-6 靠啮合的同步带传动

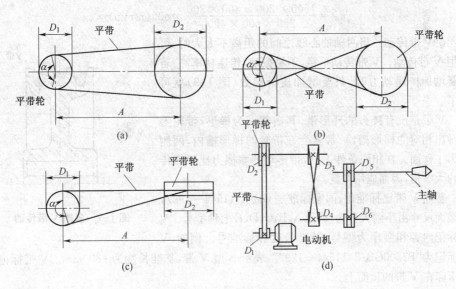

图 I-7 平带传动形式

(a)开口式传动 (b)交叉式传动 (c)半交叉式传动 (d)复式传动

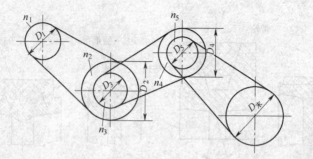

图Ⅰ-8　数对平带传动

如果用数对平带轮一起传动(图Ⅰ-8),可采用下面公式计算:

$$i = \frac{n_1}{n_\text{末}} = \frac{D_2}{D_1} \times \frac{D_4}{D_3} \times \frac{D_\text{末}}{D_5} \qquad (式Ⅰ-2)$$

式中　　n_1——主动轮转速(r/min);

　　　　$n_\text{末}$——末一个从动轮转速(r/min);

D_1,D_3,D_5——带轮主动轮直径(mm);

D_2,D_4,$D_\text{末}$——带轮从动轮直径(mm)。

[例Ⅰ-1]　有多对带轮传动,$n_1 = 1500\text{r/min}$,$D_1 = 200\text{mm}$,$D_2 = 250\text{mm}$,$D_3 = 400\text{mm}$,$D_4 = 600\text{mm}$,$D_5 = 300\text{mm}$,$D_\text{末} = 400\text{mm}$,求末一个从动轮 $D_\text{末}$ 的转速是多少?

[解]　根据式Ⅰ-2:

$$\frac{n_1}{n_\text{末}} = \frac{D_2}{D_1} \times \frac{D_4}{D_3} \times \frac{D_\text{末}}{D_5}, \quad \frac{1500}{n_\text{末}} = \frac{250}{200} \times \frac{600}{400} \times \frac{400}{300}$$

$$n_\text{末} = \frac{1500 \times 200 \times 400 \times 300}{250 \times 600 \times 400} = 600(\text{r/min})$$

②V带传动。当两轴轴心线之间的距离不太大时,可采用V带传动。V带传动平稳,不易振动,传递功率高;若需要增加传递动力时,只要增加皮带根数(图Ⅰ-9)就可以了。

V带是没有接头的环形带,其横截面为梯形,带轮上也做出相应的梯形槽;V带紧套在带轮的梯形槽内,两侧面为工作面。在相同条件下,V带传动的摩擦力比平带传动约大3倍,因而应用广泛。

普通V带已标准化,国家标准是 GB/T 11544—1997,按截面尺寸由小到大分为 Y,Z,A,B,C,D,E 七种型号。V带标记内容和顺序为型号、基准长度和标准号。例如,V

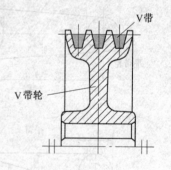

图Ⅰ-9　多槽V带传动

带标记为"B2500GB/T 11544—1997",表示 B 型 V 带,基准长度为 2500mm。V 带标记通常压印在 V 带的顶面上。

为了安全起见,在使用 V 带传动的地方一般都采用防护罩,操作中,不可任意将安全护罩卸掉;同时,要注意防止油、酸、碱一类物质对 V 带的腐蚀,以保持 V 带的工作性能。

③圆形带传动。这种传动带的横截面为圆形,一般用于小功率的场合的传递,如缝纫机和某些仪器上的传动装置。

④多楔带传动。多楔带是以平带为基体的传动带,其表面具有纵向的等距楔齿。这种传动带柔性好,楔侧面为工作面,主要用于要求结构紧凑、传递功率较大的场合。

(2)同步带传动 同步带依靠有齿的带与有齿的轮相啮合来传递运动。一般用于要求传动比准确的地方,如图Ⅰ-10所示的配气凸轮轴传动。由于同步带与轮面之间没有相对滑动,因此主动轮和从动轮之间的传动比很准确。

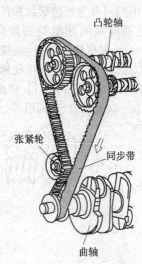

同步带一般用聚氨酯或氯丁橡胶制成,但聚氨酯比橡胶的耐油和耐磨性好。为了使其承受更大的拉力和减少张力,在同步带内还可嵌入玻璃纤维或细钢丝绳等材料。

为了解决带传动过程中,同步带由于弯曲变压力作用,产生永久变形,使带的总长度增加的问题,当中心距结构不能改变时,常采用张紧轮装置。如图Ⅰ-10所示,张紧轮置于带外侧,并尽可能靠近小带轮,以便增加其包角,可有效防止带张紧力下降产生问题。

2. 螺纹的认识和螺旋传动

图Ⅰ-10 配气凸轮轴传动

螺纹是机器上的常用结构,它是指刻在圆柱面上或孔内的螺旋体;刻在外圆柱面上的螺旋体叫做外螺纹[图Ⅰ-11(a)],刻在孔内的螺旋体叫做内螺纹[图Ⅰ-11(b)]。

(1)右旋螺纹和左旋螺纹 图Ⅰ-12中,当直径为 D 的圆柱体在直角三角形纸片 ABC 上滚动一周或者直角三角形纸片 ABC 绕圆柱体转动一周,斜边 AB 在圆柱体上的轨迹或形成的曲线称为螺旋线。β 为螺旋角,λ 为螺纹升角,$BC = P$,P 为螺旋线的螺距。斜边 AB 由左下方绕向右上方时,称右旋螺旋线(图Ⅰ-12),为右螺纹(俗称正扣);由右下方绕向左上方时,称左旋螺旋线(图Ⅰ-13),为左螺纹(俗称反扣)。

常用的都是右螺纹,左螺纹在特殊情况下才使用。

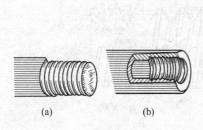

图Ⅰ-11 螺纹的认识

(a)外螺纹 (b)内螺纹

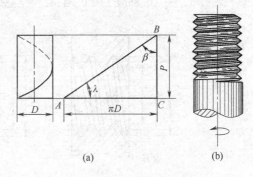

图Ⅰ-12 右螺旋线和右螺纹

(a)右螺旋线 (b)右螺纹

凡是左旋螺纹，在螺纹代号的后面要标注"LH"。若没有标注，则是右旋螺纹。

（2）连接螺纹和传动螺纹　按照螺纹用途，可分为连接螺纹和传动螺纹。连接螺纹的牙型呈三角形［图Ⅰ-14(a)］，根据使用需要，连接螺纹还可以做成粗牙和细牙；传动螺纹的牙型有矩形［图Ⅰ-14(b)］、梯形［图Ⅰ-14(c)］以及锯齿形、圆形等。

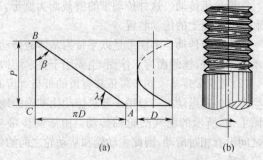

图Ⅰ-13　左螺旋线和左螺纹

(a)左螺旋线　(b)左螺纹

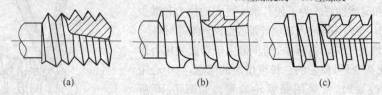

图Ⅰ-14　螺纹的种类

(a)三角形螺纹　(b)矩形螺纹　(c)梯形螺纹

（3）普通螺纹各部分名称和基本尺寸计算　螺纹在加工和应用中，普通螺纹（米制螺纹）最为常见，其各部名称如图Ⅰ-15所示。

①牙型角。在通过螺纹中心线的螺纹牙型截面上，两相邻牙侧间的夹角为牙型角 α。普通粗牙螺纹和普通细牙螺纹的牙型角均为60°。

②牙型高度。它是在垂直于螺纹轴线方向测出的螺纹牙顶至牙底间的距离［图Ⅰ-16(b)］，普通螺纹的牙型高度 h_1 用下式计算：

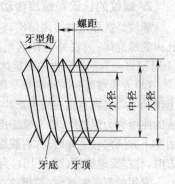

图Ⅰ-15　普通螺纹各部名称

$$h_1 = \frac{5}{8}(0.866P) \approx 0.5413P \qquad （式Ⅰ-3）$$

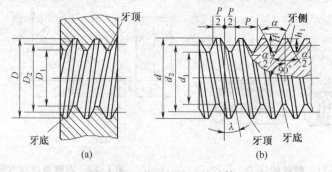

图Ⅰ-16　普通螺纹尺寸计算

(a)内螺纹　(b)外螺纹

③螺距和导程。螺距 P 是螺纹相邻两牙在中径线上对应两点间的轴向距离。由于 P 在中径上不好测量,实际工作中,测量螺距时往往在大径牙顶处进行,如图 I-17 所示。

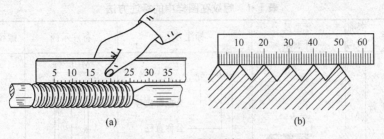

图 I-17　测量螺纹螺距

(a)测量情况　(b)螺纹螺距 $P = 10$ mm

普通螺纹中,在螺纹大径相同情况下,按螺距大小可分出粗牙螺纹和细牙螺纹。

④大径。螺纹的最大直径称为大径,即螺纹的公称直径。外螺纹大径用 d 表示,内螺纹大径用 D 表示。

⑤小径。螺纹的最小直径称为小径。外螺纹小径用 d_1 表示。内螺纹小径用 D_1 表示。

螺纹小径与大径的计算关系是:

$$d_1 = D_1 = d - 1.0825P \qquad (式 I-4)$$

⑥中径。螺纹中径是指一个螺纹上牙槽宽与牙宽相等地方的直径,它是一个假想圆柱体的直径。外螺纹中径用 d_2 表示,内螺纹中径用 D_2 表示。

需要指出的是,螺纹中径不等于大径与小径的平均值,不是大径与小径两者中间的直径。由于大径 $d = D$,中径 $d_2 = D_2$,因此,螺纹中径与大径的计算关系是:

$$d_2 = D_2 = d - 0.6495P \qquad (式 I-5)$$

(4)螺纹在图样中的标注方法　其情况见表 I-1。

(5)螺纹联接和螺旋传动

①螺纹联接。螺纹联接的形式有螺栓联接[图 I-18(a)]、紧定螺钉联接[图 I-18(b)]、

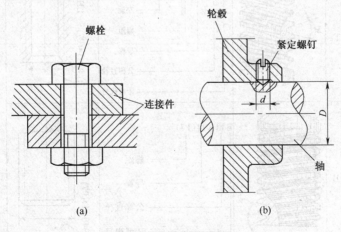

图 I-18　螺纹联接

(a)螺栓联接　(b)紧定螺钉联接

双头螺柱联接、螺钉联接等。根据不同的联接形式,选用不同的紧固件。紧固件包括螺栓、双头螺柱、螺钉、紧定螺钉、螺母和垫圈等。

表Ⅰ-1 螺纹在图样中的标注方法

螺纹种类		特征代号	牙型及牙型角	标注方法	标注示例	螺纹画法说明
联接螺纹	粗牙普通螺纹	M	60°	M10—6g 公差带代号 公称直径 牙型代号	M10—6g	螺纹在图样上的规定画法是:大径用粗实线,小径用细实线,螺纹终止线用粗实线 在与螺纹轴线垂直方向的视图上,倒角圆不画,外螺纹小径只画3/4;内螺纹大径只画3/4,未剖看不见部分全部用虚线。右旋螺纹不标注螺旋方向
	细牙普通螺纹	M		M8×1—6h 公差带代号 螺距 公称直径 牙型代号	M8×1—6h	
	非密封的管螺纹	G	55°	G1A—LH 左旋螺纹 公差等级 尺寸代号 牙型代号	G1A—LH	
传动螺纹	梯形螺纹	Tr	30°	Tr40×14(P7)—LH 左旋 螺距 导程 公称直径 牙型代号	Tr40×14(P7)—LH	
	锯齿形螺纹	B	30° 3°	B40×14(P7) 螺距 导程 公称直径 牙型代号	B40×14(P7)	

　　螺纹联接中,在静载荷作用下一般不会产生松动现象,但在冲击、振动及变载荷下,使联接失去自锁性而松动。为此,常采用一些锁紧措施,如采用弹簧垫圈、使用双螺母、使用开口销、使用止动垫圈等,如图Ⅰ-19所示。

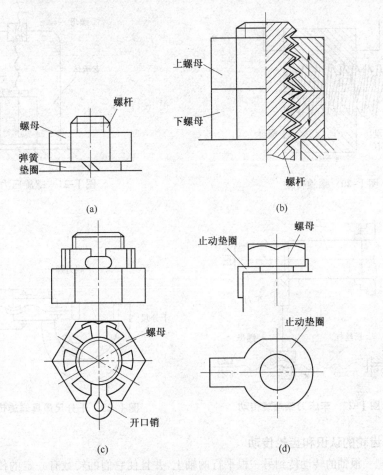

图Ⅰ-19　螺纹联接防松锁紧措施
(a)弹簧垫圈防松　(b)双螺母防松　(c)开口销防松　(d)止动垫圈防松

　　②螺旋传动知识。螺旋传动主要由螺杆和螺母组成,如图Ⅰ-20所示。它可以是螺杆(图中为丝杠)主动转动,螺母做直线移动(如铣床工作台的手动进给运动);也可以是螺母主动转动,螺杆做直线移动(如铣床工作台的机动进给运动);还可以是螺母固定,螺杆回转并做直线移动,图Ⅰ-21所示的螺旋压力机就是这种传动形式。

　　螺旋传动的特点是:结构简单、承载能力大,可用较小的旋转力量获得巨大的推力或压力,并且有自锁作用。

　　如图Ⅰ-22所示是车床刀架进给机构,长丝杠旋转,通过螺母带动刀架向前进给或向后退出车刀。如图Ⅰ-23所示是千分尺螺旋传动,拧转微分套筒,测力螺杆向前或往后移动;这种传递运动具有较高的传动精度。

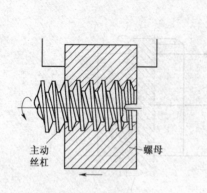

图 I-20 螺旋传动

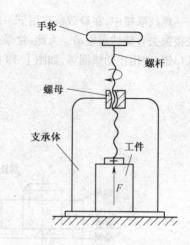

图 I-21 螺旋压力机传动

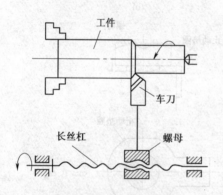

图 I-22 车床刀架螺旋传动

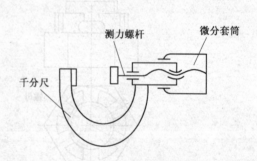

图 I-23 千分尺量具螺旋传动

3. 齿轮的认识和齿轮传动

要把一根轴的转动传到另一根平行的轴上,并且使它们的转数有一定的传动比,可以用两只圆盘来完成,如图 I-24(a)所示;当均匀地摇动主动轴上的手柄,就能使从动轴作等速旋转。由于这两根轴的转动是依靠两个圆盘周边的摩擦力来传递的,也就难免会发生滑脱的现象。为了使两根轴都能准确地传递转速,必须在这两个圆盘上做出牙齿,并使它们互相啮合,如图 I-24(b)所示那样,转动就非常可靠。这就是齿轮传动。由于齿轮传动具有传动准确、工作平稳和承载能力大等特点,所以得到广泛的应用。

(1)齿轮渐开线齿形 齿轮齿形的轮廓是由两条对称渐开线构成的(图 I-25)。渐开线是一种特别的曲线,是个展开的圆弧。如图 I-26 所示是渐开线形成原理及其绘画情况。用一个圆柱形物体,在它的边缘绕一根线,线的一端压在圆柱体的下面,另一端拴上一支铅笔,使铅笔靠拢圆柱体,并把线拉紧,然后再牵动着铅笔和线,这时由铅笔所绘出的曲线,就是渐开线。圆柱体就叫做渐开线的基圆。

(2)齿轮基本参数 我国规定渐开线齿轮齿形(图 I-27)的基本参数为:

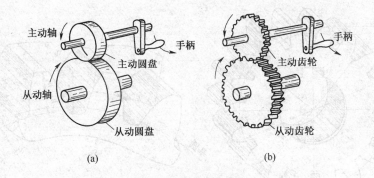

图Ⅰ-24 圆盘传动和齿轮传动

(a)圆盘传动 (b)齿轮传动

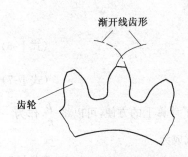

图Ⅰ-25 渐开线齿形曲线

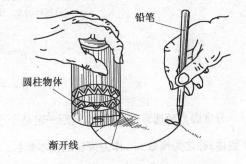

图Ⅰ-26 渐开线形成原理

①齿形角 $\alpha = 20°$;

②齿顶高系数 $h_a = m$(标准齿形);

③工作高度 $h' = 2m$(标准齿形);

④顶隙 $c = 0.25m$(标准圆柱齿),$0.2m$(标准圆锥齿);

⑤齿根圆角半径 $p_f = 0.38m$(标准圆柱齿),$0.2m$(标准圆锥齿)。

(3)模数 从上面可看出,除齿形角外,其他各项齿形尺寸都要通过模数 m 来表示,因此说,模数 m 是基本参数中的一个中心参数,它是计算齿轮各部尺寸的基础。模数是以下面的概念推导出来的:

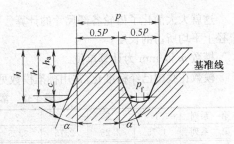

图Ⅰ-27 渐开线齿轮齿形

在图Ⅰ-28 中,d_a 为齿顶圆直径,d 为分度圆直径,d_f 为齿根圆直径。分度圆在齿轮中实际上并不存在,是想象出来作为齿轮尺寸计算的基准,也可以把分度圆直径理解为图Ⅰ-24(a)中圆盘传动的圆盘直径。在分度圆上,齿厚 s 和齿槽 e 是相等的。

从图Ⅰ-28 中还可看出,分度圆上分布着 z 个齿,相邻两齿齿廓相应点之间的弧长 p 为齿距,齿距就是齿轮全周的齿数除分度圆圆周长所得的商数,即

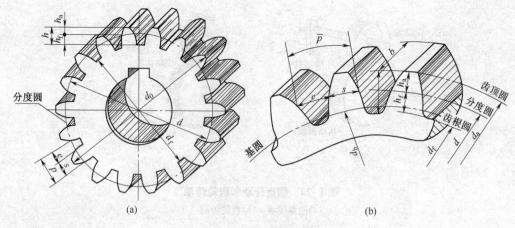

图Ⅰ-28　齿轮各部名称和符号

(a)圆柱齿轮　(b)齿形放大

$$p = \frac{\pi d}{z} \qquad\qquad\text{(式Ⅰ-6)}$$

$$d = \frac{zp}{\pi} \qquad\qquad\text{(式Ⅰ-7)}$$

分度圆直径通常都是整数,齿距一定是个小数。为了计算上的方便,可以将 $\frac{p}{\pi}$ 作为一个整体,称之为模数 m ,作为齿轮的基本参数。式Ⅰ-7 就成为

$$d = zm \qquad\qquad\text{(式Ⅰ-8)}$$

$$m = \frac{d}{z} \qquad\qquad\text{(式Ⅰ-9)}$$

这就大大简化了齿轮各部尺寸的计算。可以理解为,模数就是齿轮上每个齿在分度圆直径上平均所占的长度。

模数 m 以 mm 为计算单位。

模数在我国已经标准化,常用标准模数见表Ⅰ-2。

表Ⅰ-2　常用标准模数　　　　　　　　　　　　　　(mm)

第一系列	1	1.25	1.5	2	2.5	3	4	5	6
第二系列	1.75	2.25	2.75	3.25	3.5	(3.75)	4.5	5.5	(6.5)
第一系列	8	10	12	16	20	25	32	40	50
第二系列	7	9(11)	14	18	22	28	(30)	36	45

在齿轮中,模数越大,轮齿越大,所能承受的负荷越大;模数越小,轮齿越小,所能承受的负荷越小。

(4)齿轮传动知识　各种各样的齿轮传动很多,常见到的有直齿圆柱齿轮传动、斜齿圆柱齿轮传动、锥齿轮传动和蜗杆蜗轮传动等。

①直齿圆柱齿轮传动。直齿圆柱齿轮的轮齿方向与轴平行(图Ⅰ-29),它与其他类别的齿轮相比具有制造简单的优点,但缺点是当运转速度较高时,容易引起噪声和不稳定。

②齿轮齿条传动。当需要将齿轮的旋转运动改变为直线运动,可使用齿轮齿条传动

（Ⅰ-30）；需要将直线运动转化为旋转运动时，可将上速传动反转过来使用，就是把齿条作为主动件，把齿轮作为从动件。

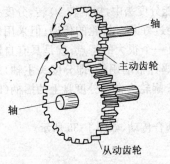

轴

主动齿轮

轴

从动齿轮

图Ⅰ-29　直齿圆柱齿轮传动

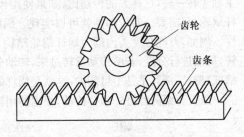

齿轮

齿条

图Ⅰ-30　齿轮齿条传动

③斜齿圆柱齿轮传动。斜齿圆柱齿轮是由直齿圆柱齿轮演变而来的，用于两根轴互相平行[图Ⅰ-31(a)]或两根轴相交叉情况下的传动[图Ⅰ-31(b)]。与直齿圆柱齿轮所不同的地方是，斜齿圆柱齿轮的齿与轴线倾斜了一个角度，而形成螺旋线。当螺旋线由右下方绕向左上方时，称左斜圆柱齿轮[图Ⅰ-32(a)]；当螺旋线由左下方绕向右上方时，称右斜圆柱齿轮[图Ⅰ-32(b)]。

④锥齿轮传动。锥齿轮的齿形在圆锥体上，用于两相交轴之间传动(图Ⅰ-33)；两轴间的夹角通常为90°。

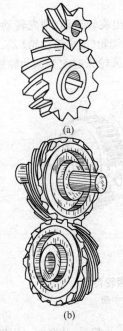

(a)

(b)

图Ⅰ-31　斜齿圆柱齿轮传动

(a)两轴平行传动　(b)两轴交叉传动

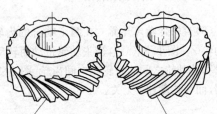

螺旋线右下方绕向左上方　螺旋线由左下方绕向右上方

图Ⅰ-32　斜齿圆柱齿轮

(a)左斜齿轮　(b)右斜齿轮

图Ⅰ-33　锥齿轮传动

锥齿轮的齿形可以做成直齿、斜齿和弧形齿,但常用的是直齿形。

⑤蜗杆与蜗轮传动。蜗杆以主动件与蜗轮组成传动副(图Ⅰ-34),其轴交角通常为90°。蜗杆与蜗轮传动很重要的特点就是传动比大,例如,在万能分度头中,摇柄转40转,分度头主轴才转一转,这样大的传动比,如果使用齿轮,就需要经过好几对齿轮的传递;但采用蜗杆蜗轮,只需要一对传动副就可以实现。蜗杆传动副还有一个很大的特点,就是具有自锁性。例如,万能分度头内部为蜗杆蜗轮结构,转动摇柄使蜗杆带动蜗轮(即分度头主轴)旋转,从而进行分度,若使传动反转过来,转动分度头主轴,让蜗轮去带动分度盘上的摇柄(即蜗杆)旋转,那几乎是不可能的,这就是蜗杆的自锁性。

以上介绍的都是外啮合传动,根据使用需要,还有内啮合传动,如图Ⅰ-35所示。

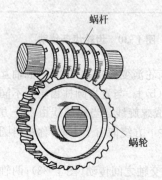

图Ⅰ-34　蜗杆蜗轮传动

图Ⅰ-35　内啮合传动

(5)齿轮传动比计算　在两个啮合的齿轮传动中,传出旋转运动(即先转动)的齿轮叫主动轮 Z_1[图Ⅰ-36(a)],被主动轮带动而转动的齿轮叫从动轮(或称被动轮) Z_2。安装在主动轮和从动轮之间的齿轮叫中间齿轮[图Ⅰ-36(b)],中间齿轮只起改变从动轮旋转方向的作用,而与传动比 i 无关。

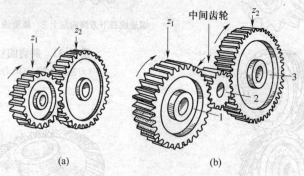

(a)　　　　　　　　　　　　(b)

图Ⅰ-36　单式齿轮传动和有中间齿轮传动

(a)单式齿轮传动　(b)有中间齿轮传动

如图Ⅰ-37所示是复式齿轮传动,齿轮 Z_1 带动齿轮 Z_2 及与 Z_2 装在同一根轴上的齿轮 Z_3 一起转动,再由 Z_3 带动 Z_4 转动。这时,安装在中间位置的齿轮 Z_2 和 Z_3,不仅改变了齿轮的转动方向,也改变了传动比 i。在齿轮传动中,主动齿轮转数 n_1 与从动齿轮转数 n_2 之比等于两齿轮齿数的反比，即：

$$i = \frac{n_1}{n_2} = \frac{Z_2}{Z_1} \qquad (式Ⅰ\text{-}10)$$

在复式齿轮传动中，传动比 i 用下式计算：

$$i = \frac{n_1}{n_末} = \frac{Z_2}{Z_1} \times \frac{Z_4}{Z_3} \times \frac{Z_末}{Z_5} \qquad (式Ⅰ\text{-}11)$$

式中　　　n_1——主动齿轮转数(r/min)；

$\qquad\qquad n_2$——从动齿轮转数(r/min)；

$\qquad\qquad n_末$——末一个齿轮转数(r/min)；

$\qquad Z_2$，Z_4——从动轮齿数；

Z_1，Z_3，Z_5——主动轮齿数；

$\qquad\qquad Z_末$——末一个齿轮齿数。

(6)齿轮在图样中的基本画法　　齿轮的轮齿在图样上是按国家标准规定画出来的，如图Ⅰ-38所示，齿顶圆用粗实线画出，分度圆用点画线画出，齿根圆用细实线画出(也可以不画)，轮齿部分不画剖面线。

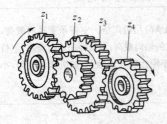

图Ⅰ-37　复式齿轮传动

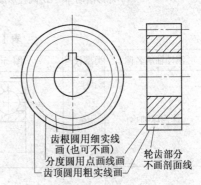

齿根圆用细实线画(也可不画)
分度圆用点画线画
齿顶圆用粗实线画出
轮齿部分不画剖面线

图Ⅰ-38　齿轮在图样中的画法

4. 滚动轴承常识

(1)滚动轴承的认识　　滚动轴承由内圈、外圈、滚动体及保持架组成(图Ⅰ-39)。滚动体可以在内、外圈的滚道中滚动，使相对运动表面为滚动摩擦。保持架的作用是将滚动体均匀隔开，以减少滚动体之间的摩擦和磨损。常见的滚动体形状有球形[图Ⅰ-40(a)]、圆柱形[图Ⅰ-40(b)]、圆锥形等。

滚动轴承具有摩擦阻力小、转速适用范围广、旋转精度高、润滑及维修方便等优点。

滚动轴承在我国已经标准化，由专门

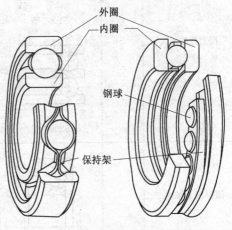

外圈
内圈
钢球
保持架

图Ⅰ-39　滚动轴承的构造

的工厂大批生产。滚动轴承的类型很多,常用滚动轴承的类型及应用见表Ⅰ-3。

单列深沟球滚动轴承在图样中的基本画法如图Ⅰ-41所示,图中,D 为滚动轴承外径,d 为滚动轴承内径。

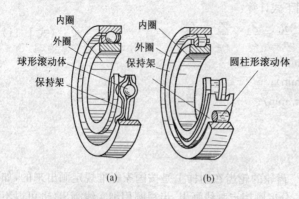

图Ⅰ-40   滚动轴承结构及其滚动体形状
(a)球形滚动体   (b)圆柱形滚动体

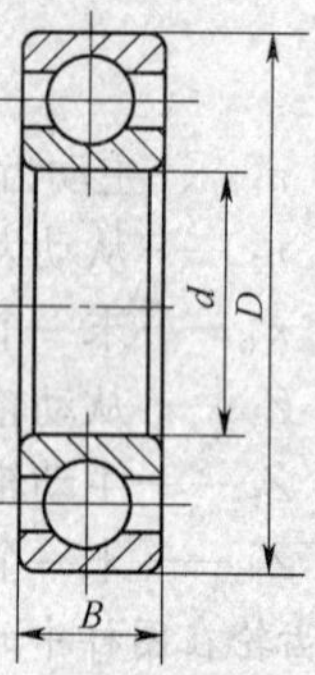

图Ⅰ-41   滚动轴承在图样中的画法

表Ⅰ-3   常用滚动轴承

滚动轴承名称	类型代号	图示	主 要 应 用 范 围
深沟球轴承	6	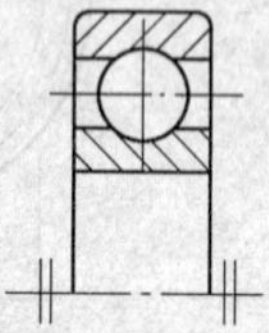	这类滚动轴承应用最广泛。主要承受径向载荷,也能承受一定的轴向载荷;承受冲击能力较差,但价格低廉,适用于刚性较大的轴上,如机床齿轮箱、小功率电机等
推力球轴承	5	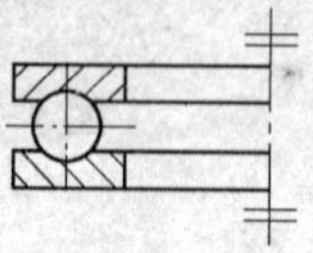 51000 型 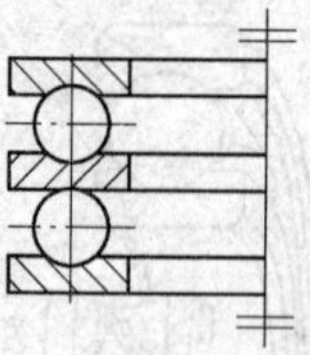 52000 型	这类滚动轴承承受轴向载荷能力强,51000 型承受单向轴向载荷,52000 型承受双向轴向载荷。常用于起重机吊钩、蜗杆轴和立式车床主轴的支承等处
圆锥滚子轴承	3	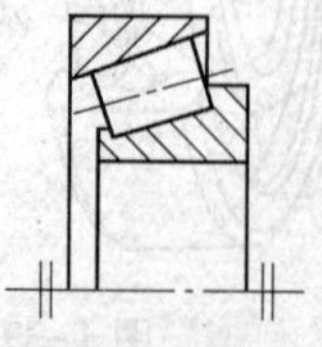	这类滚动轴承能够同时承受径向载荷和单向轴向载荷,承载能力大,内、外圈可以分离。适用于径向和轴向载荷都较大的场合,如蜗杆蜗轮轴及机床主轴的支承等

续表Ⅰ-3

滚动轴承名称	类型代号	图示	主要应用范围
双列角接触球轴承	0	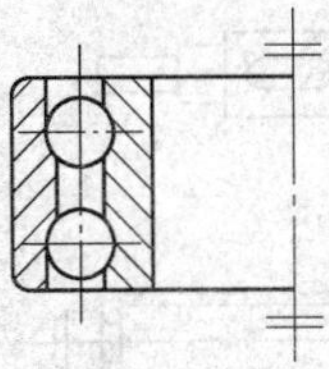	这类滚动轴承能同时承受径向载荷和双向的轴向载荷
调心球轴承	1	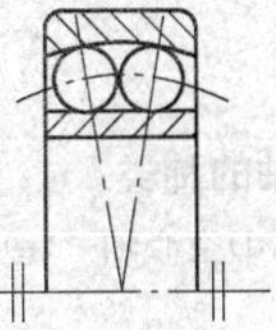	这类滚动轴承主要承受径向载荷,也可以承受不大的轴向载荷,能够自动调心。适用于刚性较小的轴及难以对中的轴
圆柱滚子轴承	N	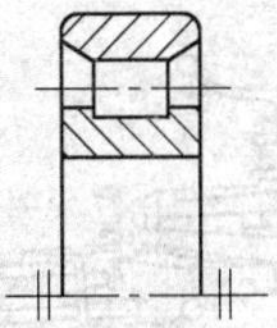	这类滚动轴承承载能力比深沟球轴承大,能承受较大的冲击载荷,但不能承受轴向载荷。适用于刚性大、对中良好的轴

　　(2)滚动轴承内径表示和计算方法　内径代号表示滚动轴承内径尺寸和大小,见表Ⅰ-4。

表Ⅰ-4　滚动轴承内径尺寸表示和计算方法

滚动轴承内径/mm		内径代号表示方法或计算	举　例	说　明
内径 10 到 17	10	00	深沟球轴承 6200 内径 $d=10\text{mm}$	代号后两位数为内径代号
	12	01		
	15	02		
	17	03		
内径 20 到 480 (22,28,32 除外)		轴承内径代号为轴承内径除以 5 的商数	调心滚子轴承 23208 $d=40\text{mm}$	计算此范围内轴承的内径时,轴承代号后两位数需乘上 5
内径大于和等于500 以上,及 22,28,32		用轴承内径毫米数直接表示,但在与尺寸系列之间用"/"分开	调心滚子轴承 230/500 $d=500\text{mm}$ 深沟球轴承 62/22 $d=22\text{mm}$	

二、典型零件加工工艺基础知识

1. 车床上加工主轴

轴类工件如图Ⅰ-42 所示。车床(图Ⅰ-43)上车削轴件主要是对外圆表面的切削,而车外圆是车削工作中最基本和最有代表性的加工内容，也是机械制造行业中加工外圆的主要方法。

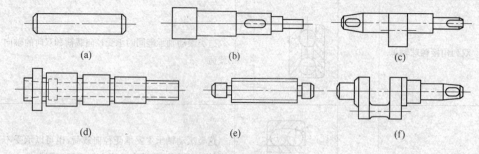

图Ⅰ-42　轴的种类

(a)光轴　(b)阶梯轴　(c)偏心轴　(d)空心轴　(e)花键轴　(f)曲轴

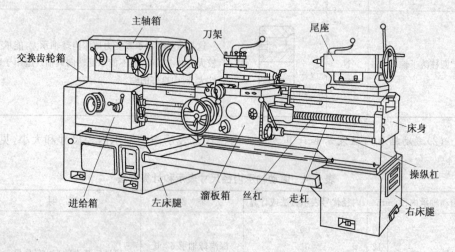

图Ⅰ-43　CA6140型卧式车床

（1）轴类工件的安装　轴类工件按其形状、尺寸和结构，可分为短轴、长轴和偏心轴等，它们在车床上的安装形式和方法各不相同。

①三爪自定心卡盘装夹短轴类工件。短轴和长轴并还没有严格的界定，一般地说，长度 L 和直径 D 之比等于或小于 5（即 $L/D \leqslant 5$），而长度不超过 150mm 的轴件为短轴。短轴通常都是直接利用三爪自定心卡盘进行装夹。

三爪自定心卡盘的定心精度为 0.08～0.125mm，它不仅能很好地夹紧工件，同时基本能保证轴线和主轴中心线相一致，因此使用三爪自定心卡盘夹紧工件时，一般来说不需要进行找正。

三爪自定心卡盘装夹轴件，在卡盘旋转时，由于离心力的原因会使三个卡爪有一种向周围方向甩抛的离心力，并且，主轴旋转得越快，这个离心力越大。卡盘上的三个卡爪向中心方向夹紧轴件时离心力会使夹紧力减弱；而卡盘上的三个卡爪向外撑紧工件时，离心力会使夹紧力增大。在车床上使用三爪自定心卡盘夹紧工件，要注意离心力对装夹工件的影响。

　　使用三爪自定心卡盘时,要记住每次装卸工件后,随时要拿下扳手;如果忘记将扳手从卡盘上取下来,这是十分危险的。

　　②双顶法安装较长轴类工件。双顶法就是在主轴顶尖(前顶尖)和尾座顶尖(后顶尖)之间安装轴件,主轴转动时,通过拨盘推动夹头而带动轴件转动进行车削。在图Ⅰ-44(a)中,弯头夹头插入拨盘长槽内;如图Ⅰ-44(b)所示是直尾夹头用拨盘上的拨杆直接拨动,带动轴线旋转。

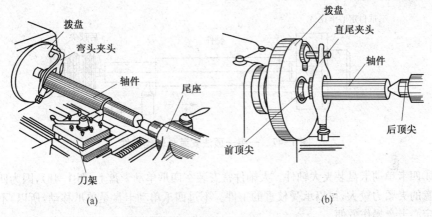

图Ⅰ-44　双顶法安装较长轴类工件

(a)使用弯头夹头　　(b)使用直头夹头

　　在前后顶尖间安装轴件,前后顶尖的连线应与车床主轴轴线同轴(图Ⅰ-45),如果前后顶尖不同轴,车出的工件就会出现如图Ⅰ-46所示的情况,即靠车床主轴一端直径大,而接近尾座处的直径小;这时,就需要调整尾座的位置。

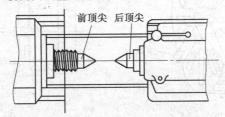

图Ⅰ-45　车床前顶尖和后顶尖应同轴

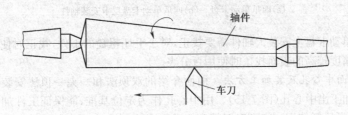

图Ⅰ-46　前后顶尖不同轴造成的不良后果

安装轴件时,前后顶尖与中心孔配合的松紧度要适宜,顶得太紧或太松都不利于车削。后顶尖和顶尖孔接触处应经常润滑。

③一夹一顶法安装长轴类工件。前面介绍的双顶法安装长轴件有一定的优点,但它的不足之处是顶尖与顶尖孔的接触面小,这样就不适合长而大和大质量的轴件,以及在大的切削用量条件下进行加工。这时可采用一夹一顶法解决双顶法安装工件中的不足。

如图Ⅰ-47所示是一夹一顶法安装轴类工件的情况,就是使用主轴上的三爪自定心卡盘将轴件一端夹紧,轴件另一端用尾座顶尖顶好。

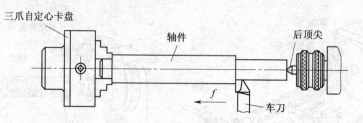

图Ⅰ-47　一夹一顶法安装长轴类工件

④四卡单动卡盘装夹大轴件。大轴件常安装在四爪单动卡盘上(图Ⅰ-48),因为四爪单动卡盘的夹紧力较大,可以承受较重的工件。不过四爪单动卡盘是单爪移动,所以,不如三爪自定心卡盘操作方便。

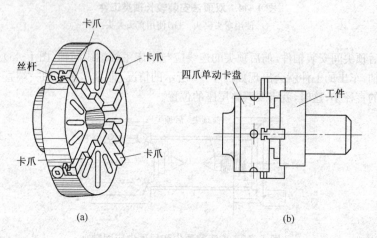

(a)　　　　　　　　　　　　　　　　　　(b)

图Ⅰ-48　四爪单动卡盘装夹轴件

(a)四爪单动卡盘　(b)四爪单动卡盘反卡安装轴件

在四爪单动卡盘上安装大轴件需要找正,对于毛坯粗糙的工件,找正时使用划线盘;经过粗加工和精度较高的表面找正时使用百分表。

(2)轴端面中心孔及其加工方法　前面介绍的双顶法和一夹一顶法安装轴类工件,都需要在轴端加工出中心孔(图7-15)。用中心孔作为定位基准,能保证工件加工的准确性,并且,中心孔可反复使用。特别对于精度要求较高的工件,如果忽视了中心孔,就会直接影响工件的车削精度,甚至会造成废品。

图 7-16(a)是不带 120°防护角度的中心孔，图 7-16(b)是带 120°防护角度的中心孔。中心孔的里面是一小段圆柱形直孔，直孔的作用是贮存润滑油，它可避免因顶尖摩擦发热后造成磨损和使顶尖的尖端烧坏。

轴端上的中心孔应和轴件同轴（偏心轴件除外），轴两端都有中心孔时，也要互相同轴。中心孔的表面粗糙度要低。

加工中心孔需要使用中心钻（图Ⅰ-49）。车床上钻中心孔时，将中心钻夹紧在钻夹头上，轴件安装在车床三爪自定心卡盘内（图Ⅰ-50）；轴件伸出的尽量短些，并将轴件找正，车平轴端面后再钻中心孔。

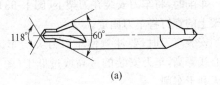

(a)

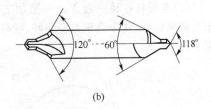

(b)

图Ⅰ-49 中心钻

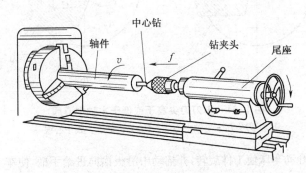

图Ⅰ-50 车床上加工中心孔

若轴件直径较大和较长，伸出三爪自定心卡盘的部分就很重和很长，钻中心孔不方便，需要使用中心架将轴件的另一端支持住（图Ⅰ-51），然后钻中心孔。

（3）车削轴件使用的车刀及其安装　粗加工轴件使用的车刀形式很多，常用的有主偏角为 90°，75°和 45°的外圆车刀（图Ⅰ-52）。

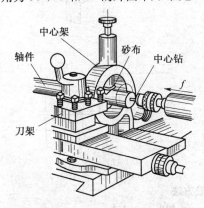

图Ⅰ-51　长轴件上加工中心孔

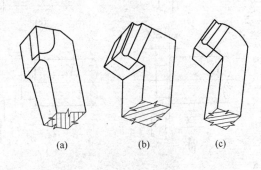

图Ⅰ-52　粗车轴件使用的车刀
(a) 90°外圆车刀　(b)75°外圆车刀　(c)45°外圆车刀

车削时,将车刀安装在刀架上(图Ⅰ-53),通过刀架上的螺钉将车刀固定。

安装车刀时,要注意使车刀刀尖与车床主轴中心线等高,车刀安装的过高或过低于(图Ⅰ-54)都无利于车削。

(4)车削轴件的一般方法 被加工轴件在车床上装夹好后,紧接将车刀安装好,就可以进行车削了。

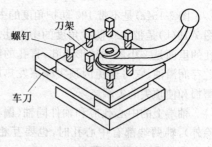

图Ⅰ-53 车刀固定在刀架上

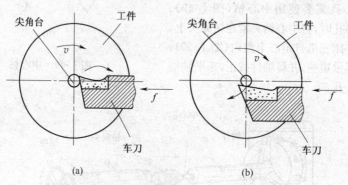

(a)　　　　　　　　　(b)

图Ⅰ-54 车刀刀尖高于或低于主轴中心线

(a)刀尖高于主轴中心线 (b)刀尖低于主轴中心线

开始粗车时,开动车床使工件旋转,并摇动中滑板横向进给手柄,使车刀刀尖与轴件表面轻微接触[图Ⅰ-55(a)],然后使车刀退出工件[图Ⅰ-55(b)];以车刀与工件表面轻微接触

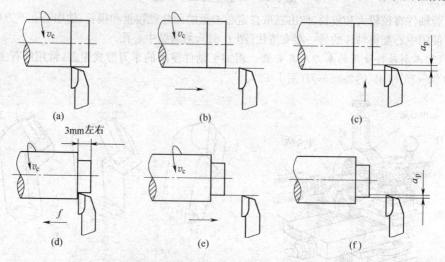

(a)　　　　　　(b)　　　　　　(c)

(d)　　　　　　(e)　　　　　　(f)

图Ⅰ-55 粗车外圆的一般方法

(a)对刀 (b)退出车刀 (c)增大背吃刀量 (d)切出 3mm 左右

(e)退刀并测量尺寸 (f)确定是否正式切削

处为起点,摇转中滑板手柄,调整背吃刀量 a_p [图 I-55(c)],进行机动走刀,在轴件上车出大约 3mm 的长度[图 I-55(d)];退出车刀,工件停止旋转,使用游标卡尺或千分尺对试切处的直径尺寸进行测量[图 I-55(e)]。按照测量结果,若试切尺寸合乎要求,就正式进行车削;若试切处的直径尺寸不正确,重新调整背吃刀量后再切削[图 I-55(f)]。

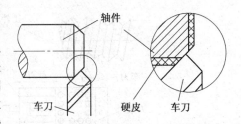

图 I-56 粗车铸件或锻件应注意先倒角

粗车铸件或锻件时,应先倒一个角(图 I-56),去掉硬皮和型砂等,防止轴件毛坯上的杂质等缺陷在开始切削时打坏刀尖。

精度要求较高的轴类工件,粗车后紧接着还应进行精车工作。

2. 车床上加工螺纹

车床上车削螺纹是螺纹常见的加工形式。车床上加工螺纹叫车螺纹,所使用的刀具叫螺纹车刀。它的切削原理是,当工件旋转一周,螺纹车刀必须移动一个螺距的距离。螺距是根据工件要求确定的,它通过长丝杠左端的交换齿轮来实现。在车床上车螺纹中的传动系统与交换齿轮啮合情况如图 I-57 所示。

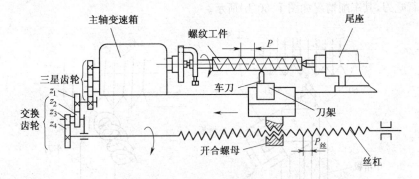

图 I-57 车床上车螺纹传动系统

(1)车削外螺纹 车床上车削外螺纹情况如图 I-58 所示。螺纹车刀安装在刀架上,工件装夹在车床主轴上,当车出一刀后退出螺纹车刀,将床鞍摇回原来位置,进刀接着走第二刀,这样依次将螺纹车好。车螺纹时的进刀方式有以下两种。

①垂直进刀。车螺纹时,由中滑板作横向进刀,螺纹车刀的进刀方向和退刀方向都与主轴中心线垂直[图 I-59(a)],其切削情况如图 I-59(b)所示。

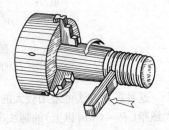

图 I-58 车削外螺纹

采用垂直进刀法车螺纹,螺纹车刀的两切削刃同时参加切削,可以获得比较正确的牙型,但排屑困难,且刀尖容易磨损。当背吃刀量过大时,还可能产生"扎刀"现象,因此,只适宜车削螺距较小的螺纹。

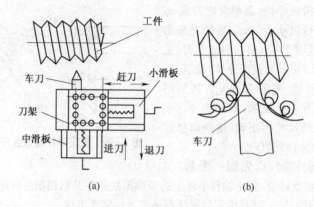

图Ⅰ-59 垂直进刀车削外螺纹
(a)进刀方向与主轴中心线垂直 (b)切削情况

②斜向进刀。车削前,首先松开小滑板下部的紧固螺钉,将小滑板转动一个螺纹牙型角的角度,如车削普通螺纹,就使小滑板转动60°[图Ⅰ-60(a)];并把螺纹车刀的主切削刃调整成与工件轴线成60°的角度。车削时,先使刀尖跟工件接触,然后纵向移出工件,摇动小滑板进行吃刀,其车削情况如图Ⅰ-60(b)所示。

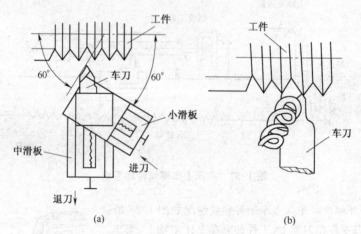

图Ⅰ-60 斜向进刀车削外螺纹
(a)进刀方向与主轴中心线相交某角度 (b)切削情况

这种进刀方法可采用较大的背吃刀量,因而减少了走刀次数,提高了生产效率,适于较大螺距($P=4mm$以上)的螺纹车削中使用。它的不足之处是车出的螺纹产生一面光一面不光的现象,因此,需要最后进行精车。

另外,车螺纹进刀方式还有左右进刀法等。

车削外螺纹时使用的螺纹车刀如图Ⅰ-61(a)所示,它通常装夹在弹性刀杆上使用[图Ⅰ-61(b)]。这可以在切削过程中,偶遇受力不均匀时起缓冲作用而保护刀尖。在车螺纹的过程中,结合正确使用切削液,能降低螺纹表面粗糙度。

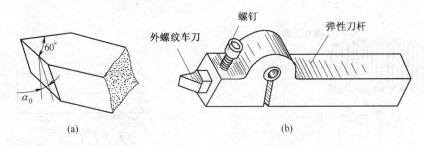

图 I-61 外螺纹车刀及其装夹形式

(a)外螺纹车刀 (b)装夹在弹性刀杆上

螺纹车刀用钝后,要在砂轮上进行刃磨(图 I-62);刃磨后要注意保证车刀刀尖角度的正确性,可使用样板检查(图 I-63)。

螺纹车刀刃磨好后,在刀架上安装时,要认真确定和检查其装夹位置。如果螺纹车刀刃磨得正确,但在车床刀架上安装的左右歪斜时,会影响螺纹精度,使车出的螺纹偏左或偏右,而给螺纹半角 $\frac{\alpha}{2}$ 带来误差(图 I-64)。减少装刀中左右偏差最简单的办法,就是使用对刀样板来校正螺纹车刀刀尖安装位置的正确性(图 I-65)。

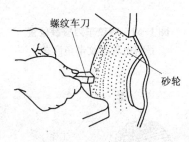

图 I-62 砂轮上刃磨螺纹车刀

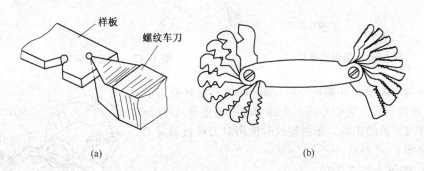

图 I-63 检查螺纹车刀刀尖角度

(a)检查情况 (b)螺纹样板组

(2)车削内螺纹 车床上车削内螺纹如图 I-66 所示。由于内螺纹在工件的内孔面,因此,所使用车刀与车外螺纹车刀也有所区别。

如图 I-67 所示为焊有硬质合金刀片的内螺纹车刀,这种车刀刀尖处的几何形状和车内螺纹形状相同;它的前角 $\gamma=0°\sim5°$,刃倾角 $\lambda=0°$,刀尖角为 $59°30'$,这样可以保证螺纹角度的正确;为了增加车刀承受冲击的能力,可把刀尖磨出一点倒棱(图中未表示)。车刀的前刀面和后刀面都用油石研磨光洁,以降低螺纹表面粗糙度。

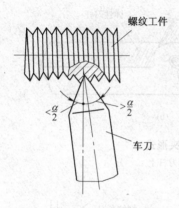

图 I-64 螺纹车刀安装位置
歪斜出现螺纹半角误差

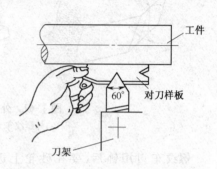

图 I-65 对刀样板校正螺纹车刀安装位置

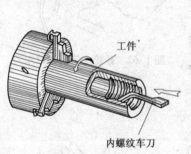

图 I-66 车削内螺纹

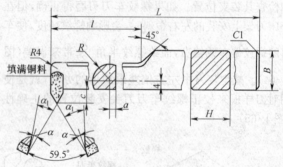

图 I-67 内螺纹车刀

车削内螺纹和外螺纹一样,都要仔细地做好对刀工作,使螺纹车刀刀尖中心线与工件中心线相垂直,以保证车出螺纹形状的正确。车内螺纹时使用对刀样板的对刀情况如图 I-68 所示。

3. 铣床上加工齿轮

齿轮一般在滚齿机或插齿机等专门机床上加工,如图 I-69 所示是在滚齿机上滚齿的情况。滚齿使用的刀具是滚刀;加工时,滚刀做旋转运动和进给运动,工件做旋转运动。如果滚刀是单头,当滚刀转动一转时,工件转过一个

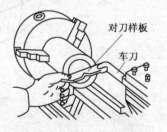

图 I-68 车削内螺纹对刀情况

齿,就这样切削出精确的齿形。在滚齿机上滚齿和在插齿机上插齿都是展成加工方法。

在缺少专用齿轮加工机床或齿轮精度要求不高的情况下,也可在铣床上铣削。铣床上铣齿(图 I-70)是仿形加工法。

齿轮分 12 个精度等级,其中 1 级最高,12 级最低。在铣床上可加工 9 级低精度齿轮,

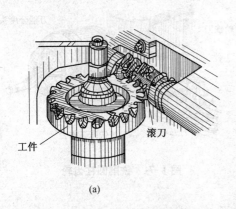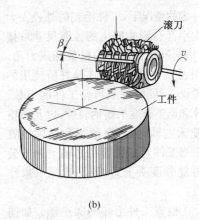

(a)   (b)

图Ⅰ-69 滚齿机上滚切齿轮
(a)滚切圆柱齿轮 (b)滚齿时滚刀和工件的位置

中精度(6～8级)齿轮常采用滚齿、插齿或剃齿的方法进行加工。

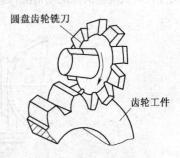

图Ⅰ-70 铣床上铣齿

(1)铣直齿圆柱齿轮使用的铣刀 铣直齿圆柱齿轮应使用圆柱齿轮铣刀。齿轮铣刀一般做成圆盘形(图Ⅰ-70),每种模数的齿轮铣刀都做有一套铣刀,每套铣刀又按照被加工齿轮的齿数分为8个或15个号数,见表Ⅰ-5和表Ⅰ-6。

选用齿轮铣刀时,首先要使齿轮铣刀的模数和压力角(齿轮的模数和压力角在图样中都有标注)与被加工齿轮相同,然后,再在这套铣刀中按照工件的齿数选择其中的一个号数。

表Ⅰ-5 圆柱齿轮铣刀号数表之一(模数制,8个号数一套)

铣刀号数	1	2	3	4	5	6	7	8
所铣齿轮齿数	12～13	14～16	17～20	21～25	26～34	35～54	55～134	135～∞

表Ⅰ-6 圆柱齿轮铣刀号数表之二(模数制,15个号数一套)

铣刀号数	1	$1\frac{1}{2}$	2	$2\frac{1}{2}$	3	$3\frac{1}{2}$	4	$4\frac{1}{2}$
所铣齿轮齿数	12	13	14	15～16	17～18	19～20	21～22	23～25
铣刀号数	5	$5\frac{1}{2}$	6	$6\frac{1}{2}$	7	$7\frac{1}{2}$	8	
所铣齿轮齿数	26～29	30～34	35～41	42～54	55～79	80～134	135～∞	

(2)铣普通直齿圆柱齿轮操作要点 铣直齿圆柱齿轮如图Ⅰ-71所示。铣削前,首先要熟悉图样,了解工件的技术要求,然后,检查工件毛坯的外径、内径和宽度等尺寸(在进刀深

度一定的情况下，工件毛坯的外径太大
或太小都会影响铣出的齿厚尺寸）；接
着，根据被加工齿轮的模数和压力角，
利用表Ⅰ-5和表Ⅰ-6选择好所使用的
齿轮铣刀，同时按照齿轮工件的齿数，
计算和调整分度头摇柄转数，以及调整
好铣床主轴转数、进给量和切削位置
等。当工件毛坯夹紧在芯轴上并安装
到万能分度头上后，要注意以下操作
要点：

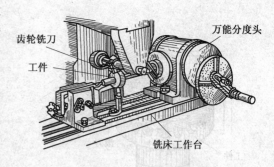

图Ⅰ-71 铣削圆柱齿轮

①检查工件毛坯的圆跳动。如图
Ⅰ-72所示，检查径向圆跳动时，使百分表测头抵住齿坯外圆处，检查端面圆跳动时，百分表
触头抵住工件端面处；然后，摇动分度头摇柄，使工件转动，从百分表针移动情况可检查出
工件径向或端面的圆跳动情况，其跳动允差不超过图样中的要求。

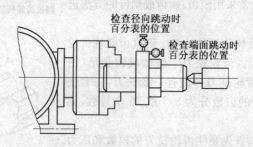

图Ⅰ-72 检查毛坯径向圆跳动和端面圆跳动

②对中心。铣床上铣齿轮，铣刀中心必须对正工件毛坯的中心，如果铣刀中心偏离工
件中心，铣出的轮齿就会向一方倾斜，所以这项工作要注意做好。如图Ⅰ-73所示是铣齿轮
时铣刀对中心情况，这时，可铣出一个浅印，当铣出的这条线印位于 AB 线和 CD 线的中间
里，铣刀中心与工件中心对正了。

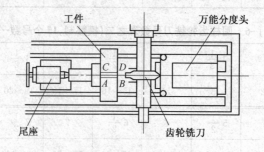

图Ⅰ-73 齿轮铣刀对中心

③试铣。为了核对万能分度头的分度是否正确，应在工件表面先铣出浅刀印，然后检
查浅刀印数是否和所铣齿数相同。如果在齿轮全周都铣一个浅印就很麻烦，为了节省时

间,可铣出二三个浅痕,用游标卡尺在外圆处测量距离 S(图 I-74),距离 S 近似地用下式计算:

$$S \approx \frac{3.14d_a}{z}$$ (式 I-12)

式中 d_a——被铣削齿轮齿顶圆直径(mm);

z——被铣削齿轮齿数。

用游标卡尺检查时,卡尺测量的距离若等于计算出的 S,证明分度中摇柄转数是正确的。

④调整背吃刀量进行粗铣。在齿轮工件上铣出几个轮齿后,需检验齿轮的齿厚尺寸。粗铣中的齿厚尺寸(齿轮齿厚尺寸在图样中都有标注)要小于所要求的齿厚尺寸。在铣床、铣刀和工件刚性较差的情况下,不能一次铣够深度时,可进行二次或多次铣削,粗铣中应留出精铣余量。

⑤精铣。精铣是为了保证轮齿表面质量,同时使齿厚的尺寸符合要求。

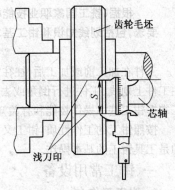

图 I-74 铣齿轮分度的测量

附录Ⅱ 钳工基础知识

根据《铣工国家职业技能标准(2009年修订)》,在钳工基础知识中提出的基本要求,包括划线知识和钳工基本操作知识等。

工件在加工前或加工后,往往需要不同程度地做些钳工加工,例如锯断原材料或下料、在工件上划线、工件进行倒角或去毛刺,有时还需要錾切、锉修表面或进行钻孔等,因此,铣工掌握钳工基本操作技能和有关知识是非常必要的。

按照钳工的工作性质,钳工又可分为工具钳工、维修钳工和装配钳工等,这里重点介绍的是工具钳工的基本操作。

一、钳工常用设备

1. 钳工工作台

钳工常在工作台上操作加工,如图Ⅱ-1所示是钳工工作台的两种样式。钳台多是木料制成,厚约60mm,为了防止损坏台面,可裹上一层铝质薄板。抽屉用于存放各种工具;制作样板时使用的钳台,白色护板及上面的两个光源都可以用于透光检查,工作起来十分方便。

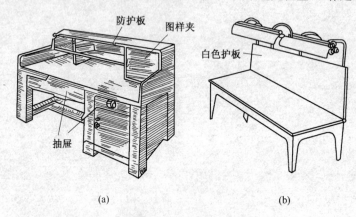

防护板 图样夹

白色护板

抽屉

(a)　　　　　　　　　　　(b)

图Ⅱ-1 钳工工作台

(a)单人工作台　　(b)制作样板工作台

2. 台虎钳

台虎钳有回转式[图Ⅱ-2(a)]和固定式[图Ⅱ-2(b)]两种结构形式,它用两个长螺栓将其固定在木制的钳工工作台上(图Ⅱ-3)。

台虎钳钳口一般是带齿纹的平面,这样,在夹紧工件时不致产生滑动。批量加工中,为了夹持工件准确方便,可在固定钳口处垫上一个与工件形状相适应的特形钳口,如图Ⅱ-4所示是垫上一个带竖向和横向V形槽的V形钳口,这样夹持圆形工件就非常方便。

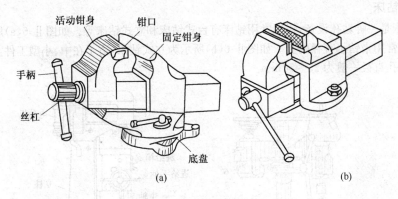

(a)　　　　　　　　　　　　　　　　　　(b)

图Ⅱ-2　台虎钳结构形式

(a)回转式台虎钳　(b)固定式台虎钳

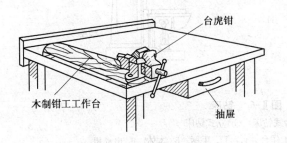

图Ⅱ-3　台虎钳固定方法

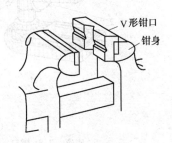

图Ⅱ-4　固定钳口处换上 V 形钳口

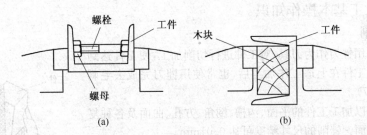

(a)　　　　　　　　　　　　　　(b)

图Ⅱ-5　台虎钳装夹槽类工件

(a)辅以螺栓作支承　(b)夹紧处垫上木板

　　台虎钳上装夹工件时,在将工件牢固夹紧的同时,注意不能使工件变形,如图Ⅱ-5(a)所示是夹持带槽工件,为了防止工件变形,可辅以螺栓作支承;或改变工件夹持位置,在夹紧处垫上一个木块[图Ⅱ-5(b)]。

　　夹紧光洁表面,要防止夹伤工件表面,可在两钳口处垫上铜质或铝质垫片。

　　另外,使用台虎钳夹持工件,应将工件放在钳口中间部位,并且,工件伸出钳口面的部分不要太高,以防止操作时工件产生振动。

3. 钻床

钻床是一种钻孔设备,钳工常用钻床有台式钻床和立式钻床等。如图Ⅱ-6(a)所示是台式钻床,常用来钻小直径的孔。如图Ⅱ-6(b)所示为立式钻床,适于在中、小型工件上钻孔中使用,钻孔直径一般为 25～50mm。

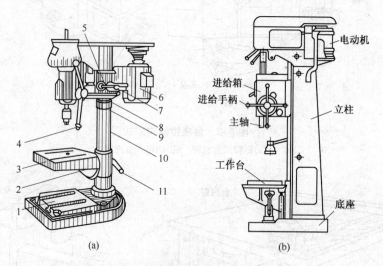

图Ⅱ-6　钻床
(a)台式钻床　(b)立式钻床
1. 底座　2,8. 螺钉　3. 工作台　4,7,11. 手柄　5. 本体　6. 电动机
9. 保险环　10. 立柱

二、钳工基本操作知识

1. 锉削

锉削是用锉刀作为刀具,对工件进行切削加工,使工件达到技术要求。工件在上道工序加工后,也常使用锉刀完成去毛刺工作(图Ⅱ-7)。

锉削可以加工工件的平面、沟槽、倒角、方孔、曲面及各种复杂形状的表面。锉削的尺寸精度可达 0.01mm。

(1)锉刀　锉刀用碳素工具钢 T10 或 T12 制成,并经热处理使其达到很高的硬度(62HRC 以上)。

普通钳工锉按其断面形状不同,可分为平锉(板锉)、方锉、三角锉、半圆锉和圆锉等。钳工常用的锉刀为平锉(图Ⅱ-8)。

每把锉刀按齿纹的齿距分为粗齿锉、中齿锉、细齿锉和油光锉。粗齿锉在较大加工余量情况下或锉软金属时使用,中齿锉用于粗锉后的光整加工,细齿锉用于较光洁表面和锉削较硬金属时使用,油光锉用于精细锉削时打光被锉表面。

(2)基本锉削方法　锉削时,身体重心应落在左脚上,伸直右腿,手臂和身体互相配合,协调动作,如图Ⅱ-9 所示。

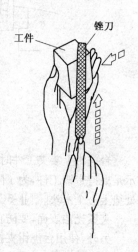

图Ⅱ-7　锉刀去毛刺加工

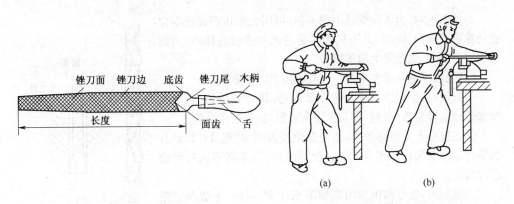

图Ⅱ-8　平锉　　　　　　　　　图Ⅱ-9　基本运锉姿势

（a）起锉姿势　（b）运锉姿势

2. 锯割

锯割就是使用手锯（或机械锯）对工件进行切断或切槽，其情况如图Ⅱ-10（a）所示。

手锯由锯弓和锯条组合而成［图Ⅱ-10（b）］，更换和调紧锯条时，拧动锯弓一端的蝶形螺母即可。

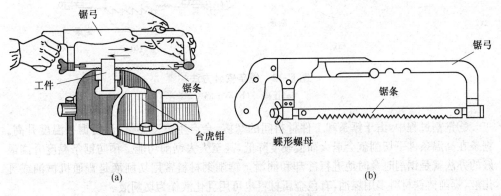

图Ⅱ-10　锯割和手锯

（a）锯割工件　（b）手锯结构

由于用途和所锯材料不同，锯条齿有粗齿、中齿和细齿之分，粗齿主要用来锯削较软的材料，如软钢、铜、铝、铸铁和非金属；中齿多用来锯削中等硬度的钢材和管材等；细齿则用来锯削硬性金属材料和薄片、薄管等。

锯削过程中，锯条在材料内拉来磨去，为了防止锯条被夹住和减少摩擦，齿部都做成有规律地向左和向右错齿状或波浪齿形（图Ⅱ-11），使锯齿交叉地排列（俗称为锯路），这样，锯出的锯缝宽于锯条，也就增加了锯割中的容屑空间，改善了加工条件，防止夹住锯条和减少锯条折断情况的发生。

（1）手锯使用方法　手锯锯削中依靠向前推锯进行切削，而在向回退锯时不切削，因此，推锯时应施以适当的压力，而在回锯时将手锯微微抬起，以减少锯齿的摩擦和磨损。

开始锯削时，为了使锯缝不偏不斜，可用大拇指挡在适当位置处作锯条导向，同时，另一只手对锯弓施加适当的压力，当锯条锯进材料后，迅速将大拇指挪开。

(2)使用手锯应注意事项   一般应注意以下事项：

①锯削时，手锯推出去的速度要平稳，用力要均匀，不可忽快忽慢或忽轻忽重；否则，会加快锯条磨损，甚至损坏锯条。

②在锯弓上安装锯条时，要注意使锯齿朝前［图Ⅱ-12(a)］；如果将锯条安装成如图Ⅱ-12(b)所示那样，锯条就不能有效地进行切削。

③锯削时，锯弓和锯条的摆幅不要过大；否则，不能保证锯缝平直。锯条摆幅过大时，甚至会折断锯条。

④要保证使用锯条的全长进行锯削，这样不但可提高效率，还能防止锯条过早报废。

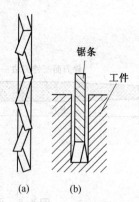

锯条

工件

(a)   (b)

图Ⅱ-11   锯齿和锯缝情况
(a)锯齿做成波浪齿形
(b)锯齿做成交错齿状

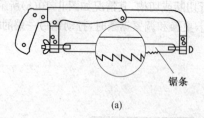

锯条

(a)

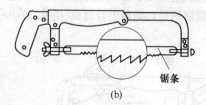

锯条

(b)

图Ⅱ-12   锯条安装方法
(a)正确   (b)不正确

⑤锯割过程中，由于锯条和工件材料间的摩擦，会产生很多热量，而使锯条温度升高。锯条在高温条件下切削就会退火而使硬度降低，甚至失去锯削功能。预防锯条温度升高最好的办法就是锯削时及时地进行冷却和润滑。锯削钢材料常用切削液是普通机械油或乳化液，锯削铸铁材料多用煤油，有色金属材料也可用乳化液作为切削液。

(3)特殊工件锯削方法   特殊工件包括易变形的薄板形工件和管件等。

①薄板形工件的锯削。锯削薄板如图Ⅱ-13所示。当需要从上向下进行锯削时，由于工件易弹动和变形，甚至造成卡锯和崩齿，致使无法加工。这时，可采用增强工件刚性的方法，用两块或几块木板，将工件夹在中间(图Ⅱ-13b)，再安装在台虎钳上，这样，薄板工件就不会抖动和变形，锯条也不会崩齿，锯起来很顺利。

实际加工中，还可将锯条转过 90°或 180°，进行安装使用(图Ⅱ-14)，这样，锯割起来很方便。

②管件的锯削。锯削普通管件中，只要锯透时就应该将管件转过一个角度［图Ⅱ-15(a)］，然后重新起锯。如果顺着一个切口一直锯下去［图Ⅱ-15(b)］，会浪费很多工时，也容易损坏锯条。

锯切薄壁管时，可使用两个 V 形木块，将薄管夹在中间［图Ⅱ-16(a)］，以防将薄管工件夹扁；或者在一个方木块上按照管件的直径钻出个通孔，将薄壁管穿过去［图Ⅱ-16(b)］，然后用台虎钳夹紧。下锯时，量出长度并紧靠木块划出线印，进行切割。

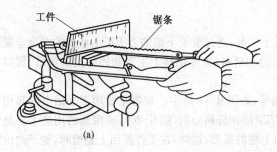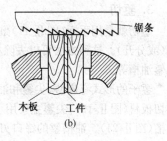

图Ⅱ-13　锯薄板类工件

(a)由左向右锯割　(b)由上向下锯割

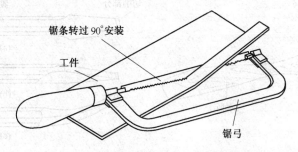

图Ⅱ-14　锯条转过 90°或 180°进行锯割

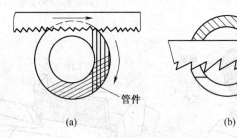

(a)　　　　　　　　　　(b)

图Ⅱ-15　锯割普通管件

(a)正确　(b)不正确

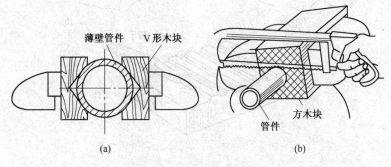

(a)　　　　　　　　　　(b)

图Ⅱ-16　锯割薄壁管件

(a)辅用两个 V 形木块　(b)辅用一个方木块

3. 錾切

錾切就是用手锤(图Ⅱ-17)敲击錾子头部,通过錾子下部的刀刃把毛坯上的多余金属切掉(或分开)。这种方法可以去除材料,分割材料,去除钢件上毛刺和铸件上的浇口、冒口以及錾油槽等。

錾子的形式有扁錾、尖錾和油槽錾等,如图Ⅱ-18所示。扁錾主要用于平面上的錾切和錾切板料(图Ⅱ-19),尖錾主要用于錾切窄槽和板料分割(图Ⅱ-20),油槽錾的用途主要是錾油槽(图Ⅱ-21)。油槽錾的锋口刃为向上翘的弧形,这样,在工件弧面上錾槽时,錾子的位置便于随被錾面变化,以保证油槽底面的光滑。

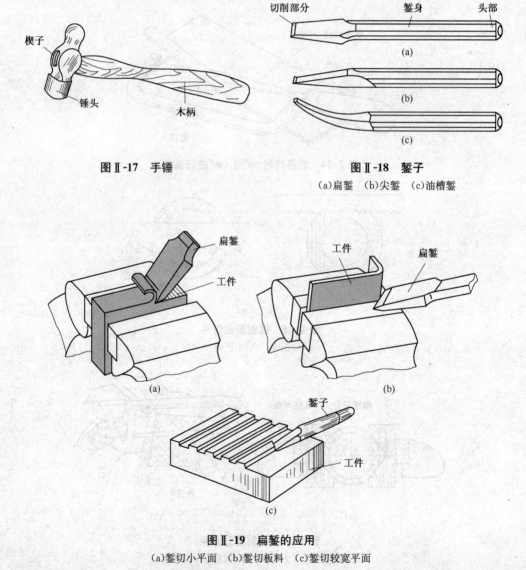

图Ⅱ-17 手锤

图Ⅱ-18 錾子
(a)扁錾 (b)尖錾 (c)油槽錾

图Ⅱ-19 扁錾的应用
(a)錾切小平面 (b)錾切板料 (c)錾切较宽平面

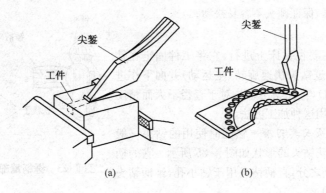

图Ⅱ-20 尖錾的应用

(a)錾切窄槽 (b)板料分割

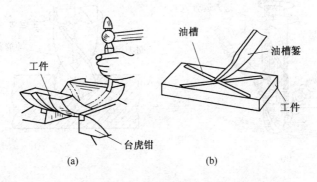

图Ⅱ-21 油槽錾的应用

(a)錾曲面油槽 (b)錾平面油槽

錾切时要注意握錾方法,使用扁錾錾切较大平面常采用如图Ⅱ-22(a)所示的正握錾方法;錾切工件的侧面和进行较小加工余量錾切时,常采用如图Ⅱ-22(b)所示的反握錾法;由上向下錾切时,常采用如图Ⅱ-22(c)所示的立握錾法。

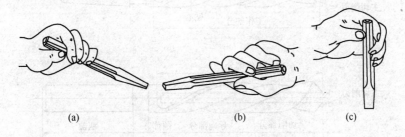

图Ⅱ-22 握錾方法

(a)正握錾法 (b)反握錾法 (c)立握錾法

挥动手锤錾切工件,要注意安全,防止手锤锤头脱落伤人,为此,手锤上的孔都做成椭圆形,两端孔口呈喇叭状,锤柄嵌入后,端部再打入带倒刺的铁楔子(图Ⅱ-23),以使锤柄在锤孔内充分胀紧,保证锤头不容易松动。

4. 钻孔

钳工钻孔主要在钻床上进行,它将工件固定在钻床工作台上,通过钻头快速旋转(主运动)并向下作进刀运动(图Ⅱ-24),将孔钻出来。对于直径不大而精度较低的孔,常采用这种加工方法。

(1)麻花钻头及其刃磨　钻孔时使用的钻头一般是麻花钻头,麻花钻头的形状如图Ⅱ-25所示。它的柄部有直柄和锥柄之分,直柄钻头用于钻小孔,锥柄钻头在钻大孔时使用。

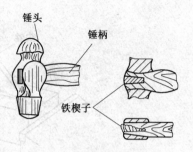

图Ⅱ-23　锤柄端部打入铁楔子

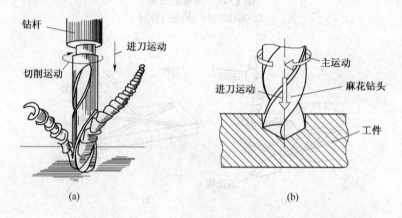

图Ⅱ-24　钻床上钻孔

(a)钻孔情况　(b)钻孔时的切削运动

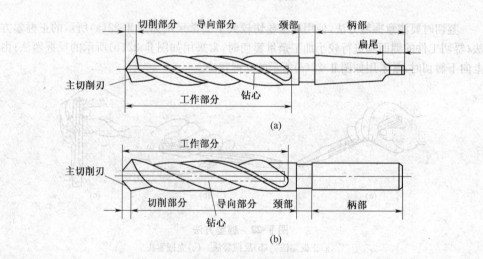

图Ⅱ-25　麻花钻头

(a)锥柄麻花钻头　(b)直柄麻花钻头

麻花钻头的切削部分如图Ⅱ-26(a)所示,钻孔时,利用钻头的两个主切削刃进行切削。

钻孔是一种半封闭式切削,所以,切屑、钻头与工件间摩擦很大。钻孔中产生大量热量,加上切屑不易排出以及切削液难以浇注到切削区内,使传出热量少,切削温度升高,导致钻头磨损加剧。钻头磨损后,就要进行刃磨。

①麻花钻刃磨要求。刃磨麻花钻就是将钻头上的磨损处磨掉,恢复麻花钻原有的锋利和正确角度。麻花钻头刃磨后首先要保证后角的正确,并使锋角 2ϕ 对称于钻头轴心线。只有这样,两主切削刃才会相等并且对称,钻出的孔径才会和钻头直径基本相等,

麻花钻上的后角 α［图Ⅱ-26(b)］是变化的,外圆处的后角通常取 $8°\sim14°$,横刃处的后角取 $20°\sim25°$。麻花钻的后角如果太大,使钻刃薄弱,容易崩刃和变钝。麻花钻头上的锋角 2ϕ 是两主切削刃间的夹角。锋角越小,主切削刃越长,钻孔中钻头容易切入工件,有利于散热和提高刀具寿命;若锋角过小,则钻头强度减弱,钻头易折断。应根据工件材料的强度和硬度去刃磨钻头上合理的锋角。钻软金属材料时可取 $2\phi=100°$ 左右,硬金属材料时可取 $2\phi=135°$ 左右。标准麻花钻的 2ϕ 为 $118°\pm2°$。

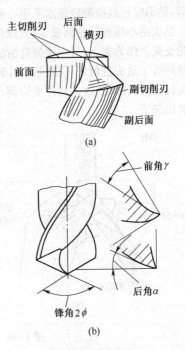

图Ⅱ-26 **麻花钻头切削部分及其主要角度**
(a)麻花钻头切削部分
(b)切削部分主要角度

钻头上的锋角和切削刃如果刃磨得不对称(即锋角偏了),钻削时,钻头两切削刃所承受的切削力也就不相等,就会出现偏摆,甚至是单刃切削,使钻出的孔变大或钻成台阶孔,并且,锋角偏得越多,这种现象越严重。如图Ⅱ-27 所示是钻头刃磨不正确时,使钻出孔变大的情况。若钻头后角磨的太小甚至成为负后角,磨出的钻头就不能使用。

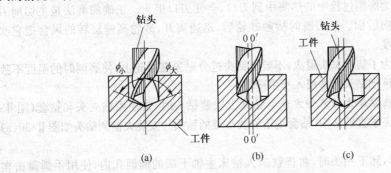

图Ⅱ-27 **钻头刃磨不正确使钻出的孔扩大**
(a)钻头两个锋角不相等 (b)钻头两个锋角不对称
(c)两个锋角不相等,也不对称于钻头中心线

②麻花钻头基本刃磨方法。刃磨时,右手握住钻头的头部,使钻头的主切削刃成水平,然后,钻刃轻轻地接触砂轮水平中心面的外圆[图Ⅱ-28(a)],即磨削点在砂轮中心的水平位置。钻头中心线和砂轮面成ϕ角(锋角一半角度,$\phi=58°\sim59°$),右手握住钻头前端,搁在砂轮支架上作为支点,另一手握近钻柄,以支点为圆心,把钻尾往下压[图Ⅱ-28(b)],做上下摆动约等于钻头后角α,同时顺时针转动约45°;转动时有意识地逐步加重手指的力量,将钻头轻轻压向砂轮,这一动作要协调。当动作做完时,钻头的一个后面,即第一条主切削刃就磨出来了。

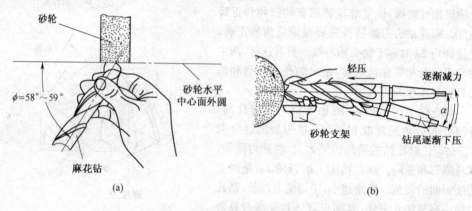

图Ⅱ-28　麻花钻头基本刃磨方法
(a)钻头接触砂轮　(b)钻头做上下摆动

磨出一个后面和一条主切削刃后,在不改变身体任何姿势的情况下,将钻头翻转180°,再磨钻头另一面上的后面和主切削刃,这时,其空间位置保持不变。因此,握钻头的右手要靠在砂轮机的支架上(没有支架时,要有个支承点),以保持钻头准确的位置。

应该注意的是,钻头开始接触砂轮时,钻柄一定不能高过砂轮水平中心面,否则会产生负后角,造成刃磨不合格;但钻头后角也不能磨得太大,也就是钻尾往下压时,手指的力量不要加得过重。

磨钻头时,不要让钻头的后面先接触砂轮,而后磨主切削刃。这种使钻刃最后离开砂轮的磨法不好,因为磨削过程中的热集中到刃口,会使刃口退火。正确的磨法是主切削刃先接触砂轮,再磨向后面。钻刃瞬时接触砂轮后,迅速离开,砂轮高速旋转的风会把它吹冷,保护了它的硬度。

刃磨过程中,为了防止钻头退火,不要把钻头过分贴紧在砂轮上,使磨削时的温度不致太高。此外,还应该把钻头经常浸入水中冷却。

(2)麻花钻头在钻床上的装卸方法　钻床上安装钻头时,常使用钻夹头和钻套(图Ⅱ-29)。钻夹头用来夹紧直柄钻头,钻套用于安装小锥柄钻头。安装大锥柄钻头如图Ⅱ-30(a)所示。

钻头使用完毕,卸下钻头时,将楔铁插入钻床主轴下端的椭圆孔内,使用手锤敲击楔铁,将钻头卸出,如图Ⅱ-30(b)所示。

(3)钻孔的一般方法　钻孔前,首先按照图样要求在被加工位置划上中心线、尺寸线和尺寸界线等,再打上样冲眼(图Ⅱ-31),然后检查钻床各部位是否正常,选择钻头、准备切削

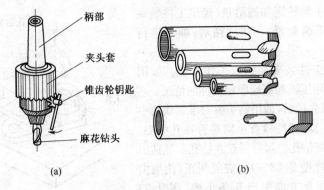

图Ⅱ-29 麻花钻头安装工具

(a)钻夹头 (b)钻套

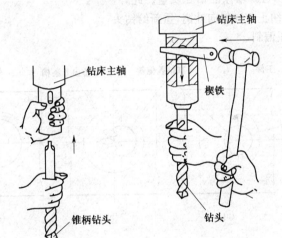

图Ⅱ-30 钻床上装卸钻头

(a)安装钻头 (b)卸下钻头

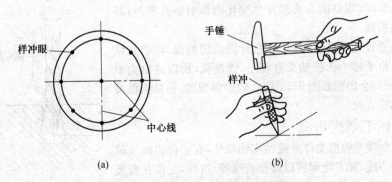

图Ⅱ-31 钻孔位置划线和打样冲眼

(a)在划线处打出样冲眼 (b)打样冲眼情况

液、调整好钻床主轴转速和进给量、确定工件装夹方法并将工件正确夹紧,一切就绪后,即可进行钻孔。

钻孔时,将工件装夹在钻床工作台上。如图Ⅱ-32所示是使用压板和螺栓固定工件的情况。

开始钻孔时先试钻,即用钻头尖对准划线孔中心线钻出一个小窝,然后检查小窝是否在孔中心,若有偏斜,调整好钻孔位置后再正式钻孔。试钻出的孔若偏斜较多[图Ⅱ-33(a)],需要纠正,使用尖錾在孔偏移的相反方向錾出几条小槽[图Ⅱ-33(b)],然后再钻,直到试钻孔对正钻孔位置[图Ⅱ-33(c)]后再正式钻下去,以保证钻孔质量。此外,还可采用样冲向应纠正方向斜向冲窝,重新给钻头尖导向的方法,纠正偏斜。

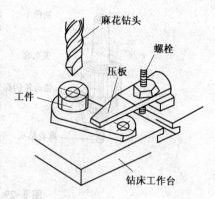

图Ⅱ-32　工件固定在工作台上

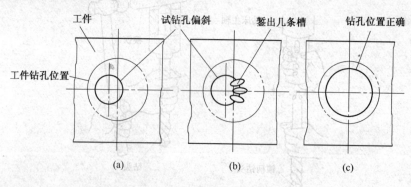

图Ⅱ-33　试钻孔借正方法

(a)试钻孔偏斜较多　(b)在孔偏斜相反方向錾出几条小槽　(c)对正钻孔位置

钻通孔到快要钻透时,应适当减少进给量,可防止孔将被钻透的瞬间,因钻削力突然发生变化而影响钻孔质量,甚至使钻头折断。

钻小直径孔不容易排屑,应充分使用切削液,以防止钻头折断。由于钻小孔的钻头直径小,强度低,所以进给力要轻而匀,否则会出现如图Ⅱ-34所示的引偏现象,使钻头偏离正确的钻孔方向。

三、钳工划线知识

钳工划线是根据图样或按照实物尺寸,在工件表面准确地划出中心线、加工轮廓线以及检查线等,这样,工件在安装和加工中都有了依据。通过划线还可以检查工件毛坯的外形尺寸以及加工余量是否合格;对于那些不合格的毛坯,通

图Ⅱ-34　钻头引偏情况

过划线发现出来后,有的则能采取借料措施得到挽救。

1. 常用划线工具及其作用

(1)划线平板 划线平板(图Ⅱ-35)是工件划线或检验时用的平面基准器具。划线平板常用铸铁制成,这样可防止和减少其变形。由于划线平板的上平面往往作为划线工作的基准面,所以对上平面的平面度和直线度要求很高,一般都经过精细加工。

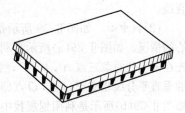

图Ⅱ-35 划线平板

(2)划针 划针[图Ⅱ-36(a)]常用弹簧钢丝或工具钢丝制成,并经热处理淬硬。划针的直径一般为 3~5mm,尖端磨成 15°~20°的圆锥。使用划针时划线情况如图Ⅱ-36(b)所示。

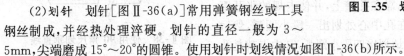

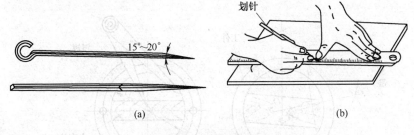

图Ⅱ-36 划针及其使用

(a)划针 (b)使用划针划线

(3)划规 划规[图Ⅱ-37(a)]是圆规式划线工具,其尖端部分硬度较高,在工件上划圆或圆弧线[图Ⅱ-37(b)]、等分线或等分角度,以及量取尺寸时常使用这种工具。

另外,划线工具还有划线盘、高度游标卡尺和千斤顶等。

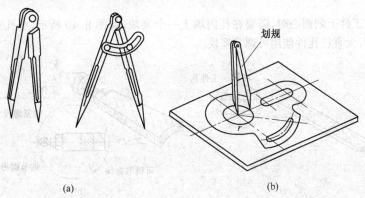

(a) (b)

图Ⅱ-37 划规及其使用

(a)划规 (b)使用划规划线

2. 平面划线基本方法

(1)划垂直线 划垂直线时,使用90°角尺(图Ⅱ-38),大拇指将90°角尺推向工件基准面,用划针划出的直线,就是与基准面相垂直的垂直线。

(2)找中心   如图Ⅱ-39所示是孔类工件找中心的情况。如图Ⅱ-39(a)所示是利用几何作图法,先在圆上任意取三点 A , B , C ,然后作 AB 和 BC 的垂直平分线相交于 O 点, O 点即是圆孔的中心。如图Ⅱ-39(b)所示是利用划规找中心,使划规上的一个弯脚向外弯,靠在孔壁上,并使卡规的张开距离接近孔半径,在孔中心处划出一段小圆弧,然后在孔壁四周对称地划出四段小圆弧,其中点就是孔的中心。

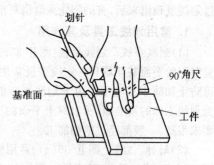

图Ⅱ-38   使用90°角尺划垂直线

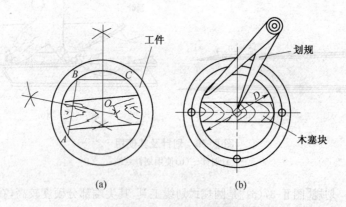

(a)   (b)

图Ⅱ-39   孔类工件找中心

(a)几何作图法   (b)划规找中心

在孔类工件上划圆心时,需要在孔内填上一个塞块,如图Ⅱ-40所示,小孔工件可塞入木块或铅块,大直径孔件使用可调节塞块。

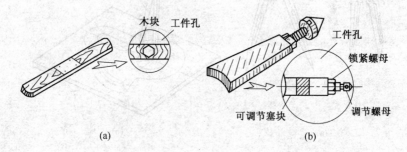

(a)   (b)

图Ⅱ-40   孔类工件找中心用的塞块

(a)木塞块   (b)可调节塞块

轴件端面找中心时,可采用如图Ⅱ-41所示方法,将划规的两卡脚张至接近圆半径的距离,内弯的一个卡脚靠在圆周面上,在轴端中心处划出一段小圆弧,然后在轴端对称分布的四处,分别划出小圆弧,划出的四段小圆弧的中心 O 就是轴中心。

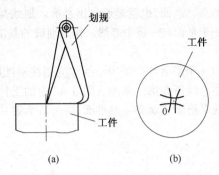

图Ⅱ-41　利用划规在轴端找中心

(a)找中心方法　(b)找出中心 O 点

　　轴端划线找中心,还可使用中心规,中心规是一种专用工具[图Ⅱ-42(a)],用起来简单方便。如图Ⅱ-42(b)所示是使用中心规找中心情况,中心规的两个内面靠紧轴的外圆面上,沿直尺中心边划出一条线,然后将中心规转过 90°,再划出一条线,两条线的交点就是轴中心 O 点。

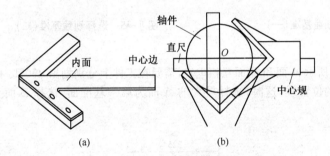

图Ⅱ-42　利用中心规找中心

(a)中心规　(b)找中心情况

　　工件表面划出线印后,打样冲眼时,让样冲的尖端对准线中心或两线交点,使样冲直立,用锤子轻轻击打样冲端部。样冲眼要打在线的中心,既不能倾斜,也不能偏心,如图Ⅱ-43 所示。在工件已经加工表面上冲眼时要浅,在工件粗糙面上冲眼时可深些。

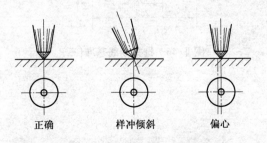

图Ⅱ-43　用样冲打样冲眼方法

(3)划线依据的确定   任何工件的几何形状都是以点、线、面为基础形成的,所以在划线时,要先找出作为依据的点、线、面,也就是确定出基准。划线基准一般是两个互相垂直面(或边)、两条中心线或一个平面与一条中心线。作为划线的基准选择好后再确定出第一基准和第二基准。

图Ⅱ-44 中的工件是以一个平面与一条中心线作为划线基准的例子。这时,可选择 A 面是第一基准,再选一条中心线所为第二基准。图Ⅱ-45 中的工件要划出两条中心线和孔的位置线,这时可选择划线平板面 A 为第一基准面,端面 B 为第二基准面。

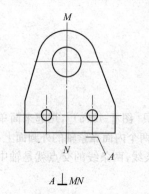

$$A \perp MN$$

图Ⅱ-44   选择划线基准(一)

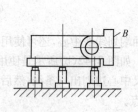

图Ⅱ-45   选择划线基准(二)

如图Ⅱ-46 所示 A 面和 B 面互相垂直,需要在工件上分别划出 $\phi 50H8$ 孔和 $\phi 25H8$ 孔的中心线和孔的位置线,这时,选择较大的 A 面为第一基准面,选择 B 面为第二基准面较好。

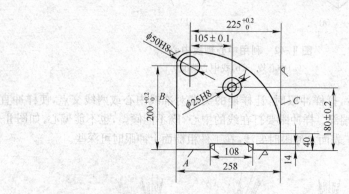

图Ⅱ-46   选择划线基准(三)